DR. MED. VET. CHRISTIAN NEES
DR. MED. VET. CHRISTINE NEES

DIE HUNDE SPRECH STUNDE

Krankheiten erkennen
& gezielt behandeln

EXTRA: Mit Tipps
zur Selbsthilfe

KOSMOS

☞ Inhalt

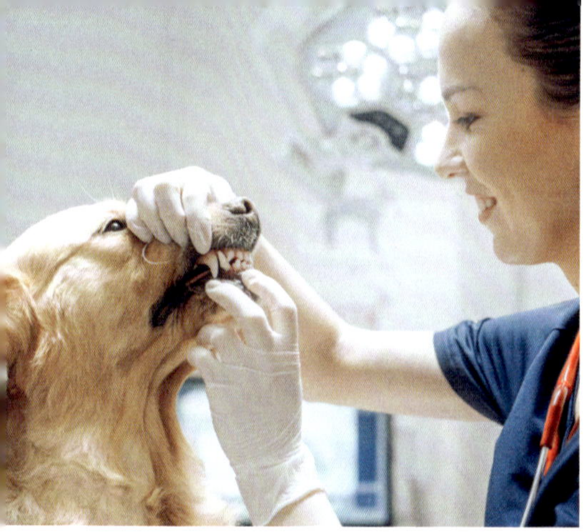

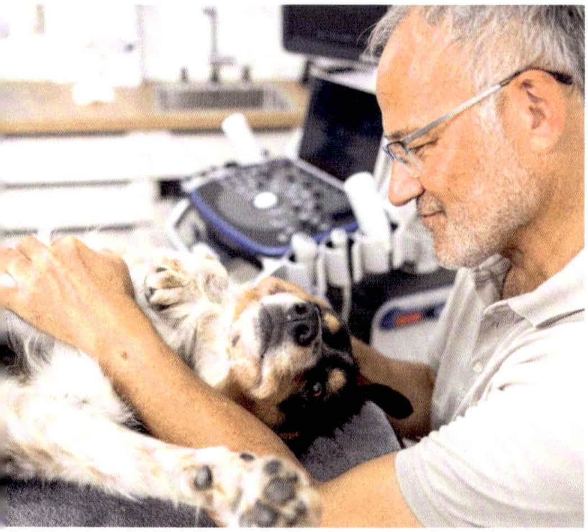

Mehr entdecken, mehr verstehen

DAS KOSMOS VERSPRECHEN

Expertenwissen seit 1822

Welches Thema dich auch begeistert – auf unsere Expertise kannst du dich verlassen. Und das schon seit über 200 Jahren.

Unser Anspruch ist es, dich mit wertvollem Rat zu begleiten, dich zu inspirieren und deinen Horizont zu erweitern.

BEGEISTERUNG DURCH KOMPETENZ

Unsere Autorinnen und Autoren vereinen professionelles Know-how mit großer Leidenschaft für ihre Themen.

WISSEN, DAS DICH WEITERBRINGT

Leicht verständlich, lebensnah und informativ für dich auf den Punkt gebracht.

SACHVERSTAND, DEN MAN SEHEN KANN

Mit aussagestarken Fotos, Zeichnungen und Grafiken werden Inhalte besonders anschaulich aufbereitet.

QUALITÄT FÜR HEUTE UND MORGEN

Dafür sorgen langlebige Verarbeitung und ressourcenschonende Produktion.

Du hast noch Fragen oder Anregungen?
Dann schreibe uns: kosmos.de/servicecenter

ZU DIESEM BUCH

In den letzten Jahren schlossen viele Tierkliniken, die 24 Stunden an sieben Tagen in der Woche rund um das Jahr erreichbar waren. Kollegen haben Mühe, Angestellte für ihre Praxen zu finden. So wird es immer schwerer, zeitnah oder gar im Notfall in der Nähe einen Tierarzt zu finden. Dieses Buch soll Ihnen Hilfe zur Selbsthilfe sein. Es gibt Ihnen Tipps, wie Sie verschiedene Erkrankungen im Vorfeld vermeiden oder bei deren Auftreten Hilfe leisten können. Ratschläge für eine Notfall- und Reiseapotheke helfen Ihnen, den Tierarzt möglichst nicht außerhalb der Sprechzeiten zu benötigen. Wenn Sie dieses Buch gelesen haben, verstehen Sie, dass 80 % der vermeintlichen Notfälle keine lebensbedrohenden Krisen sind. Denken Sie auch daran, dass das Konsultieren von erfahrenen Kollegen in der Telemedizin wie z. B. von HaustierDocs eine sehr gute Möglichkeit ist, einen vermeintlichen Notfall einzuschätzen. Meist vermeiden Sie dadurch einen zeitaufwendigen und kostspieligen Notdienstbesuch.

Das Buch ersetzt in wirklichen Notfällen oder im Zweifelsfall keinen Tierarztbesuch und konzentriert sich auf die häufigsten und wichtigsten Krankheitsbilder. Es wurde von uns nach bestem Wissen aus mehr als 35 Jahren Praxiserfahrung mit den Kenntnissen vieler jährlich besuchter Kongresse und dem Lesen aktueller Fachliteratur mit dem Wissenstand von 2024 geschrieben. Die Medizin entwickelt sich weiter, neue Arzneimittel oder Diagnosemöglichkeiten kommen auf den Markt, dennoch bleiben viele Grundlagen immer gleich.
Lesen Sie dieses Buch am besten, bevor oder wenn Sie schon einen Hund ausgesucht haben. Nehmen Sie es bei Bedarf zur Hand, um im Notfall reagieren zu können. In jedem Kapitel gibt es zu Beginn die wichtigsten Informationen zu dem jeweiligen Organsystem, bevor nachfolgend ausgewählte Krankheitsbilder folgen. Für eilige Fälle finden Sie die wichtigsten Krankheitsbilder im Stichwortverzeichnis sowie wichtige Tipps in hervorgehobenen Hinweisfeldern.

Die Autoren Dr. Christine Nees (auch unter Haustierdocs erreichbar) und Dr. Christian Nees.

Danke an Manuela Kneissler für die Organisation der vierbeinigen Fotomodelle.

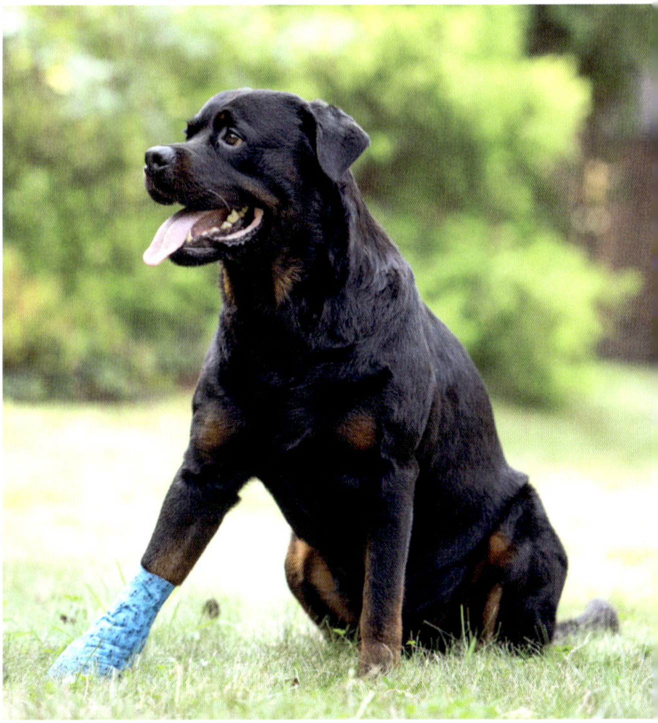

Das Fotomodell „Buddy", der alle Handgriffe, Untersuchungen und Verbandanlegen geduldig mitgemacht hat .

VORSORGE

— *Schutz vor Krankheit*

C_R

MEDICAL TRAINING

Natürlich wollen wir Krankheiten und Notfälle vermeiden. Dennoch ist es wichtig, mit dem eigenen Hund verschiedene Dinge zu üben, damit wir es dann, wenn es zum Ernstfall gekommen ist, einfacher haben.

Es folgt eine Liste von Handgriffen, die wir im medizinischen Alltag benötigen. All diese Tätigkeiten sollten Sie so lange regelmäßig spielerisch üben, bis sie auch in Belastungssituationen problemlos gelingen.

ANFASSEN LASSEN

Wichtig ist, dass sich Ihr Hund von Ihnen **überall anfassen** und **hochheben** lässt. Untersuchen Sie spielerisch die Pfoten, streichen Sie gegen den Strich des Fells, um die Haut und die Haare zu inspizieren, nehmen Sie den Schwanz in die Hand, um den Analbereich begutachten zu können, legen Sie den Hund auf die Seite, um den Bauch anzuschauen.

KRALLEN SCHNEIDEN

Hunde laufen normalerweise ihre Krallen ab. Manchmal funktioniert das nicht und sie müssen geschnitten werden. Als Richtlinie kann man hier sagen, dass die Krallen beim Stand des Tieres den Boden gerade nicht berühren sollen. Beim Schneiden ist es sehr wichtig, dass Sie die Kralle, die geschnitten werden soll, so in die Hand nehmen, dass kein Haar mehr in der Schnittlinie ist. Leider haben viele Krallenscheren zu breite Backen, sodass diese beim Schneiden oft unbeabsichtigt und unbemerkt in den Ballen zwicken und dafür sorgen, dass Ihr Hund keinen Menschen mehr an seine Pfoten lässt. Dies ignorieren leider auch viele Hundefriseure und regelmäßig auch das Tierarztpraxispersonal. Stress für Ihren Hund und sich selbst können Sie vermeiden, wenn Sie eine passende Schere besitzen und selbst Krallen schneiden können. Manchmal ist es für Tierhalter leichter, die Krallen festzuhalten und regelmäßig zu feilen. Dies geht auch mit dem passenden elektrischen Instrumentarium. Feilen ist bei dunklen Krallen oft die bessere Alternative, da so Blutungen vermieden werden. Sollte es einmal zu einer Blutung kommen, geraten Sie nicht in Panik. Schneiden Sie vorerst keine weiteren Krallen und legen Sie einen Druckverband mit einem mit Desinfektionsmittel getränkten Tupfer (alternativ Papiertaschentuch) für 30 Minuten an. Bitte vergessen Sie nicht, diesen nach dieser Zeit wieder zu entfernen.

Hunde sollten von klein auf lernen, sich überall anfassen und zum Beispiel Krallen schneiden zu lassen.

MAUL ÖFFNEN

Öffnen Sie das Maul, indem Sie die Hand so auf die Schnauze legen, dass Ihre Finger Richtung Nasenspitze zeigen. Dann drücken Sie die Lefze mit Daumen und Zeigefinger vorsichtig mit stetig wachsendem Druck hinter den oberen Eckzähnen in das Maul. Das Maul öffnet sich sofort ein wenig. Nun können Sie mit der zweiten Hand den Unterkiefer nach unten drücken und in das Maul schauen.

MEDIKAMENTENGABE

Auf die beschriebene Weise können Sie auch Medikamente direkt eingeben, ohne selbst verletzt zu werden.

FESTSTELLEN DER SCHLEIMHAUT-DURCHBLUTUNG

Die sogenannte kapilläre Füllungszeit ist ein wichtiges Hilfsmittel, um den Kreislaufzustand des Hundes zu überprüfen. Dazu wird die Oberlippe nach außen gestülpt und möglichst an einer nicht pigmentierten

Mit der oberen Hand drückt man vorsichtig seitlich auf die Lefzen und erhöht den Druck. Sobald der Hund das Maul öffnet, kann man den Unterkiefer mit der anderen Hand nach unten ziehen.

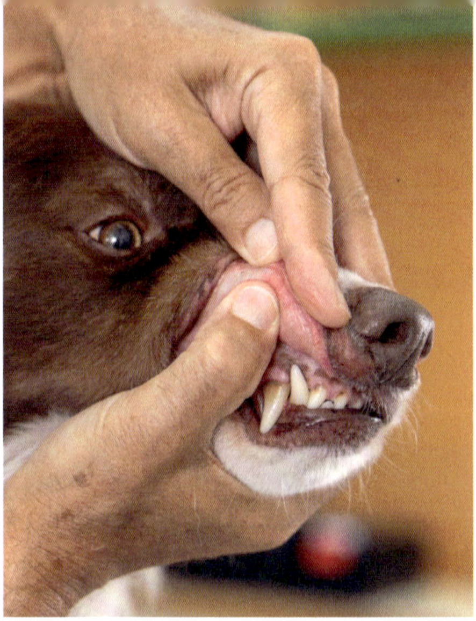

Durch die Kapillarfüllungszeit überprüft man, ob der Kreislauf funktioniert.

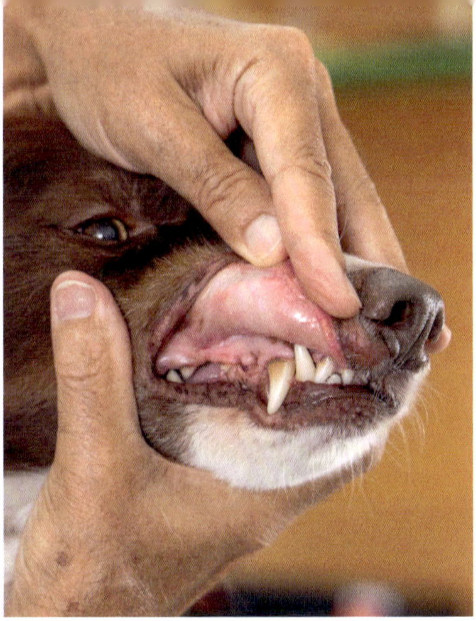

Nach Druck auf die Schleimhaut wird der Finger weggenommen. Wie schnell färbt sie sich rosa?

Stelle die normalerweise rosafarbene Schleimhaut per Fingerdruck blutleer gemacht. Dann nehmen Sie den Finger schlagartig weg und zählen die Sekunden, bis diese Stelle wieder rosa ist. Dies muss innerhalb von drei Sekunden geschehen. Den Test gerne zur Kontrolle mehrmals wiederholen. Bei Blutverlust oder einer ungenügenden Anzahl roter Blutkörperchen ist die Schleimhaut z. B. eher blassrosa bis weiß und die Füllungszeit verlängert. Es ist wichtig, dass Sie wissen, wo und wie Sie diese prüfen können und wie diese bei Ihrem gesunden Hund aussieht.

NICHT INS FUTTER MISCHEN

Mischen Sie Medikamente nicht unter das Hundefutter, sondern geben Sie es als Leckerli im Voraus, wenn Ihr Hund noch hungrig ist. Dies ist v. a. bei mäkeligen Hunden oder Hunden mit Futtermittelunverträglichkeiten oder Allergien sehr wichtig, da sie das gewohnte Futter sonst vielleicht nicht mehr anrühren. Manchmal kann man den Hund das Medikament auch spielerisch fangen lassen.

ZÄHNE PUTZEN

V. a. bei kleinen oder kurzköpfigen Rassen, die zu Zahnstein neigen, starten Sie am besten schon spielerisch im Welpenalter. Fingerzahnbürsten aus weichem Plastik bieten sich hier an. Damit haben Sie selbst eine gute Kontrolle und Sie können Ihren Vierbeiner auch beim Abrutschen im Maul nicht wehtun. Stecken Sie Ihren Finger mit der aufgestülpten Fingerzahnbürste bei geschlossenem Maul in die Backentasche, da Sie so den größten Spielraum haben. Putzen Sie nun vorsichtig kreisförmig die

Die Fingerzahnbürste macht das Zähneputzen am Anfang leichter.

Starten Sie mit einer Fingerzahnbürste. Lassen Sie den Hund anfangs daran riechen, …

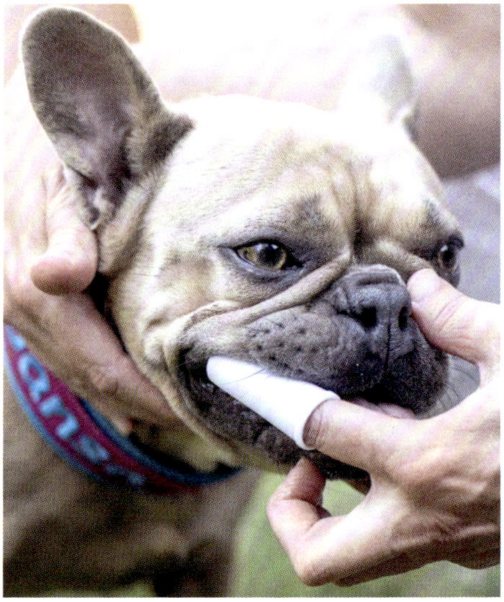

… bevor Sie vorsichtig den äußeren Bereich der Zähne – möglichst einmal täglich – putzen.

Zahnaußenflächen des Ober- und Unterkiefers. Die Zahninnenflächen benötigen meist keine manuelle Reinigung, da dies durch die Zungenbewegung übernommen wird. Klappt dies, machen Sie ein wenig Hundezahnpasta auf die Zahnbürste und reinigen Sie damit einmal täglich die Zähne. Wichtig ist, dass Sie die Zähne täglich putzen. Die Auswahl der Hundezahnpasta ist dabei zweitrangig.

Sind Sie und Ihr Hund ein eingespieltes Team, können Sie auch gerne andere Zahnbürsten, wie z. B. eine Doppelkopfzahnbürste oder gar eine elektrische Zahnbürste verwenden. Hier können Sie problemlos zu Produkten aus dem Drogeriemarkt mit weichen Bürstenköpfen greifen. Testen Sie nur, ob Ihr Hund das Geräusch der Zahnbürste erträgt, d. h. gewöhnen Sie ihn evtl. langsam daran.

Bestimmte Kauspielzeuge unterstützen ebenfalls die Zahnreinigung, da sie für stärkeren Speichelfluss sorgen.

Weitere Hinweise, wie Sie die Zahngesundheit Ihres Hundes unterstützen können, finden Sie unter „Zahnstein“ Seite 65.

Fortgeschrittene können anstelle des Fingerlings auch eine Hundezahnbürste verwenden.

Spezielles Kauspielzeug kann ebenfalls für die Zahnreinigung sorgen.

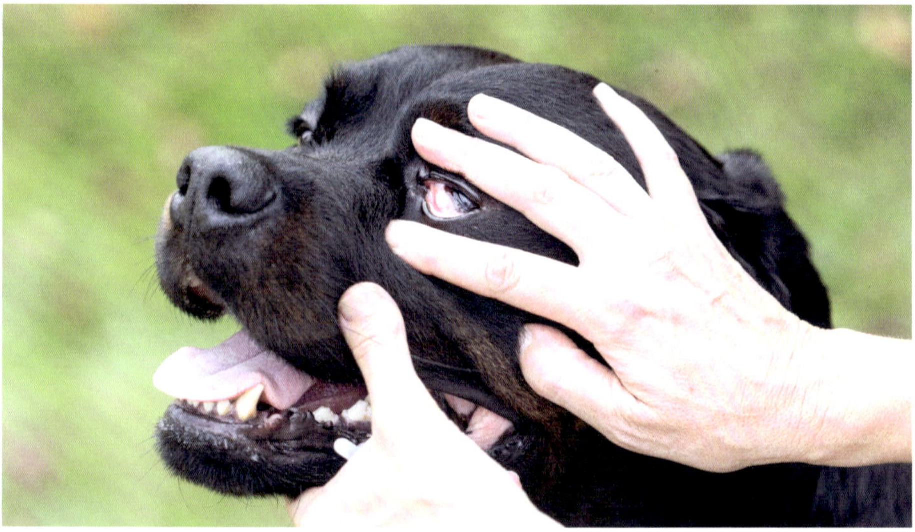

Schauen Sie sich regelmäßig die Augen Ihres Hundes an und üben Sie spielerisch, das dritte Augenlid vorzulagern, um im Notfall Medikamente verabreichen zu können.

AUGEN-UNTERSUCHUNG

Üben Sie regelmäßig, die Augen genau anzuschauen. Zudem sollten Sie spielerisch so tun, als ob Sie Augentropfen verabreichen würden. Dazu muss man seinen Hund zuerst einmal daran gewöhnen, dass er den Kopf bei Berührung stillhält. Im zweiten Schritt erfolgt dann die Manipulation am Auge.
Sehen Sie sich die Augen genau an. Üben Sie, das dritte Augenlid durch leichten Druck auf den Augapfel vorzulagern. So können sie das Auge im Notfall mit Wasser spülen oder Medikamente verabreichen.

OHRUNTERSUCHUNG

Nehmen Sie die Ohren in die Hand und reiben Sie das Ohrinnere vorsichtig mit einem Wattebausch aus. So lernt Ihr Hund, dass eine Ohrbehandlung kein Problem ist. Eine regelmäßige Ohrkontrolle mit eventuell nötiger Reinigung ist z. B. bei Schlappohrhunden, wie unter „Ohrkontrolle und Anleitung zur Ohrreinigung“ Seite 38 ff. beschrieben, wichtig, um die Ohren gesund zu erhalten.

FELLPFLEGE

Denken Sie an die für Ihren Hund passende Fellpflege. Baden, Kämmen und Trimmen will geübt sein. Wenn Sie dafür einen Hundefriseur benötigen, sollten Sie Wert auf dessen hygienisches und hundefreundliches Arbeiten legen.

SOMMERHAARSCHNITT
Beachten Sie bitte, dass das Scheren meist keine Lösung für Ihren Hund ist, um Hitze besser ertragen zu können. Fast immer ist das Auskämmen von Unterwolle deutlich hilfreicher, erhält die vor Hitze schützende Luftschicht und vermeidet eine nachfolgende Fell- oder Hautproblematik.

☞ EXKURS:

WIE FINDE ICH DEN PASSENDEN HUND?

Manch einer wird sich fragen, was die Auswahl des Hundes in einem Gesundheitsbuch soll. Eine ganze Menge, denn bereits die Auswahl des Hundes kann großen Einfluss auf die Gesundheit haben.

FAMILIENMITGLIED HUND

Zunächst einige grundlegende Gedanken zum Familienmitglied Hund. Bevor Sie sich entschließen, einen Hund aus dem Tierheim zu holen oder beim Züchter zu kaufen, sollten Sie Ihre familiäre und berufliche Situation sehr genau überdenken, damit es für Sie und den Hund passt.

— Was erwarten Sie von einem vierbeinigen Mitbewohner und was darf er von Ihnen erwarten?
— Können Sie dem Hund tagtäglich gerecht werden, oder geben Sie vielleicht unüberlegt dem Impuls nach, einen Hund haben zu wollen?
— Wünschen sich die Kinder nur einen Spielkameraden?
— Passt ein Hund zu Ihren Urlaubsplänen?
— Welche Größe, welche Rasse, welche Eigenschaften soll der Hund haben?
— Ist im vorhandenen Auto genug Platz für einen Vierbeiner?
— Können sowohl regelmäßig entstehende Kosten als auch die Tierarztkosten bei Krankheit getragen werden?

TIERKRANKENVERSICHERUNG

Tierarztkosten können bei einer Krankheit schnell sehr hoch werden, daher lohnt es sich auch, sich mit Tierkrankenversicherungen auseinanderzusetzen. Meist ergibt eine Vollversicherung mit einer passenden jährlichen Deckungssumme mehr Sinn als eine reine Operationsversicherung. Bedenken Sie, dass auch das Abklären und Behandeln eines Magen-Darm-Problems mit stationärer Aufnahme im Notdienst oder eine Magnetresonanz- oder Computertomografieuntersuchung ohne nachfolgende Operation (OP) kostenintensiv sind. Schauen Sie sich die jeweiligen Versicherungsstatuten genau an, denn sie sind sehr unterschiedlich. Lassen Sie sich am besten von einem Tierarzt, der dazu bereit ist, oder einem Makler ausschließlich für Tierkrankenversicherungen beraten. Schließen Sie die Versicherung am besten gleich ab, sobald der Hund bei Ihnen einzieht, da Sie zu diesem Zeitpunkt sicher noch keine Vorerkrankungen angeben müssen, die die Versicherung teurer oder unmöglich machen.

Achten Sie bei Rassehunden auf einen verantwortungsvollen Züchter und auf gesunde Elterntiere.

AUSWAHL DES HUNDES

Nehmen Sie sich genügend Zeit, um einen guten Züchter zu finden, wenn es ein Rassehund sein soll. Schauen Sie vielleicht vor der Auswahl in die Merkblätter der Qualzuchtdatenbank.eu. Dort finden Sie wichtige Hinweise zu rassetypischen Erkrankungen. Züchter, die einem Rassezuchtverein angehören, haben die Auflage, dass die Elterntiere einige Gesundheits-Checks absolvieren mussten, um zur Zucht zugelassen zu werden. Je nach Rasse zählen dazu HD-Untersuchungen, Gentests u. v. m. Dadurch soll die Weitergabe erblich bedingter Erkrankungen möglichst minimiert werden.

BEIM ZÜCHTER

Ein seriöser Züchter wird Sie kennenlernen wollen und Ihnen die Möglichkeit geben, Welpen und Mutterhündin, sowie das ganze Umfeld kennenzulernen.
Erfragen Sie, ob der Welpe an das Tragen eines Hundegeschirrs und an Halsband und Leine herangeführt wurde, ob das Tier auf verschiedenen Untergründen, z. B. glatten Böden, Gitterboden, auf raschelndem Laub oder in mit kleinen Bällen gefülltem Sandkasten etc. bewegt wurde. Kennt der Welpe unterschiedliche Alltagsgeräusche? Wurde Autofahren geübt? Konnten Kleinkinder sowie etwas größere spielende Kinder kennengelernt werden? Wurden die wichtigsten üblichen Untersuchungshandgriffe wie Saubermachen und Untersuchen der Pfoten, Blick ins Mäulchen und Untersuchen der Zähne, Ohren anschauen, Drehen in Rückenlage etc. schon geübt? All das ist für eine möglichst unproblematische Entwicklung eines Welpen wichtig. Deshalb sollten die beschriebenen Erfahrungen schon in der Zeit beim Züchter gemacht werden.
Das alles sollte bedacht und wohlüberlegt sein, am besten unter Einbeziehen von Fachleuten. Verhaltenstherapeuten, Hundetrainer und vor allem Tierärzte sind geeignete Ratgeber. So können Sie sich im Vorhinein über die Erziehung, Ernährung, Pflege und Prophylaxe verschiedener vor allem rassetypischer Erkrankungen eingehend erkundigen.

Fallen Sie nicht auf Hundehändler herein, die mit billigeren Tieren werben, da auf Zuchtpapiere verzichtet werden kann. Kaufen Sie keinesfalls über Annoncen in Zeitungen oder im Internet. Ein Verkäufer, der Ihnen einen Welpen auf einem Parkplatz anbietet oder direkt nach Hause bringen will, ist inakzeptabel.

NOTFALLAUSSTATTUNG UND REISEAPOTHEKE

Um selbst helfen zu können, ist es wichtig, auch für den Hund eine Notfallapotheke parat zu haben. Hierzu gehört Folgendes für jeden Vierbeiner:

1. DIGITALES FIEBER-THERMOMETER

Beim Hund wird immer im Anus Fieber gemessen. Wichtig ist es, den Schwanz zur Seite und nicht nach oben wegzuhalten. Fetten sie die Spitze des Thermometers mit Vaseline oder Speiseöl leicht an. Legen Sie das Thermometer dann mit leichtem Druck auf die geschlossene Öffnung des Anus. Durch den Druck öffnet sich der Analring und Sie können das Thermometer ohne Zwang einführen. Gemessen wird immer direkt an der Darmwand, nicht im Hohlraum. Ohrthermometer funktionieren beim Hund leider nicht zuverlässig.

2. NICHT BRENNENDES DESINFEKTIONSMITTEL

Dazu zählen z. B. Prontosan® oder hypochlorige Säure und die wundheilungsfördernde und gleichzeitig mild desinfizierende Salbe wie Bepanthen® Antiseptische Wundcreme (Bayer). Beachten Sie, dass Octenisept® nicht dafür gedacht ist, Wunden zu spülen, da es dabei regelmäßig zu schweren Nebenwirkungen kommt.

3. VERBANDSMATERIAL

Sinnvoll ist es, sowohl Wattebinden als auch elastische Binden in zwei unterschiedlichen Breiten im Haus zu haben.

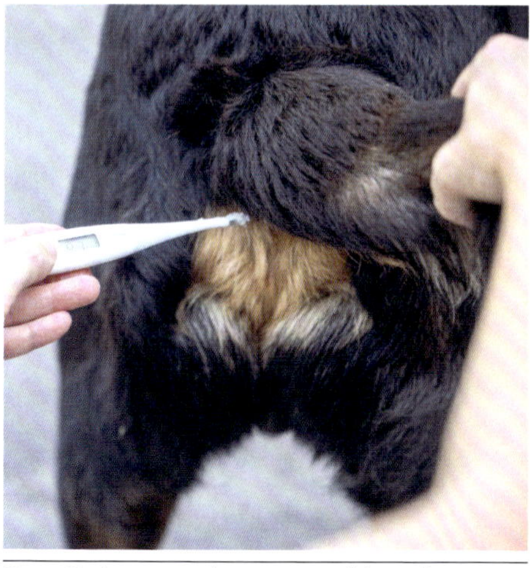

Beim Fiebermessen kommt es auf die richtige Technik an, die Rute wird zur Seite gehalten.

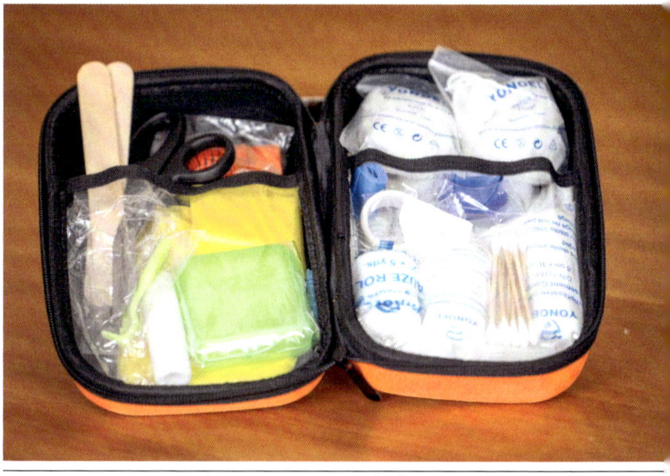

Es ist gut, ein Erste-Hilfe-Set im Haus zu haben. Man kann auch auf den Verbandskasten für Menschen zurückgreifen.

Dieser Hund wird mit einem Flohkamm gekämmt, um Flöhe oder Zecken zu finden.

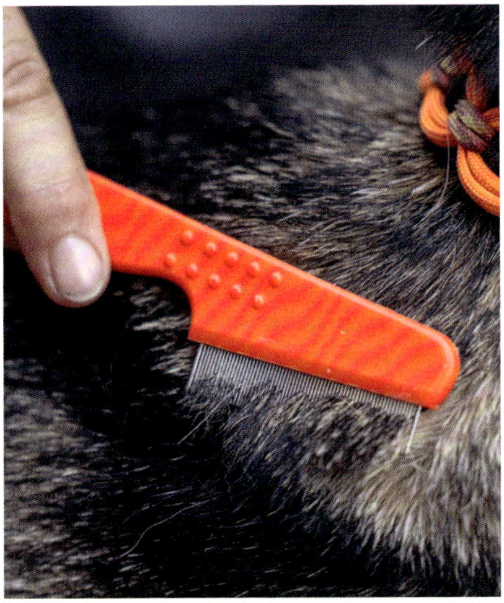

In den engen Zähnen des Flohkamms bleibt auch Flohkot hängen.

4. SCHERE

Hilfreich ist hier eine gut schneidende Verbandschere.

5. PINZETTE

Testen Sie, ob die Pinzette gut greift. Schön ist, wenn Sie sowohl eine spitze Splitterpinzette sowie eine breitere Pinzette zur Hand haben.

Mit der Zeckenzange wird die Zecke umfasst und durch gleichmäßigem Zug entfernt.

6. FLOHKAMM

Ein Flohkamm hilft nicht nur, um nach Flöhen zu schauen. Er ist oft auch sehr hilfreich, um Unterwolle auszukämmen.

7. ZECKENZANGE

Zeckenkarten passen vom Format oft nicht und mit Zeckenhaken können Sie die Zecke manchmal schlecht „angeln". Sie sind aber die beste Alternative zu der von uns favorisierten Zeckenzange.
Hier ist die richtige Handhabung wichtig. Öffnen Sie die Zange, positionieren Sie die Zecke in der Mitte und setzen die geöffnete Zange fest auf der Haut auf, bevor Sie sie schließen. Entfernen Sie die Zecke mit stetig zunehmendem Zug.
Schauen Sie nach dem Entfernen immer, ob Sie die Zecke komplett entfernt haben. Bleiben die Beißwerkzeuge in der Haut zurück, können Sie diese mit einer normalen Pinzette entfernen. Gelingt dies nicht – keine Angst, diese wandern nicht in die Tiefe. Manchmal führen sie aber zu Entzündungen, sodass sie entfernt werden sollten. Dies muss aber nie im Notdienst passieren.

☞ EXKURS:

GANZJÄHRIGE ZECKENPROPHYLAXE

Denken Sie in Deutschland ganzjährig an die passende Zeckenprophylaxe. Diese ist in mehrerlei Hinsicht wichtig. Eine Studie ergab, dass Zecken durchschnittlich erst nach ca. 80 Stunden auf dem Tier vom Tierhalter gefunden werden. Zum Übertragen von Krankheiten sind allerdings nur 16 bis 48 Stunden nötig. Sie finden die Zecken also meist zu spät. Mittlerweile gibt es in Deutschland sogar im Winter aktive Zecken, die Wiesenzecke oder Dermacentor reticularis. Diese Zecke ist v. a. als Überträger der Babesiose, einer Krankheit, die tödlich enden kann, ein großes Problem. In Sachsen-Anhalt und Brandenburg ist diese Zeckenart mittlerweile sogar die am häufigsten vorkommende. Zecken übertragen auch andere Krankheiten, die früher nur bei Hunden, die aus dem Ausland kamen, auftraten. Mittlerweile hielten sich allerdings mehr als 80 % der bei deutschen Tierärzten vorgestellten und an Babesiose erkrankten Hunde nur in Deutschland und nie im Ausland auf.

SPOT-ON-PRÄPARAT AUFTRAGEN

Achten Sie darauf, dass Sie ein Zeckenmittel verwenden, das die Zecke abhält zu beißen, ein sogenanntes Repellent. Häufig sind dies Präparate, die auf die Haut aufgetragen werden, sogenannte Spot-on-Präparate. Hier gibt es einige Dinge zu beachten:

- Tragen Sie das Präparat am besten vor dem Zubettgehen auf. So stellen Sie sicher, dass niemand den Hund direkt an dieser Stelle streichelt.
- Achten Sie darauf, dass Ihr Hund nicht kurz davor gebadet wurde. Diese Präparate benötigen einen Fettfilm auf der Haut, um sich verteilen und damit wirken zu können.
- Tragen Sie das Präparat direkt auf die Haut auf. Scheiteln Sie hierfür das Fell im Bereich zwischen den Ohren bis hin zu der Schulter. So nutzen Sie eine möglichst große Fläche, die zudem nicht abgeschleckt werden kann.
- Nicht wundern: Die Präparate scheinen fast alle die Haut etwas zu reizen, sodass Ihr Hund kurz nach dem Auftragen etwas unruhig ist. Ein Spaziergang, Spiel oder die Fütterung lassen ihn dies schnell vergessen.
- Beachten Sie, dass viele dieser Präparate für Katzen giftig sind.
- Lassen Sie Ihren Hund drei Tage lang nicht in Gewässer, da viele dieser Präparate auch für Fische giftig sind.

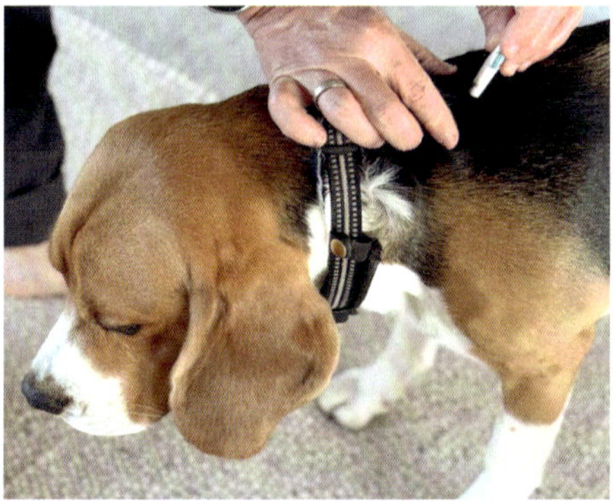

Das Spot-on-Präparat wird direkt auf die Haut aufgetragen.

Wer keinen Trichter nehmen möchte, kann auch einen aufblasbaren Halskragen verwenden.

8. HALSKRAGEN

Der Halskragen muss so um den Hals passen, dass nur ca. ein bis maximal zwei Fingerbreit Abstand zur Haut bleibt. Ist zu viel Raum zwischen Halskragen und Hals, kann Ihr Hund z. B. mit der Kralle hängen bleiben. Des weiteren wackelt der Halskragen bei Bewegung des Hundes zu sehr und stört ihn. Die Länge muss bei den meisten Einsatzgebieten etwas über die Schnauzenspitze hinaus reichen, damit der Hund nicht an die betroffenen Stellen gelangt. Testen Sie dies direkt an Ihrem Hund, da der Halskragen am Hals unterschiedlich weit nach hinten rutschen kann.
Ein Befestigungsband ist hilfreich, kann beispielsweise aber auch durch ein breites Geschenkband ersetzt werden.
Es gibt viele verschiedene Modelle. Schauen Sie rechtzeitig nach einem für Ihren Hund passenden Modell und gewöhnen Sie ihn an das Tragen.

9. SCHNAUZENBAND AUS NYLON

Dies ist sehr wichtig, wenn Sie nicht zuverlässig wissen, dass Sie Ihren Hund auch bei starken Schmerzen gefahrlos anfassen oder tragen können. Es gibt auch Situationen, wie z. B. die Mitnahme auf Schiffen, wo das Tragen eines Maulkorbes Pflicht ist. Dies gilt auch in manchen Reiseländern.

HALSKRAGEN ZURECHTSCHNEIDEN

Viele Halskragen haben einen sehr großen Durchmesser, damit der Hund nicht doch z. B. an den Pfoten oder der Rute lecken kann. Dies können Sie verändern, indem Sie den Halskragen überlappend zu einer Röhre formen und mit aufgeklebten Klettstreifen fixieren. So können Sie ihn auch schnell wieder öffnen. Dadurch ist der Halskragendurchmesser viel kleiner und der Hund stößt weniger an.

Ein gut sitzender Halskragen verhindert, dass der Hund an Verletzungen leckt oder knabbert.

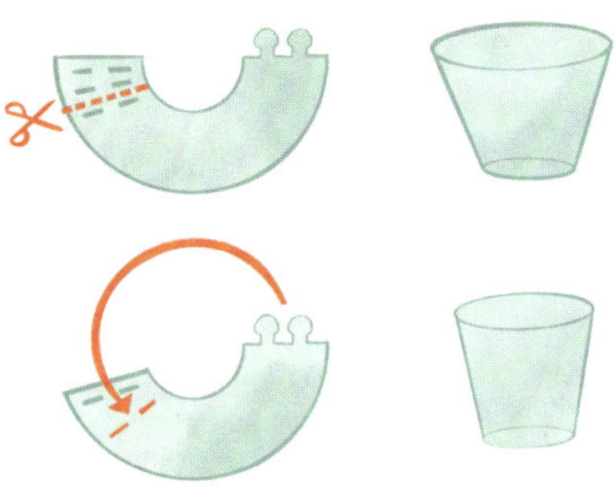

So können Sie den Halskragen enger machen, damit Ihr Hund nicht überall anstößt.

Auf jedem Spaziergang sollten Sie eine Binde dabeihaben, um stark blutende Schnittwunden oder abgerissene Krallen sofort verbinden zu können. Bitte auch das Schnauzenband mitführen, wenn dieses in solchen Situationen nötig ist. Die restlichen Dinge sind erst bei der Ankunft zu Hause vonnöten. Hier empfiehlt es sich, in die eigene Hausapotheke bzw. den Erste-Hilfe-Kasten des Autos zu schauen. So sparen Sie sich oft Kosten.

AUF URLAUBSREISE

Zusätzlich bietet es sich an, einige Präparate passend zu bestimmten Anlässen, wie z. B. Urlaubsreisen oder bei individuellen Empfindlichkeiten Ihres Hundes im Haus zu haben. Fragen Sie gerne bei Ihrem Tierarzt nach einer individuell zusammengestellten Reiseapotheke.

Denken Sie auch daran, dass es sehr wirksame Tabletten mit dem Wirkstoff Maropitant (Cerenia®, Firma Zoetis) gegen Reisekrankheit beim Hund gibt. Fragen Sie bei Ihrem Tierarzt danach.

Bei einer Reise ans Meer zusätzlich:

1. Panthenolhaltige (Bepanthen®) oder antiallergische (Berberis®) Augentropfen
2. Präparate, die gegen Erbrechen und Durchfall helfen
3. Sonnencreme für wenig behaarte Stellen und weiße Hunde

Bei einer Reise in den Schnee zusätzlich:

1. Pfotenschutz
   Besorgen Sie sich gerne passende Hundeschuhe, wenn Sie wissen, dass Ihr Hund empfindliche Pfoten hat.
2. Präparate, die gegen Erbrechen und Durchfall helfen.
   Denn eine „Schneegastritis" durch Schneefressen ist ein häufiges Problem, genauso wie Durchfall.

Ein Schnauzenband dient zum Schutz des Menschen.

HILFE, EIN NOTFALL

Im Notfall ist es wichtig, Ruhe zu bewahren, auch wenn es nicht immer leicht ist. Überlegen Sie, was Sie tun würden, wenn Sie selbst die Symptome hätten, die Ihr Tier zeigt. Würden Sie sofort ins Krankenhaus fahren?

Sinnvoll ist es, die Nummer des eigenen Tierarztes parat zu haben und zu wissen, wie der tierärztliche Notdienst in der Region geregelt ist. Verständigen Sie, wenn möglich, immer die Praxis, zu der Sie im Notfall fahren wollen, damit das diensthabende Personal lebensrettende Maßnahmen vorbereiten bzw. Ihnen mitteilen kann, wenn es zu diesem Zeitpunkt keine Kapazitäten hat. So gewinnen Sie wertvolle Zeit. Sinnvoll ist es auch, sich über die erblichen Krankheiten, die bei Ihrem Hund eine Rolle spielen könnten und die therapeutische Relevanz haben, wie z. B. den MDR-Defekt, zu informieren. Ein MDR-Defekt kann bei betroffenen Hunden aufgrund der Überempfindlichkeit gegen bestimmte Medikamente Störungen, z. T. mit Todesfolge auslösen. Eine Auflistung der problematischen Wirkstoffe finden Sie unter CliniPharm Wirkstoffe MDR Defekt. Viele Gendefekte kann man mittlerweile ganz einfach mittels Blutuntersuchung oder Backentaschenabstrich bestimmen.

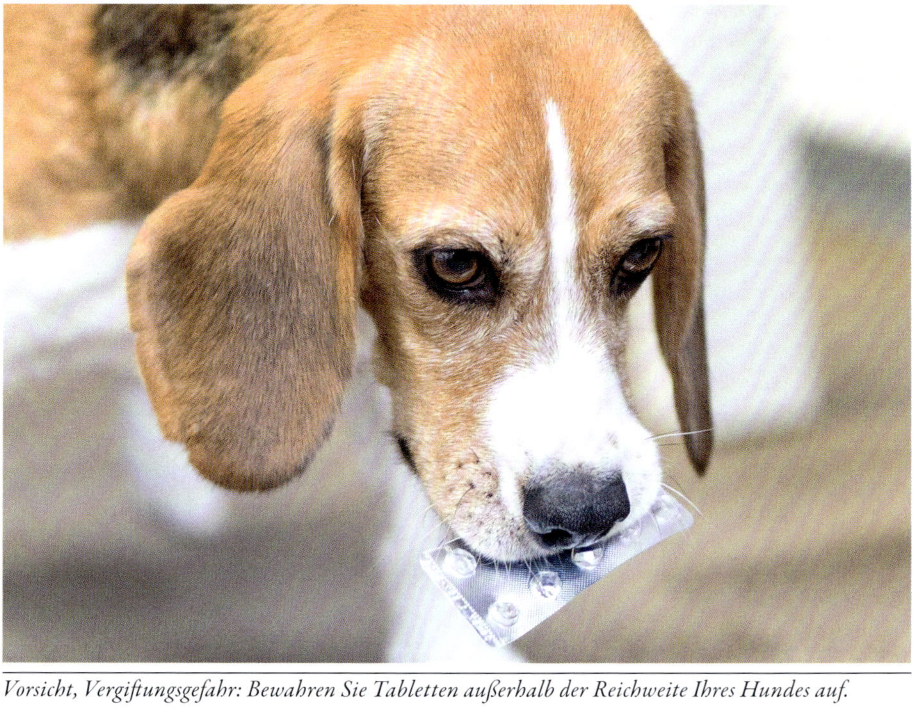

Vorsicht, Vergiftungsgefahr: Bewahren Sie Tabletten außerhalb der Reichweite Ihres Hundes auf.

Informieren Sie Ihren Arzt im akuten Fall vorab, so vermeiden Sie lange Wartezeiten.

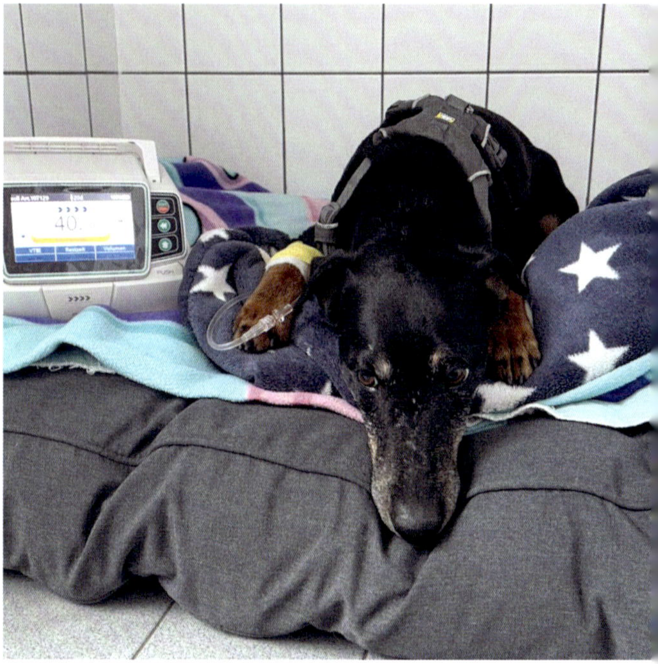

Stationärer Aufenthalt zur Überwachung mit Infusion und Infusionspumpe.

NOTFÄLLE

Es gibt nur wenige Notfälle, bei denen wirklich jede Minute die Prognose verschlechtern kann. Die häufigsten sind:

- Augenverletzungen (siehe Seite 49)
- Mögliche Fremdkörper im Ohr, Auge, Magen-Darm-Trakt, ...
- Husten oder Erbrechen von Blut
- Erfolglose Versuche, Urin oder Kot abzusetzen
- Magendrehung (siehe Seite 176)
- Hoher Vergiftungsverdacht (siehe Seite 177, diese Fragen helfen Ihnen)
- Störung im Verlauf einer Geburt
- Sichtbare Knochen oder innere Organe
- Schlagartige Lähmung (nicht Lahmheit; der Unterschied wird auf Seite 135 kurz erklärt)
- Das Tier kann nicht mehr aufstehen oder ist nicht ansprechbar
- Krämpfe, die länger als fünf Minuten dauern oder ein zweiter Krampfanfall an demselben Tag
- Hitzschlag (siehe Seite 195)

GRUNDLEGENDE TIPPS ZU BEGINN:

- Halten Sie die von der Tierarztpraxis vorgeschlagenen Termine ein.
- Geben Sie die Präparate bezüglich der Menge und der Dauer, wie sie vom Tierarzt verschrieben wurden, auch wenn die Symptome verschwinden.
- Keine Selbstmedikation mit Arzneimitteln für den Menschen oder Medikamenten, die Sie für diesen oder einen anderen Hund irgendwann einmal bekommen haben; auch nicht bei scheinbar gleichen Symptomen.

FÜTTERUNG

Es gibt eine große Palette an Futtermitteln und Fütterungsphilosophien, wie BARF, Preyen, vegetarische oder vegane Ernährung. Nachfolgend finden Sie allgemeine Hinweise, um den Hund gesund zu erhalten.

Uns ist es wichtig, über wissenschaftlich belegte Fakten aufzuklären. Da der Hund, wie schon das Gebiss zeigt, ein Allesfresser und nicht wie die Katze ein Fleischfresser ist, sind all diese Fütterungsarten artgerecht möglich. Wichtig ist, sich über Vor- und Nachteile zu informieren und sich darüber klar zu werden, dass nicht jeder, der Rationen berechnet und empfiehlt, eine fundierte Ausbildung absolviert hat. Sie sollten wissen, dass es einige Futtermittel zu kaufen gibt, die, auf Dauer gefüttert, dem Tier schaden können. Der Preis des Futters sagt dabei nichts über die Qualität aus. Die Deklaration der Futtermittel ist oft so ungenau, dass Laien fehlgeleitet werden.

Ein Hund ist auch kein Wolf mehr. Das Verdauungssystem hat sich im Lauf der Evolution angepasst, so besitzt der Hund z. B. zuckerverwertende Enzyme. Kohlenhydrate sind daher oft eine sehr gute Energiequelle. Eine Glutenempfindlichkeit kommt beim Hund genauso selten vor wie eine Allergie gegen Reis, Kartoffeln oder Nudeln.

Was kommt in den Napf? Ein hochwertiges Fertigfutter?

BARF oder Selbstgekochtes? Hier sollten Sie sich zu Mengen und Zusammensetzung beraten lassen.

HOCHWERTIGES FUTTER

Hochwertige Fertigfuttermittel sind meist eine einfache Möglichkeit, den Hund vollwertig und ausgewogen zu ernähren. Dies macht die Fütterung einfach, auch in Urlaubszeiten. Außerdem gibt es bei den Herstellern dieser Premiumfutter die Möglichkeit, die Fütterung bei akuten Erkrankungen, z. B. bei Durchfall oder Blasenproblemen, sehr einfach umzustellen. Die Premiumhersteller bieten eine breite Palette hochqualitativer Futtermittel für die optimale Ernährung bei fast allen chronischen Organerkrankungen an.

SELBST KOCHEN ODER BARF

Selbstkochen ist manchmal bei Futtermittelunverträglichkeiten und seltenen Futtermittelallergien die einzige Möglichkeit der Ernährung. BARFen wäre hier auch eine Variante. Die Rohfütterung birgt natürlich die größere Gefahr einer Infektion v. a. durch Bakterien. Egal, ob Sie roh oder gekocht füttern, ist es sehr wichtig, die Ration von Fachleuten berechnen zu lassen. Solange ein Tier wächst, muss die Ration engmaschig angepasst werden, um keine Schäden für den Rest des Lebens zu verursachen. Fertig-BARF ist nur zu empfehlen, wenn eine exakte Deklaration vorliegt. Dies ist leider momentan noch fast nie der Fall.

GEWICHT

Bedenken Sie auch, dass in Deutschland ca. 50 % der Hunde übergewichtig sind. Lassen Sie sich daher nicht verunsichern, wenn Ihr schlanker, normalgewichtiger Hund regelmäßig als zu mager beurteilt wird. Fragen Sie bei Unsicherheit Ihren Tierarzt. Haben Sie einen Hund, der nie satt wird, hilft es, diesen mehrmals täglich mit einem kalorienreduzierten Futter zu füttern. Merken Sie, dass er dennoch zu schwer wird oder weiterhin hungrig bleibt, füttern Sie spezielle Abnahmediäten. Von diesen darf Ihr Hund eine größere Menge fressen. Damit wird er satt und nimmt dennoch ab, wenn Sie die passende Menge täglich abwiegen und nichts zusätzlich füttern. Übergewicht ist kein Schönheits-, sondern ein Gesundheitsproblem, da das Fettgewebe Stoffe produziert, die z. B. Entzündungen hervorrufen. Ist Ihr Hund z. B. übergewichtig und hat Arthrose, kann schon allein die Gewichtsabnahme dazu führen, dass er deutlich weniger Probleme beim Laufen hat.

Ab auf die Waage: Gewichtskontrolle bei jedem Tierarztbesuch.

Halten Sie Ihren Hund schlank. Das bedeutet, dass Sie die Rippen sofort spüren, wenn Sie die flachen Hände mit leichtem Druck rechts und links auf den Brustkorb legen.

KRANKHEITEN

— vorbeugen und wichtig zu wissen

KRANKHEITEN DES OHRES

Ohrprobleme sind ein sehr häufiger Grund für einen Tierarztbesuch. Ohne sorgfältige Diagnose und mit zu kurzer Behandlung entsteht oft ein wiederkehrendes Problem. Hier bekommen Sie einige Tipps, wie Sie diese vermeiden können.

Im Gegensatz zu dem menschlichen Ohr hat der Gehörgang unserer Hunde eine L-Form. Dadurch können Sie mit bloßem Auge ohne Hilfsmittel nur den äußersten Teil sehen und beurteilen. Zum Verständnis verschiedener Ohrerkrankungen ist es wichtig zu wissen, dass sich die behaarte Haut bis in den Gehörgang zieht.

Welche Symptome weisen auf eine Ohrproblematik hin?

1. Kopfschütteln
2. Ungewöhnliche Stellung des Ohres
3. Kopfschiefhaltung
4. Kratzen am Ohr, Reiben des Kopfes auf dem Boden
5. Rötung der Ohrmuschel
6. Schmierige Beläge und/oder trockene Krusten auf der Ohrinnenseite
7. Unangenehmer Geruch aus dem Ohr bzw. den Ohren

DIAGNOSTIK UND THERAPIE

Zu jeder Ohrproblematik gehört zuerst ein sorgfältiger Vorbericht. Hier ist es hilfreich, wenn Sie als Tierhalter die genaue Bezeichnung aller Futtermittel (inklusive Leckerli und Kauartikel) und eventueller Vorbehandlungen notiert haben und dem Tierarzt mitteilen. Danach wird Ihr Tierarzt den Hund komplett untersuchen und zum Schluss beide Ohren sorgfältig mit bloßem Auge begutachten.
Sobald der Tierarzt nun den Verdacht einer Ohrproblematik hat, untersucht er mit einem Ohrspiegel (Otoskop) den Gehörgang und begutachtet das Trommelfell.

Ohruntersuchung mithilfe eines Otoskops: Damit kann der Tierarzt den Gehörgang und das Trommelfell sehen.

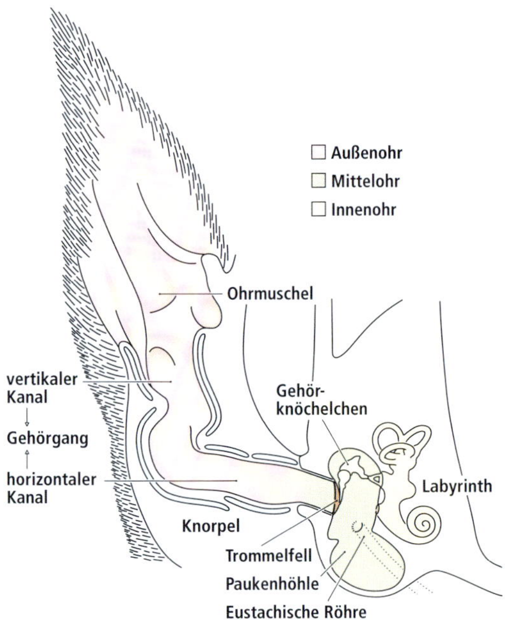

Anatomie des Hundeohres

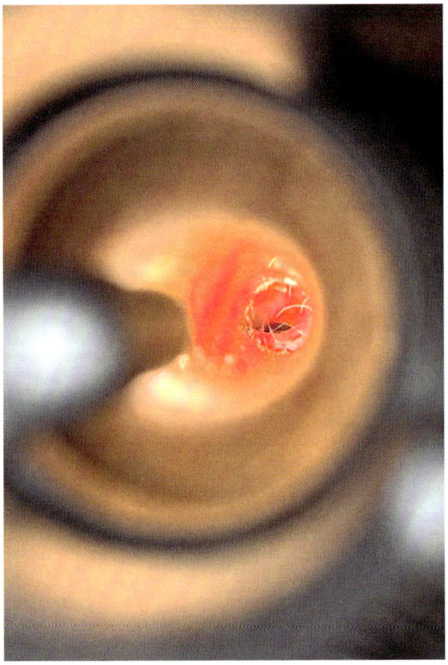

Ein Loch im Trommelfell

OHRSCHMALZ UND ENTZÜNDUNGEN

Da das Trommelfell oft unter Ohrschmalz, regelrechten „Pfropfen" versteckt ist, gestaltet sich dies manchmal schwierig. Kann ein Loch im Trommelfell nicht sicher ausgeschlossen werden, dürfen nur ganz spezielle Ohrreiniger und Ohrmedikamente angewendet werden. Beachtet man dies nicht, entstehen häufig Mittel- und Innenohr- bis hin zu Hirnhautentzündungen, die zu schwerwiegenden Problemen führen können.

Manchmal ist eine genaue Untersuchung aufgrund einer starken Schwellung des Gehörgangs oder extremer Schmerzhaftigkeit bei der ersten Untersuchung nicht möglich. Hier ist dann eine lokale Behandlung mit einem abschwellenden Präparat (z. B. Recicort®) notwendig. Bei schweren Entzündungen und begleitenden Schmerzen muss häufig die zusätzliche Verabreichung von Medikamenten mit einer Injektion und nachfolgend Tabletten erfolgen. Hier kommen entweder Kortisonpräparate oder andere entzündungshemmende Medikamente zum Einsatz. Liegt ein stark gewinkelter oder sehr enger Gehörgang vor und/oder sind die Hunde sehr ängstlich oder aggressiv, ist eine otoskopische Untersuchung auch nach Erstbehandlung manchmal ohne Kurznarkose nicht möglich.

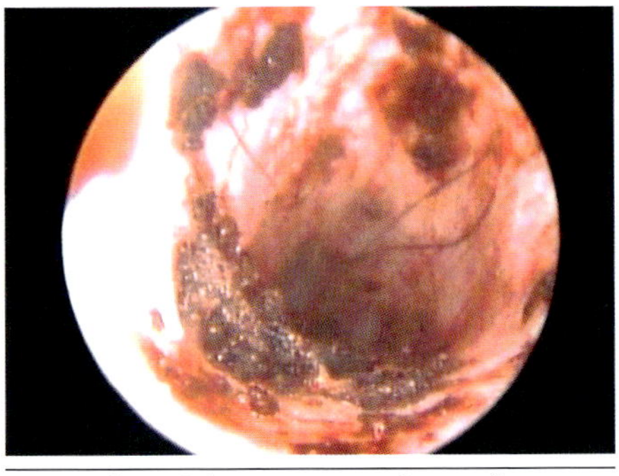

Entzündeter Gehörgang mit mehreren festsitzenden borkigen Belägen.

Wenn sich festsitzendes Ohrschmalz nicht durch mehrtägige, wie nachfolgend beschriebene, korrekt durchgeführte Reinigung löst, ist eine professionelle endoskopische Ohrspülung in Kurznarkose erforderlich, da ansonsten jede Therapie erfolglos bleibt. Bei einem schon lange bestehenden Ohrproblem oder immer wiederkehrenden Ohrproblemen wird häufig eine Mittelohrentzündung als Ursache diagnostiziert. Das Erkennen einer Mittelohrentzündung mit nachfolgender Therapie ist immens wichtig. Dies erfordert bildgebende Maßnahmen wie Computertomografie (CT), Magnetresonanztomografie (MRT) und/oder Endoskopie in einer spezialisierten Tierarztpraxis.

ABSTRICH MIT MIKROSKOPISCHER UNTERSUCHUNG

Beim Feststellen einer Ohrentzündung sollte immer vor Beginn der Therapie ein Abstrich der Ohrinnenfläche in der Tiefe des Gehörgangs mit nachfolgender mikroskopischer Untersuchung erfolgen, um die bestmögliche Therapie einzuleiten. Wichtig ist auch, dass der Ohrreiniger zu dem zielgerichtet eingesetzten Präparat passt. Es sollte kein Präparat mit verschiedenen Wirkstoffen ohne vorhergehende exakte Diagnosestellung eingesetzt werden.

Vorsicht ist bei einseitigem Auftreten geboten. Hier sollte vor der Therapie unbedingt eine tierärztliche Untersuchung erfolgen. Wichtig ist es, rechtzeitig zu behandeln, um unnötiges Leid wie Juckreiz und Schmerz frühzeitig zu lindern.

Mit einem für den Hund passenden Halskragen wird das Kratzen am Ohr vermieden. So verhindert man, dass sich der Hund selbst Verletzungen oder Entzündungen der Ohrhaut zuzieht.

WICHTIG

Leisten Sie den Anweisungen des Tierarztes Folge. Reiniger und Medikamente müssen so wie verschrieben täglich eingesetzt und Kontrolltermine eingehalten werden. Auch wenn es nach einigen Tagen für Sie den Anschein hat, dass alles wieder in Ordnung ist, besteht die Entzündung in der Tiefe des Gehörgangs oft noch fort. Diese führt dann zu immer wiederkehrenden Entzündungen, die im schlimmsten Fall auf das Mittelohr übergreifen können. Dies geschieht bei mehr als 20 % der Hunde mit Ohrentzündungen.

Falls eine medikamentöse Behandlung erfolgen soll, empfiehlt es sich, die Ohrreinigung vor dem Spaziergang und das Medikament danach einzubringen, um eine bessere Wirksamkeit zu erlangen.

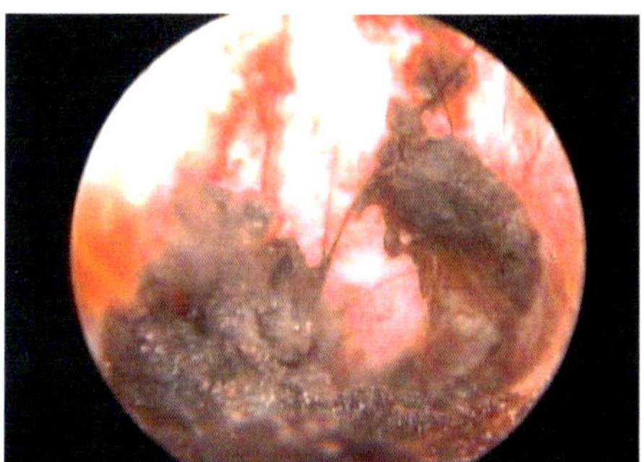

Beläge in Form eines „Pfropfs“ festsitzend vor dem Trommelfell.

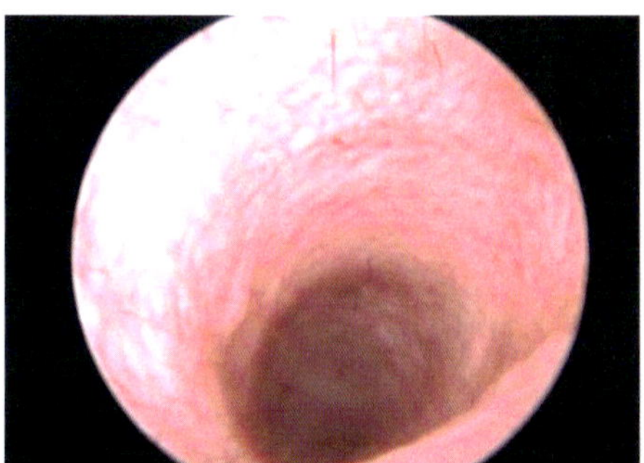

Sauberer Gehörgang nach intensiver endoskopischer Spülung.

OHRENTZÜNDUNG (OTITIS)

Ungefähr jeder sechste in einer Tierarztpraxis vorgestellte Hund leidet unter einer Ohrentzündung. Die Ursachenerkennung und Therapie können oft schwierig und langwierig sein.

MÖGLICHE URSACHEN

Angeborene Problemstellen Zunächst einmal gibt es Ursachen, die bei dem Hund selbst zu suchen sind. Dazu gehören beispielsweise:

Anatomische Besonderheiten wie **enge Gehörgänge** führen zu verminderter Belüftung. Dadurch ist der Gehörgang häufig feuchter, was die Vermehrung der Bakterien und Pilze im Ohr begünstigt.

Bei einigen Hunderassen, z. B. beim Pudel, wachsen **sehr viele Haare** im Gehörgang. Daraus folgen häufig Probleme aufgrund der Minderbelüftung des Ohres.

Genauso können eine **übermäßige Ohrschmalzproduktion oder eine erhöhte Vermehrung der Hautzellen** eine Ohrentzündung begünstigen. Denn Ohrschmalz ist ein sehr guter Nährboden für Bakterien und Pilze.

TIPP: GEHÖRGANG VORSICHTIG VON HAAREN BEFREIEN

Hier sollten Sie für eine bessere Belüftung durch das behutsame Entfernen der Haare sorgen. Dies muss mit Bedacht geschehen. In regelmäßigen Abständen zupfen Sie immer wieder einige wenige Haare an einem Tag. Bei zu intensivem Zupfen kann eine Entzündung mit nachfolgendem Zuschwellen des Gehörgangs entstehen. Es hilft nichts, die Haare mit einer Schere zu kürzen, da sie die Belüftung dann unverändert behindern. Diese Tipps sollte auch der Hundefriseur dringend beachten.

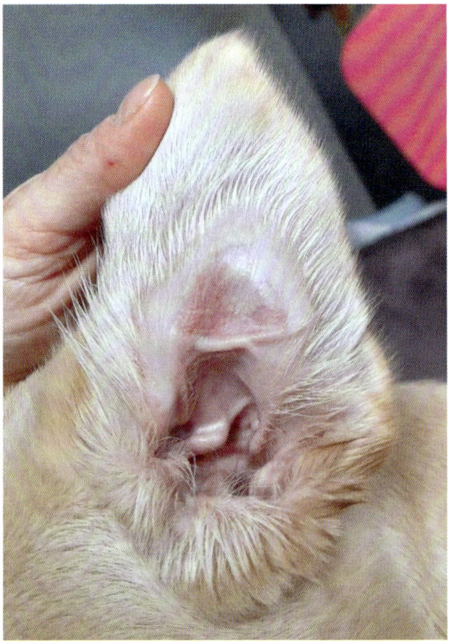

Eine gerötete Ohrmuschel ist meistens ein Hinweis auf eine Otitis.

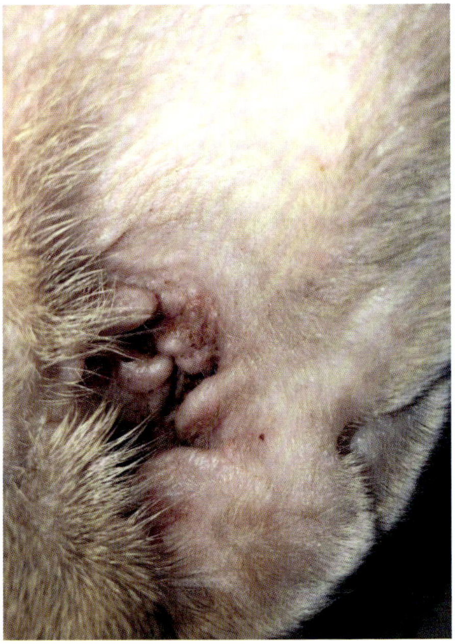

Viel Ohrsekret und verdickte Haut in der Ohrmuschel deuten auf einen langandauernden Prozess.

Regelmäßige Ohrkontrollen sind bei „Wasserratten" sehr zu empfehlen.

☞ EXKURS:

OHRKONTROLLE UND ANLEITUNG ZUR OHRREINIGUNG

Grundsätzlich empfiehlt es sich schon von Welpenalter an, v. a. bei Hunden mit Hängeohren, wie z. B. dem Cocker Spaniel oder Golden Retriever, das Untersuchen und Reinigen der Ohren zu üben. Bei Hunden mit Hängeohren sollten Sie zur Kontrolle der Ohren am besten einmal wöchentlich beide Ohren mit jeweils einem eigenen Wattebausch ausreiben. Beide Wattebäusche vergleichen Sie danach hinsichtlich der Menge an Ohrschmalz und dessen Geruch.

Bei einem sauberen Wattebausch ist keine Ohrreinigung nötig.

REINIGUNGSSCHEMA

Sobald Veränderungen auftreten, wird das Ohr z. B. an drei aufeinanderfolgenden Tagen mit einem milden Ohrreiniger gereinigt. Hierdurch ergibt sich häufig ein Reinigungsschema für den eigenen Hund, das allerdings nach Bedarf angepasst werden muss. Es gibt Beschäftigungen des Hundes, die einer Ohrentzündung Vorschub leisten

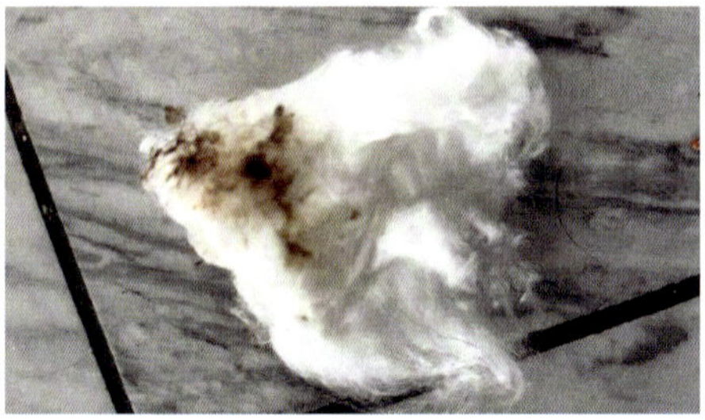

Befindet sich hingegen viel Ohrsekret am Wattebausch, ist eine Ohrreinigung sinnvoll.

können, wie z. B. das Schwimmen oder Tauchen. Hier entsteht ein erhöhter Feuchtigkeitsgehalt im Ohr. So ist die Reinigung bei Hunden, die im Sommer täglich schwimmen, oft in kürzeren Intervallen nötig, um eine Ohrentzündung zu vermeiden. Wenn durch Aufenthalt im Wasser regelmäßig Probleme auftreten, können Sie die Ohren nach dem Schwimmen vorsorglich mit einem Wattebausch/-pad trocknen. **Niemals Wattestäbchen verwenden!**

VORBEREITUNG

Die Ohrreinigung führen Sie am besten vor dem Spaziergang vor der Haustür durch, da sich der Hund nach der Ohrbehandlung in der Regel schüttelt und dadurch im Ohr verbliebene Flüssigkeit herausgeschleudert wird. Bevor Sie starten, lesen Sie sich bitte die gesamte Anleitung durch.
Nachdem Sie den Ohrreiniger und/oder das Ohrmedikament in der Hand auf Körpertemperatur vorgewärmt und geöffnet haben, legen Sie passend große Wattebäusche in ausreichender Zahl bereit.

OHRREINIGER EINBRINGEN

Nun greifen Sie mit Daumen und Zeigefinger das zu behandelnde Ohr und fixieren mit den restlichen Fingern der gleichen Hand das Tier vorsichtig im Nacken.
Den Ohrreiniger bringen Sie nie direkt in den Gehörgang ein, da dies sehr unangenehm für den Hund ist und oft dazu führt, dass ein Anfassen am Ohr nicht mehr geduldet wird. Gut funktioniert es, wenn Sie mit der Ohrmuschel eine Rinne bilden, durch die der Ohrreiniger ab der Ohrspitze langsam in das Ohr läuft, bis im Gehörgang ein sichtbarer Spiegel entsteht. So erwärmt sich die Flüssigkeit und rinnt sachte, ohne ein irritierendes Geräusch, in das Innenohr.
Wichtig: Die Spitzen der Behältnisse von Ohrreiniger und/oder Ohrmedikament dürfen die Ohrmuschel nicht berühren. So vermeiden Sie Verunreinigungen und bakterielle Besiedlung der Behältnisse und damit der Präparate bei Wiederverwendung. Dies erhöht die Haltbarkeit Ihrer Produkte.

Der Ohrreiniger läuft an der zur Rinne geformten Ohrmuschel entlang in das Ohr.

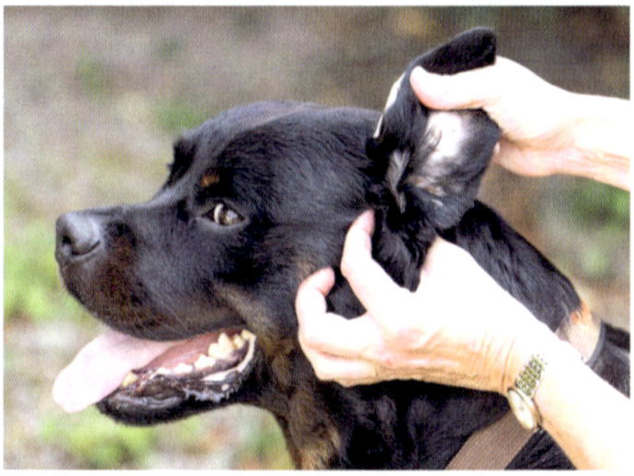

Nach dem Einbringen des Ohrreinigers wird das Ohr an der Ohrbasis gründlich massiert.

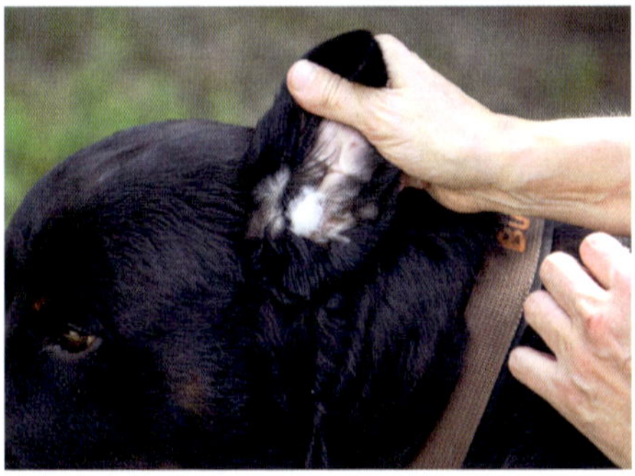

Anschließend wird das Ohr mit einem Wattebausch in passender Größe ausgerieben.

GEHÖRGANG MASSIEREN

Nach dem Einbringen des Ohrreinigers halten Sie das Ohr weiter fest, lassen aber das Tier im Nacken los, um mehr Bewegungsfreiheit zu haben. Nun wird das Ohr an der Ohrbasis sanft mit Zeigefinger und Daumen der freien Hand impulsartig massiert.

Die dadurch entstehende Bewegung der Flüssigkeit im Ohr macht ein typisches schmatzendes Geräusch. Nur so kann sich das überschüssige Sekret oder der Schmutz in der Tiefe des Ohres lösen.

Zum Abschluss stecken Sie vorsichtig einen Wattebausch in das Ohr.

Dann massieren Sie von der Ohrbasis Richtung Wattebausch. Beim Entfernen des Wattebauschs reiben Sie die Ohrmuschel vorsichtig damit aus. Diesen Vorgang wiederholen Sie so lange, bis der Wattebausch fast sauber bleibt. Sehen Sie Blutspuren am Wattebausch, beenden Sie die Reinigung sofort. Keine Angst, das passiert bei stark entzündeten Ohren sehr schnell. Wichtig ist dennoch, immer sicherzustellen, dass Sie nicht zu fest gerieben haben.

Wichtig: Wattestäbchen werden nur benötigt, um in den äußeren Ohrfalten Sekret zu entfernen. Sie dürfen niemals in den Gehörgang eingeführt werden, da Schmutz in die Tiefe verbracht wird und die Gefahr besteht, dass das Trommelfell verletzt wird.

Sollte durch das tägliche Reinigen der Ohren nicht von Tag zu Tag eine Besserung zu sehen sein, sollten Sie unbedingt einen Tierarzt aufsuchen, um eine Verschlimmerung und dauerhafte Problematik zu vermeiden. Wenn der Tierarzt mittels mikroskopischer Untersuchung eines Ausstrichs nach der Diagnostik ein Ohrmedikament mitgibt, wird dieses nach Reinigung des Ohres an den Rand des Gehörganges und nicht direkt in den Gehörgang geträufelt. Auch hier darf die Spitze des Präparates den Gehörgang nicht berühren, um eine Verunreinigung der Flaschenspitze und somit eine Besiedlung durch Bakterien zu vermeiden.

Vorsicht: Durch unnötiges oder zu häufiges Reinigen kann das gesunde Ohrmikrobiom, d. h. die normale Keimbesiedlung, geschädigt werden, ebenso durch unpassende Ohrreiniger oder falsche Durchführung der Ohrreinigung. Viele Hunde lassen keine Ohrbehandlung mehr zu, wenn sie dabei Unwohlsein oder Schmerzen erleiden, z. B. wenn der Ohrreiniger zu kalt ist, der Tierhalter den Reiniger direkt in den Gehörgang einbringt oder zu grob bei der Reinigung ist.

Brachyzephale Rassen neigen aufgrund ihrer Kopfform zu sterilen Mittelohrentzündungen.

STERILE MITTELOHR-ENTZÜNDUNG

Eine Besonderheit der sogenannten Kurznasenrassen (Brachyzephalen) wie Bulldoggen und Möpse sowie dem Cavalier King Charles Spaniel ist die sterile Mittelohrentzündung. Bei diesen Rassen ist aufgrund der Kopfform die Verbindung zwischen Mittelohr und Rachenraum, die Eustachische Röhre, in ihrer Funktion gestört. Die verminderte Belüftung führt zu einem Mittelohrerguss aus zähem Sekret ohne Erregerbeteiligung. Dadurch entsteht eine schmerzhafte Druckerhöhung im Mittelohr. Diese zeigt der Hund oft nicht an und wird nur mittels Computertomografie (CT) oder Magnetresonanztomografie (MRT) diagnostiziert.

Die Therapie erfolgt durch minimale Eröffnung des Trommelfells und nachfolgender Spülung des Mittelohrs. Dies kann häufig endoskopisch durchgeführt werden. In schweren Fällen wird ein chirurgischer Eingriff am Ohr nötig.

Juckreiz und Ohrerkrankungen sind häufig auf Allergien zurückzuführen.

BAKTERIEN UND PILZE

Ursachen sind nicht, wie häufig vermutet, Bakterien und Pilze, die von außen in das Ohr gelangt sind. Vielmehr handelt es sich um eine abnormale Vermehrung von denen, die als Mikrobiom der Haut, d. h. als normale Bewohner des Ohres, immer vorhanden sind. Man sollte stets nach der zugrundeliegenden Ursache suchen.

ALLERGIEN

Für 75 % sämtlicher Ohrerkrankungen sind Allergien verantwortlich. Diese betreffen häufig die gesamte Haut. Hinweise sind hier Rötungen oder andere Verfärbungen der Haut, v. a. der Pfoteninnenflächen, und/oder vermehrtes Lecken an den Pfoten. Allerdings sind manchmal auch ausschließlich die Ohren betroffen.
Verschiedene **Allergene aus der Umwelt**, am häufigsten Pollen von Gräsern, Kräutern und Bäumen sowie Hausstaubmilben verursachen die entzündlichen Reaktionen der Haut. Die Identifizierung der auslösenden Allergene aus der Umwelt gelingt meistens mit hochspezifischen Blut- oder Hauttests. Andere Verfahren wie Bioresonanztests bringen keine therapeutisch hilfreichen Ergebnisse.
Wenn nur wenige oder saisonal beschränkt auftretende Allergene ermittelt wurden, genügt es häufig, eine Allergenvermeidung anzustreben. Bei einer Empfindlichkeit gegenüber Gräser- und Kräuterpollen versuchen Sie z. B., Wiesen zu meiden und während der Hauptzeit des Auftretens dieser Gras- oder Kräuterpollen ausschließlich im Wald spazieren zu gehen.
Ein Abduschen Ihres Hundes nach jedem Spaziergang mit klarem Wasser oder bei Bedarf mit einem hautberuhigenden Shampoo ist immer sehr hilfreich. In komplexeren Fällen, in denen die Allergenvermeidung

POLLENFLUGKALENDER: WICHTIG FÜR ALLERGIKER

Ein im Internet zu findender Pollenflugkalender weist die saisonalen Belastungszeiten in der eigenen geografischen Region sehr zuverlässig auf.

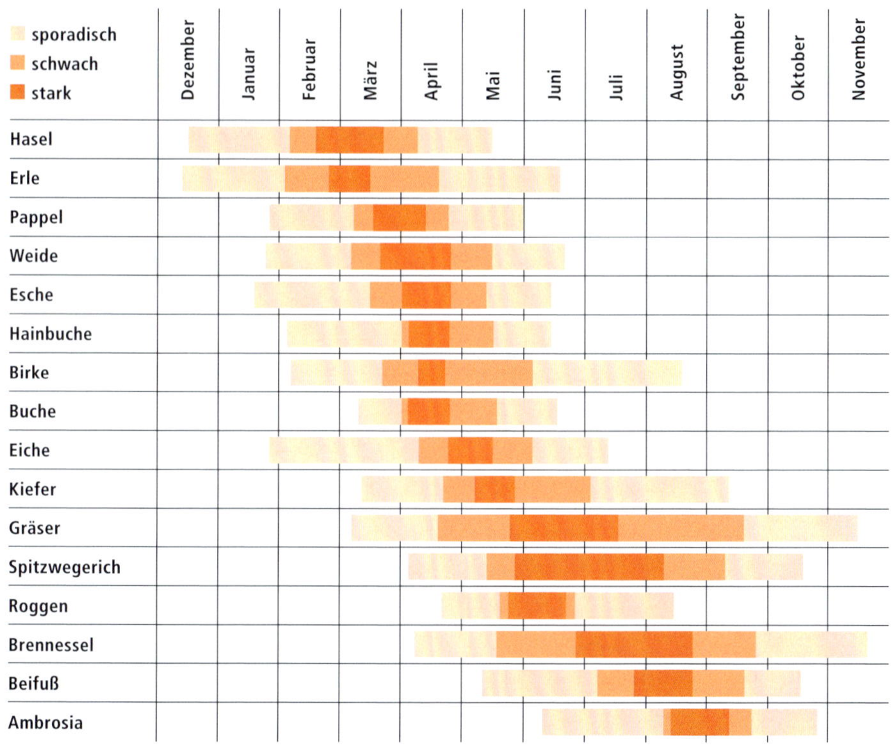

nicht ausreicht, kann eine spezifische Immuntherapie in bis zu 70 % der Fälle Linderung oder sogar Abhilfe schaffen. Hierbei werden die ermittelten Allergene in steigenden Konzentrationen vom Tierarzt nach einem bestimmten Schema unter die Haut injiziert. Seltener werden auch Lösungen durch Gabe auf die Zunge angewendet. Die Erfolgsquote ist im Vergleich zum Menschen weitaus höher.

FUTTERMITTELALLERGIE

Die **Futtermittelallergie** ist ebenfalls eine häufige Ursache für Ohrentzündungen. Diese Ursache kommt auch ohne Symptome seitens des Magen-Darm-Traktes infrage. Oft bemerken Sie jedoch zusätzlich zu der Ohrsymptomatik wechselnde Kotbeschaffenheit bis hin zu Durchfall oder übermäßige Blähungen und laute Darmgeräusche.
Die erste Maßnahme bei Verdacht auf eine futtermittelbedingte Ursache ist das genaue Überdenken der Ernährung Ihres Hundes. Bekommt er Nahrungsmittel vom Tisch? Welche Nahrung wird gefüttert? Welche Leckerlis?
Die Diagnose erfolgt über eine Ausschlussdiät. Eine Blutuntersuchung ist zur Bestimmung der Allergieursache nicht sinnvoll. Das Thema nahrungsbedingte Unverträglichkeiten bzw. Fehlernährung ist sehr umfangreich und wird ausführlich im Kapitel Magen-Darm-Erkrankungen Seite 182 ff. besprochen.

Vermehrtes Kratzen am Ohr ist meistens ein Hinweis auf eine Ohrentzündung.

OHRERKRANKUNGEN DURCH SCHILDDRÜSENUNTERFUNKTION

Sehr selten können auch hormonelle Erkrankungen, wie v. a. die Unterfunktion der Schilddrüse, die Hypothyreose, ursächlich für Ohrentzündungen sein. Hier liegen dann zusätzliche Symptome wie Übergewicht, verminderte Leistungsfähigkeit und/ oder Veränderungen der Haut und der Fellqualität vor.
Die Diagnose wird mithilfe der Bestimmung eines Schilddrüsenprofiles im Blut gestellt. Das Bestimmen eines einzelnen Schilddrüsenwertes ist nicht ausreichend, da durch verschiedene andere Ursachen ein abgesenkter Wert zu Fehlinterpretation und damit zu unnötiger Gabe von Schilddrüsenhormontabletten führen kann.

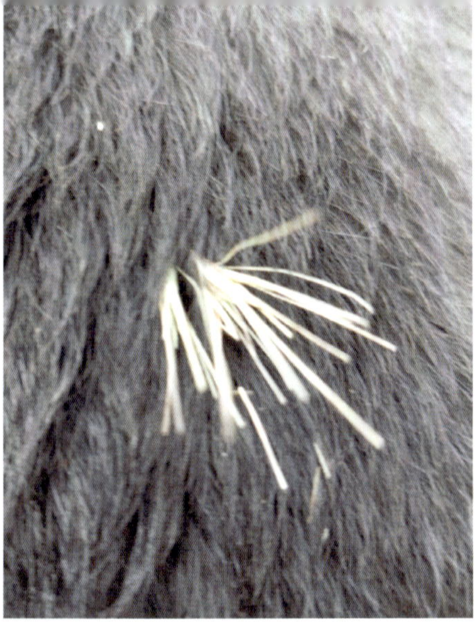

Zu bestimmten Jahreszeiten sind Grannen ein großes Problem.

So sehen manche Grannen in Großaufnahme aus. Kleine Widerhaken verfangen sich im Fell.

FREMDKÖRPER IM OHR

Wenn Ihr Hund beim Aufenthalt im Freien plötzlich und unablässig mit dem Kopf schüttelt, den Kopf zur befallenen Seite neigt oder an einem Ohr kratzt, sollten Sie sofort selbst in das Ohr schauen. Vielleicht sehen Sie eine Granne und können sie selbst entfernen. Wenn nicht, muss der Hund sofort in einer Tierarztpraxis vorgestellt werden. Bei Grannen/Spelzen handelt sich um borstige Pflanzenteile von Ähren verschiedener Getreide- und Grasarten, welche sich in bestimmten Jahreszeiten zahlreich in Wiesen und an Spazierwegen finden lassen. Grannen oder andere Fremdkörper müssen schnellstmöglich entfernt werden, da sie sich aufgrund ihrer sehr harten Spitze und der stromlinienartigen Form immer weiter in die Tiefe des Gehörgangs bis hin zum Trommelfell fortbewegen. Dieses können sie verletzen oder sogar durchdringen und dadurch zu schwerwiegenden Folgen führen. Übersehen oder ignorieren Sie das akute Problem, finden sich häufig Grannen bei chronischen Fällen in größeren Ohrschmalzansammlungen bei der Ohruntersuchung mit dem Ohrspiegel (Otoskop).

ACHTUNG, GRANNEN!

Achten Sie schon während des Spaziergangs auf Grannen im Fell, besonders im Bereich des Kopfes und der Pfoten. Entfernen Sie Grannen immer sofort und suchen Sie den Hund nach dem Spaziergang gründlich nach diesen ab.

BLUTOHR (OTHÄMATOM)

Das Blutohr ist kein Notfall. Eine Untersuchung zur nächsten Sprechzeit ist ausreichend. Empfehlenswert ist es dennoch, den Hund sofort mithilfe eines Halskragens am Kratzen zu hindern. Um eine weitere Ausdehnung des Blutohres zu vermeiden, ist es noch besser, wenn Sie einen Kopfverband anlegen.
Das Blutohr ist eine Folge von heftigem Kopfschütteln, dem Kratzen am Ohr oder ganz selten dem Anschlagen des Ohres. Meist ist eine Ohrentzündung oder ein Fremdkörper im Gehörgang die Ursache. Es kommt zu einer Verletzung eines Blutgefäßes zwischen Ohrknorpel und äußerer

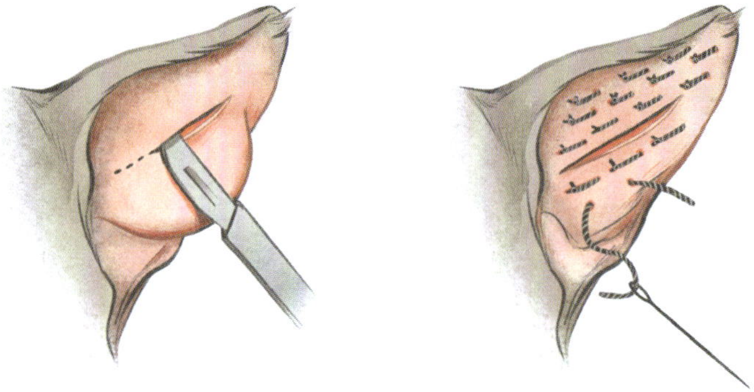

Dies ist eine Möglichkeit der operativen Versorgung eines Othämatoms.

Ohrhaut. Dadurch entsteht ein Bluterguss. Die pralle Schwellung fühlt sich warm an und kann sich über das gesamte Ohr ausbreiten. Unbehandelt wird die Schwellung nach und nach fester, nachfolgend kleiner und hinterlässt eine Vernarbung am Ohr. Diese kann zu einer deutlichen Formveränderung der Ohrmuschel führen. Ein alleiniges Abziehen der blutigen Flüssigkeit durch Punktion mit einer Kanüle führt meist zum sofortigen Wiederkehren des Othämatoms. Es gibt verschiedene Operationsmethoden und Verbandstherapien, die versuchen, die ursprüngliche Ohrform zu erhalten. Deshalb sollten Sie mit dem Tierarzt besprechen, welches Vorgehen in Ihrem speziellen Fall sinnvoll ist.

BLUTUNG AM OHR STILLEN

Nicht erschrecken, sondern sofort mit zwei Fingern so fest drücken, dass kein Blut mehr fließt. Wichtig ist, geduldig zu sein und den Druck ca. zwei Minuten aufrechtzuhalten. Bitte nicht ständig nachschauen, da das Blut sonst keine Zeit zum Gerinnen und damit zum Wundverschluss hat. Blutet die Wunde nicht mehr, empfiehlt es sich, einen Kopfverband anzulegen, um zu vermeiden, dass sie wieder aufreißt. Als erster Schritt hilft es auch, einen Halskragen anzulegen. Dieser verhindert leider das Schütteln nicht.

OHRVERLETZUNGEN

Bei Ohrverletzungen handelt sich meist um Riss- oder Bisswunden an der Ohrmuschel. Hierbei kann entweder nur die Haut oder auch zusätzlich der Knorpel durchtrennt sein. Manchmal wird auch ein Stück von der Ohrmuschel komplett herausgerissen. Diese Wunden bluten oft sehr stark.
Eine chirurgische Versorgung ist bei allen Wunden, die Haut und Knorpel betreffen, sowie bei alleinigen Hautdurchtrennungen von mehr als drei Millimeter anzuraten. Auch hier werden meist ein Kopfverband und ein Halskragen angelegt. Der Verband sollte täglich gewechselt werden. Der Halskragen wird bis zum Fädenziehen getragen.

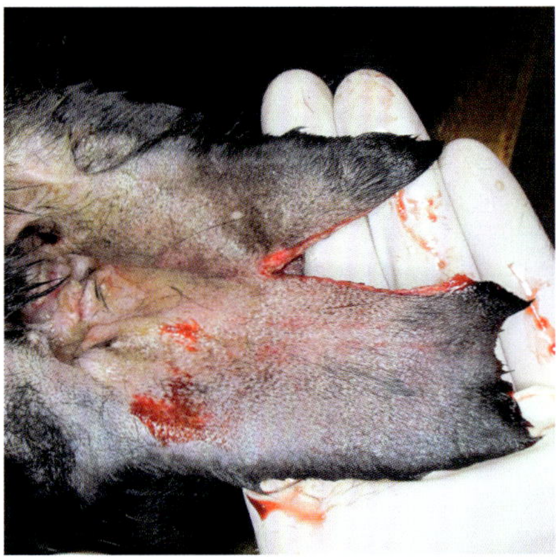

Diese Ohrverletzung durch einen Biss muss operativ versorgt werden.

☞ EXKURS:

KOPFVERBAND ANLEGEN

Wenn Sie selbst einen Kopfverband anlegen, bedenken Sie bitte, dass elastische Binden einen sehr starken Druck ausüben können. Deshalb ist es wichtig, diese immer zuerst etwas abzurollen und ohne Zug locker um den Kopf zu legen. Beim weiteren Abrollen fixieren Sie den Verband durch Andrücken an den Kopf. Leider rutschen diese Verbände sehr leicht. Es hilft daher, wenn Sie das gesunde Ohr zum besseren Halt durch einen Schlitz in der Mitte der Watte und der elastischen Binde fädeln. Meistens muss zusätzlich ein kurzer Halskragen zum Schutz angelegt werden.

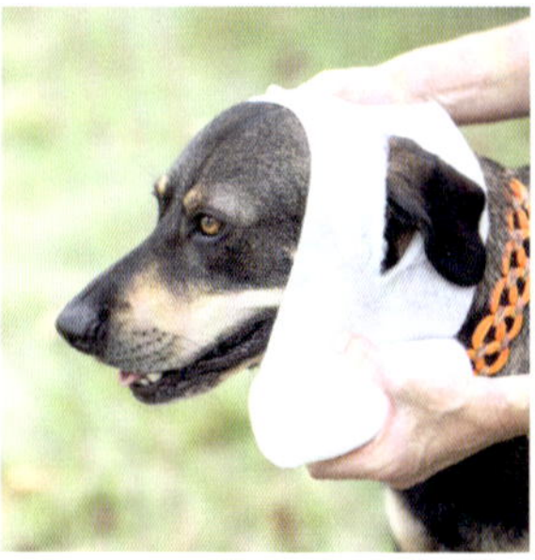

Breite Wattebinde verwenden und mit zwei Lagen polstern.

Einen Schlitz in die elastische Binde fürs gesunde Ohr machen.

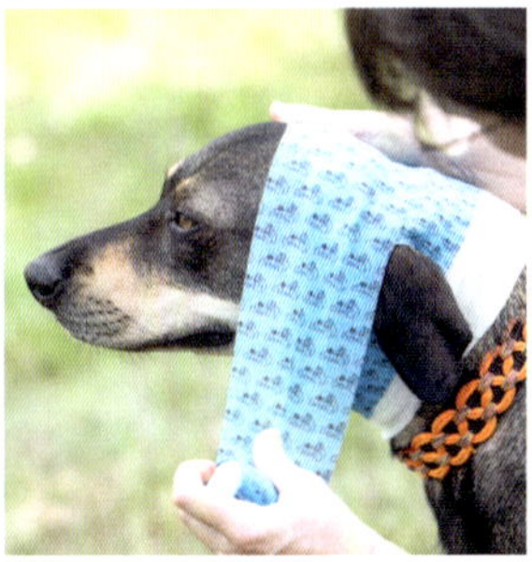

Die elastische Binde muss die Watte überall abdecken.

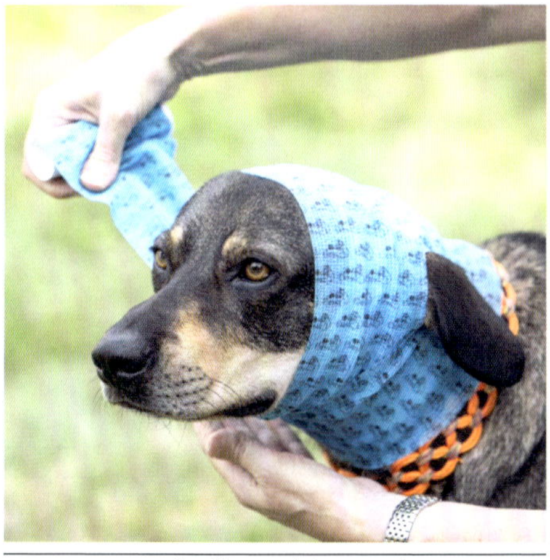

Immer zuerst abrollen und dann anlegen, sonst ist zu viel Zug auf dem Verband.

Dem herausschauenden Ohr ausreichend Platz gewähren, evtl. mit einer Schere nachbessern.

Kopfschiefhaltung ist ein möglicher Hinweis auf ein Vestibularsyndrom.

VESTIBULARSYNDROM

Wichtig ist, dass es auch von Ohrerkrankungen unabhängige Ursachen für eine plötzliche Kopfschiefhaltung gibt.
Eine plötzlich auftretende Kopfschiefhaltung in Verbindung damit, dass das Tier im Kreis läuft oder unkoordinierte Bewegungen mit der Tendenz zu fallen zeigt, kann die Ursache in einer Störung des Gleichgewichtsorgans haben. Am häufigsten tritt diese Erkrankung beim älteren Tier auf und wird dann als geriatrisches Vestibularsyndrom bezeichnet. Manche Tiere zeigen auch eine abnormale Stellung der Augen wie Schielen bis hin zu Augenzittern (Nystagmus). Viele Patienten sind sehr unruhig und leiden unter Übelkeit mit Erbrechen. Obwohl es sich meist um eine selbstheilende Erkrankung handelt, ist eine baldige tierärztliche Behandlung v. a. bei begleitender Übelkeit ratsam. Der Zustand Ihres Hundes sollte sich innerhalb weniger Tage bessern. Die Erholung kann auch Wochen dauern. In einigen Fällen bleibt die Kopfschiefhaltung dauerhaft erhalten.
Bei Nichtansprechen der Therapie muss eine Magnetresonanztomografie (MRT) die genaue Ursache aufklären, da diese genauso in einer Erkrankung des Gehirns oder des Mittel-/Innenohres zu finden sein kann. Die Magnetresonanztomografie (MRT) schließt auch eine Tumorerkrankung als seltene Ursache aus.

Manchmal bleibt lebenslang eine dezente Kopfschiefhaltung ohne Probleme bestehen.

AUGENERKRANKUNGEN

Zu Ihrer Beruhigung: Augenerkrankungen oder -verletzungen sehen oft schrecklich aus. Bei sofort eingeleiteter korrekter Therapie heilen sie meist zum Glück wieder vollständig aus.

WANN ZUM TIERARZT?

Bevor einzelne Erkrankungen dargestellt werden, beachten Sie bitte die folgende Richtlinie, die für alle Augenerkrankungen allgemeingültig ist:

1. Bei Veränderungen an **einem Auge** ist der Tierarztbesuch sehr schnell angesagt. Bei gleichartigen Veränderungen an **beiden Augen** ist ein Notdienstbesuch eigentlich nie nötig.
2. Selbst starke Schmerzen werden vom Hund oft lautlos ertragen. Deshalb sollte auch ein vermeintlich harmloses vermehrtes Reiben an den Augen zeitnah untersucht werden.
3. Bei allen Augenveränderungen ist es absolut notwendig, das Kratzen am Auge zu verhindern. Daher ist es sinnvoll, einen passenden Halskragen für den Fall der Fälle im Haus zu haben.
4. Beim Öffnen von Augenpräparaten notieren Sie bitte das Datum auf der Verpackung. Sie sollten nach der im Beipackzettel angegebenen Frist entsorgt werden.
5. Verabreichen Sie nie ohne Rücksprache mit dem Tierarzt Augenpräparate mit antibiotischen oder entzündungshemmenden Wirkstoffen. Auch nicht, wenn diese bei einer früheren, gleich aussehenden Augenerkrankung verschrieben wurden.

Das Hundeauge ist im Prinzip wie das menschliche Auge aufgebaut. Ein Unterschied ist das zusätzliche dritte Augenlid, auch Nickhaut genannt. Diese können Sie durch leichten Druck auf das obere Augenlid vorlagern und damit sichtbar machen.

ANATOMIE DES HUNDEAUGES

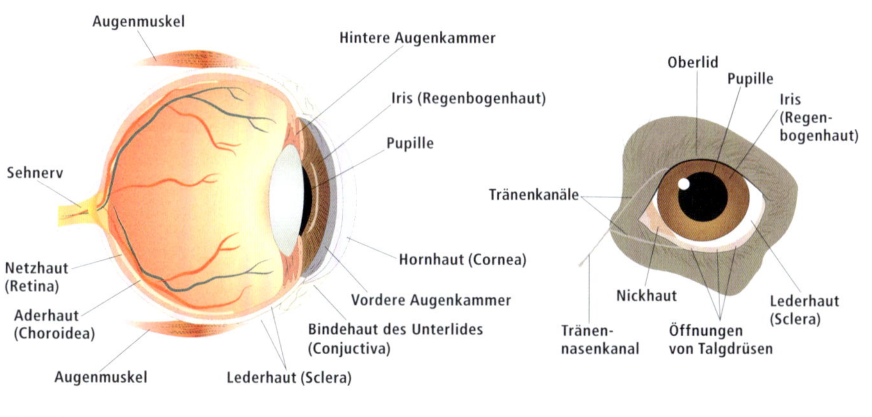

Aufbau des Auges, im Querschnitt (links) und von vorne.

AUGENTROPFEN VERABREICHEN

Wenn Sie, wie unter Medical Training geschrieben, das Anschauen des Auges schon erfolgreich geübt haben, ist es nun ganz leicht, das Auge zu behandeln. Hierfür nimmt man das „Augenmedikament" zwischen zwei Finger der einen Hand. Die Handkante legt man mit der Außenkante an der Nase bzw. oberhalb des Auges am Kopf an. Das Augenmedikament zeigt mit der Spitze immer Richtung unterem Lidbindehautsack, nie direkt auf das Auge. Damit vermeidet man eine Verletzung der empfindlichen Hornhaut bei unerwarteten Abwehrbewegungen. Mit dem Daumen der anderen Hand zieht man vorsichtig das untere Lid etwas nach unten, hält mit dem Zeigefinger das Oberlid nach oben und drückt leicht auf den Augapfel, damit das dritte Augenlid erscheint. Nun können Sie die Augensalbe oder die -tropfen in den Bindehautsack des Unterlids einbringen. So hat man die besten Chancen, dass der Hund nicht automatisch zurückschreckt.

Augentropfen verabreichen leicht gemacht: Nehmen Sie das Auge zwischen Zeige- und Mittelfinger, ziehen das untere Lid leicht nach unten und tropfen das Medikament in den Bindehautsack.

RASSEBEDINGTE AUGENPROBLEME

Bei manchen Rassen treten regelmäßig Probleme an den Augen auf. Manche Augenerkrankung können Sie vermeiden, wenn Sie sich frühzeitig erkundigen, welche rassebedingten Augenprobleme häufig vorkommen.

Distichiasis Pudel wie auch viele andere, v. a. Kleinrassen, haben z. B. regelmäßig kleine Haare an verschiedenen Stellen im Augenlid, die in Richtung des Augapfels wachsen (**Distichiasis** genannt) und zu Reizungen der Hornhaut führen. Werden diese in einem kurzen Eingriff zuverlässig entfernt, werden Entzündungen vermieden.

Karoauge Andere Rassen, z. B. Doggen, Bernhardiner und Bassets, neigen zu einem fehlerhaften Lidschluss durch das sogenannte **Karoauge**. Hier kann eine operative Lidkorrektur ein langes Leiden verhindern.

Brachycephale Rassen Bei Hunden mit kurzen Nasen, wie Möpsen und Französischen Bulldoggen, ist der vollständige Lidschluss durch die großen Augäpfel oft nicht möglich. Zusätzlich haben diese Rassen regelmäßig eine verminderte Qualität des produzierten Tränenfilms (siehe auch unter Keratokonjunktivitis sicca Seite 63).

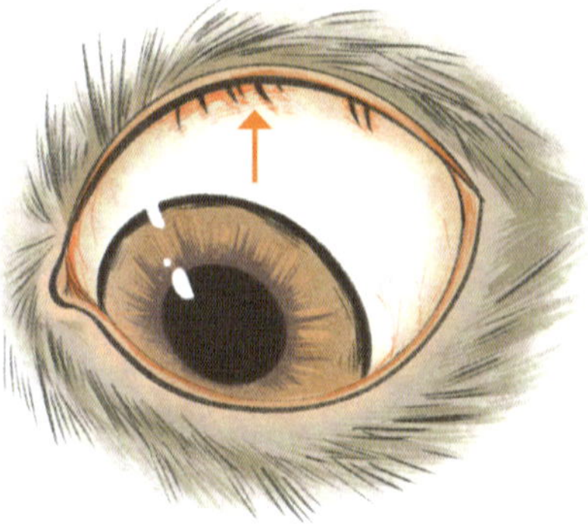

Haare, die in Richtung des Augapfels wachsen – Distichiasis genannt.

Eine Besonderheit ist zudem eine geringere Anzahl von Schmerzrezeptoren am Auge. Deshalb treten auf eine Erkrankung hinweisende Reaktionen wie vermehrtes Blinzeln, Kneifen der Lider oder Reiben am Auge später auf. Aufgrunddessen wird eine Erkrankung oft sehr spät erkannt.
Da ein Großteil der Kurznasenrassen durch die genannten Ursachen zu Hornhautproblemen neigt, sollten Sie schon im Junghundealter beginnen, mehrmals täglich pflegende Augentropfen anzuwenden. Zu empfehlen sind Präparate mit Hyaluronsäure und mit Dexpanthenol, z. B. Hylopanthen®, Hylo®, oder mit Schneckenschleimextrakt, das die Hafteigenschaften am Auge verbessert, z. B. Ocu Protect® (Pro Zoon Pharma).

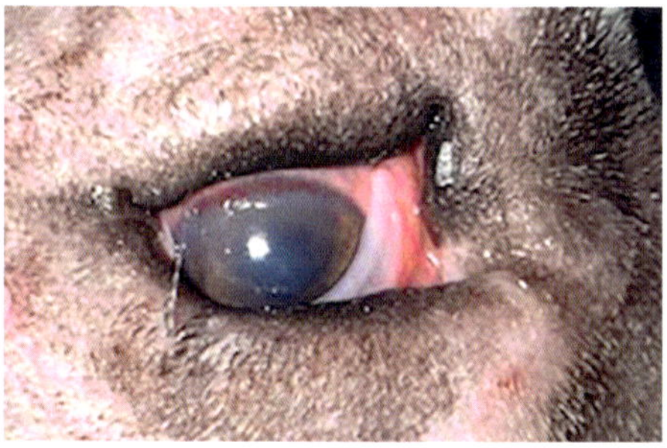

Veränderung des Oberlides in Form des Karoauges führt zu mangelhaftem Lidschluss.

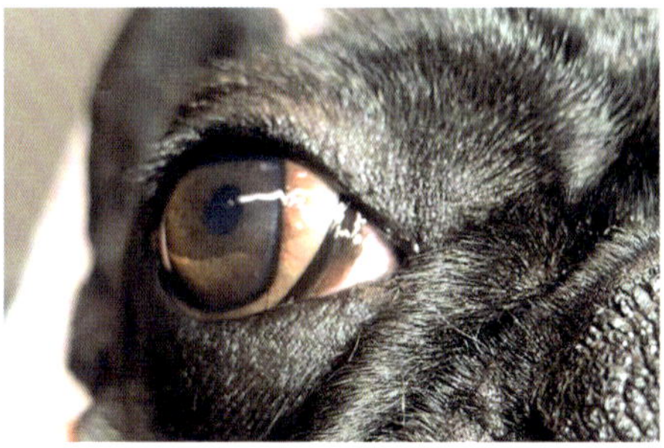

Durch den hervorstehenden Augapfel ist bei Kurznasen oft kein vollständiger Lidschluss möglich.

PLÖTZLICHE BLINDHEIT

Bitte beachten Sie, dass eine plötzliche Blindheit außer durch eine Augenerkrankung, bei der innerhalb von Tagen bis Wochen die Netzhaut geschädigt wird, auch durch eine Entzündung des Sehnervs oder eine Erkrankung im Gehirn verursacht werden kann. Eine möglichst schnelle Untersuchung beim Augenspezialisten und, wenn erforderlich, auch eine Magnetresonanztomografie (MRT) ist für eine mögliche Therapie erforderlich.

GERÖTETE AUGEN

Eine Rötung und/oder Schwellung der Lidbindehäute gehört zu den häufigsten Symptomen mit mannigfaltigen Ursachen. Man bezeichnet dies als **Bindehautentzündung** oder **Konjunktivitis**.

FOLLIKELKATARRH (KONJUNKTIVITIS FOLLICULARIS)

Schon beim Junghund kann der sogenannte Follikelkatarrh oder die Konjunktivitis follicularis zu geröteten Augen führen. Bei dieser Problematik entstehen kleine Bläschen, auch Follikel genannt, auf den Bindehäuten des Auges. Manchmal findet sie der Tierarzt nur auf der dem Augapfel anliegenden Seite des dritten Augenlides. Diese Bläschen verleihen der Oberfläche der Nickhaut ein himbeerartiges Aussehen. Dies stellt der Tierarzt fest, indem er die Nickhaut nach lokaler Betäubung vorsichtig mit einer speziellen Pinzette nach außen zieht und die Rückseite anschaut. Es handelt sich eigentlich nicht um eine Erkrankung, sondern um eine Reaktion der Bindehaut auf tägliche Umweltreize mit Ansammlungen von Immunzellen in kleinen Bläschen. Die Veränderungen verschwinden meistens spätestens im dritten Lebensjahr. Bis dahin ist eine konsequente Pflege der Augen nötig.

Die früher bei der Konjunktivitis follicularis gebräuchliche Therapie, die Bläschen durch Ausschaben oder Laserbehandlung unter lokaler oder allgemeiner Betäubung zu entfernen, sollte heutzutage nicht mehr durchgeführt werden. Kommt es zu starken Rötungen oder Schwellungen, die zu vermehrtem Blinzeln bis hin zum Zukneifen

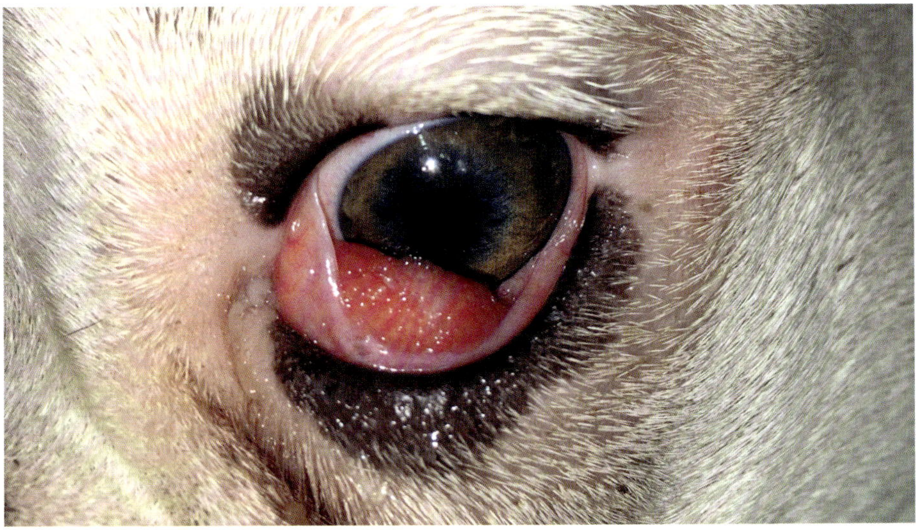

Bläschen auf der Nickhaut – Konjunktivitis follicularis genannt.

AUGENSPÜLUNG NACH DEM SPAZIERGANG

Bei dieser Erkrankung hilft es, die Augen täglich mehrfach mit speziellem Augenreiniger oder physiologischer Kochsalzlösung auszuspülen. Dies ist v. a. nach dem Spaziergang wichtig, um z. B. Pollen oder Staub auszuspülen. Danach können Sie pflegende Augenpräparate, z. B. Bepanthen® Augentropfen, OphtalVet® oder Präparate mit den Inhaltsstoffen Propolis, Aloe Vera und Kamille verabreichen, z. B. Oculin propo® oder Oculeze®. Bitte verwenden Sie keinen Kamillentee, da enthaltene Pollen oder andere pflanzliche Mikropartikel zusätzliche Reizungen hervorrufen können.

der Augen führen, ist das Vorstellen beim Tierarzt wichtig. Dieser kann dann mit entzündungshemmenden Präparaten helfen. Sollten die Symptome über die übliche Altersgrenze von ca. zwei Jahren weiter bestehen, müssen diagnostische Schritte bezüglich einer Allergie durchgeführt werden.

ROLLLID (ENTROPIUM)

In seltenen Fällen können Schmerzen am Auge zu so starkem Zukneifen der Augen führen, dass sich sogar die Augenlider einrollen. Dies wird als **spastisches Entropium** bezeichnet.

Dem gegenüber gibt es auch ein **angeborenes Entropium**. Betroffen sind v. a. Chow Chow, Shar-Pei, Englische Bulldogge, Labrador, Rottweiler, aber auch viele Mischlinge. Die Kurznasenrassen weisen eine typische Einrollung des Lids nahe der Nase auf. Hier rollt sich das Lid meist nicht komplett, sondern nur an einer Stelle ein.

Da dies oft schon Welpen betrifft, muss, sobald ein häufiges Blinzeln, Kneifen oder Tränen eines Auges erkannt wird, das Reiben der Wimpern auf der Hornhaut verhindert werden. In gering ausgeprägten Fällen genügt es, einen Schutzfilm mithilfe von Augentropfen zu erzeugen. Wenn das nicht ausreicht, kann zum Schutz eine Kontaktlinse zum Einsatz kommen oder das eingerollte Lid wird mit einem sog. Tacking gerafft. Dies bedeutet, dass in einem sehr kleinen Eingriff wenige Raffnähte oberflächlich ohne Hautschnitt angelegt werden, bis das Größenwachstum abgeschlossen ist. Dann wird das betroffene Lid in einer Operation endgültig korrigiert. Ein kleiner Hautstreifen wird passend entnommen, um die Fehlstellung zu beheben.

Das Einrollen des Lids stellt immer ein ernsthaftes Problem dar. Ohne Therapie entstehen schon nach kurzer Zeit durch die Reibung der eingerollten Wimpern hoch schmerzhafte Veränderungen der Hornhaut, die diesen Teufelskreis weiter unterhalten.

HÄNGELID (EKTROPIUM)

Bei bestimmten Rassen ist die Lidspalte zu groß. Dies betrifft insbesondere Neufundländer, Doggen, Bernhardiner, Molosser, Mastino Napoletanos, Mastiffs, Schweizer Sennenhunde und auch Spaniels.

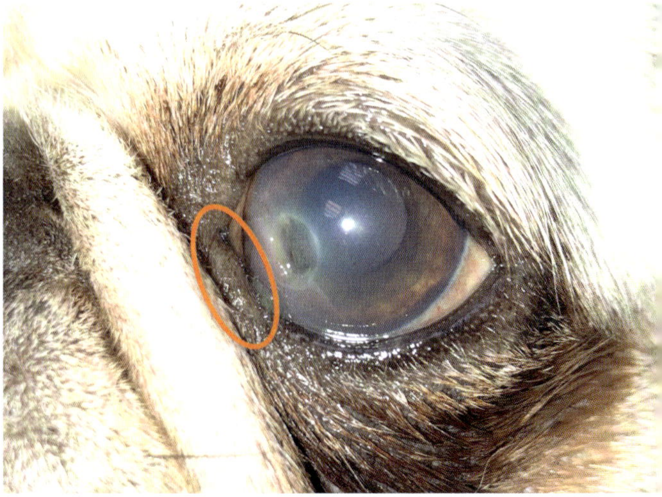

Hornhautgeschwür, verursacht durch das Einrollen des Lids bei einer Kurznase (siehe Kreis).

Bassets gehören zu den Rassen mit häufig angeborenem Ektropium.

In leichten Fällen genügt es, ein Stück des Lids zu entfernen, um es zu verkleinern. Oftmals sind aufwendigere Korrekturen notwendig, bei denen auch überschüssige Kopfhaut entfernt werden muss.

GRÜNER STAR (GLAUKOM)

Ein entzündetes, rotes Auge kann auch ein Symptom für das sogenannte Glaukom, den grünen Star, sein. Hier erscheint allerdings der sonst weiße Augapfel und nicht die Bindehäute diffus rot. Die Blutgefäße sind als eng beieinanderliegende kurze rote Striche erkennbar. Die Ursache ist eine Augeninnendruckerhöhung. Es handelt sich um einen echten Notfall. Der Behandlungserfolg ist umso wahrscheinlicher, je schneller die Therapie erfolgt. Deshalb sollten Sie keinesfalls bis zum nächsten Tag warten, sondern sofort einen Augenspezialisten konsultieren, auch wenn Sie eine längere Anfahrt oder den Notdienst auf sich nehmen müssen!

BLUTUNG IN DIE AUGENKAMMER (HYPHAEMA)

Eine andere plötzliche Rötung kann durch eine Ansammlung von Blut in der vorderen Augenkammer nach einem Unfall, einer Rauferei oder sonstigen Verletzung entstehen. In diesem Fall sollten Sie unverzüglich einen Tierarzt aufsuchen.

ENTZÜNDUNG DER REGENBOGENHAUT (IRITIS/IRIDOCYCLITIS)

Die Entzündung der Regenbogenhaut oder Iris, Iritis oder Iridocyclitis genannt, ist oft weniger auffällig. Beim genauen Hinsehen fällt auf, dass die Iris in dem einen Auge eine andere Farbe hat als in dem anderen Auge. Diese Erkrankung kann durch Weiterleitung einer fortgeschrittenen Entzündung des äußeren Auges entstehen. Auch verschiedene Entzündungen oder Infektionen, die im Körper entstanden sind, können sich im Auge manifestieren. Beim Auftreten dieser hochschmerzhaften Erkrankung ist unverzüglich ein Tierarzt aufzusuchen. Eine frühestmögliche Therapie ist erforderlich.

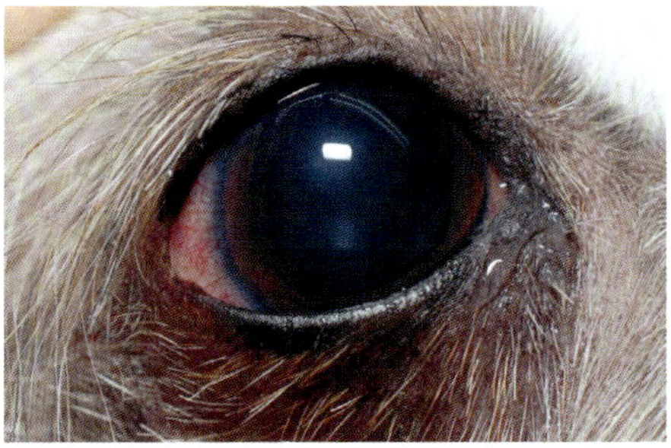

Grüner Star oder Glaukom

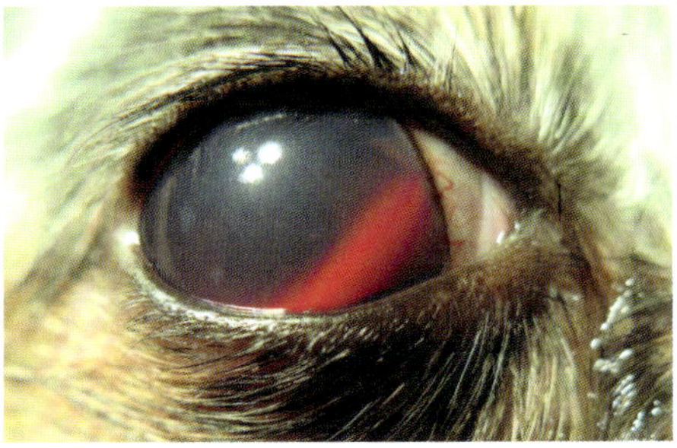

Blutung in die Augenkammer oder Hyphaema

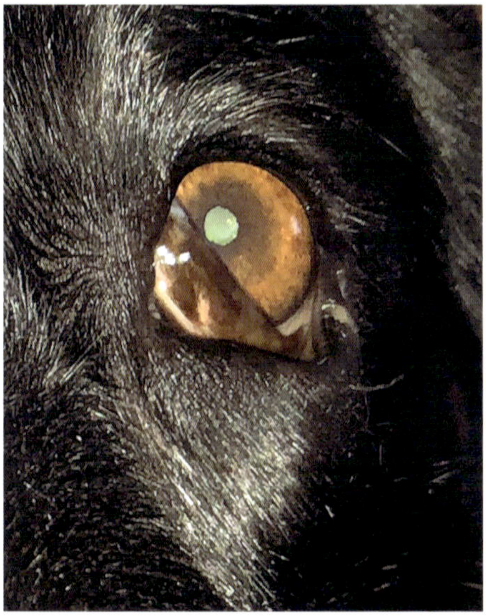

So sieht der Nickhautvorfall am Tier aus.

Skizze zur Verdeutlichung des Nickhautvorfalls am linken Auge

VERÄNDERT AUSSEHENDES AUGE

Das dritte Augenlid ist eine Bindehautfalte im inneren Augenwinkel und wird als **Nickhaut** bezeichnet. Sie beinhaltet eine Tränendrüse, die ca. ein Drittel der gesamten Tränenflüssigkeit produziert, und wird von einem ankerförmigen Knorpel gestützt. Bei jedem Lidschluss gleitet die Nickhaut sanft über die Hornhaut. Sie kann sich aber auch blitzartig schützend vor die Hornhaut legen.

NICKHAUTVORFALL

Wird die Nickhaut dauerhaft sichtbar, bezeichnet man dies als Nickhautvorfall. Ist dies einseitig der Fall, ist oft eine schmerzhafte Erkrankung des Auges die Ursache. Fremdkörper, Hornhautverletzungen bis hin zu tiefgreifenden Hornhautgeschwüren sind hochschmerzhafte Gründe. Manchmal liegt auch eine Nervenerkrankung vor, die als Folge einer schweren Mittelohrentzündung auftritt. Liegt der Nickhautvorfall beidseitig vor, sind oft starke Abmagerung, Infektionen oder Erkrankungen die Ursache, die z. B. zu einem Wasserverlust im Körper und damit niedrigen Druck im Glaskörper führen. Dies kann z. B. eine Durchfallerkrankung sein. Der Nickhautvorfall stellt keinen Notfall dar und hat bis zur nächsten Sprechstunde Zeit.
Eine sehr auffällige Veränderung des Gesichtsausdrucks mit einseitig eingesunkenem Augapfel, herabhängendem Augenlid, verengter Pupille und Vorfall der Nickhaut nennt sich **Horner-Syndrom**.
Die Ursache liegt hier allerdings in einer Schädigung des Sympathikusnervs irgendwo im Verlauf vom Gehirn zum Auge oder im Bereich der Brust-Halswirbelsäule. Auslöser sind Unfälle mit Einwirkungen auf diesen Bereich, aber auch ein ruckartiger starker Zug am Halsband. Entzündungen und tumoröse Veränderungen können ebenfalls vorkommen. Trotz intensiver Diagnostik kann nur in ca. 50 % der Fälle die Ursache ermittelt und gezielt therapiert werden. In den anderen Fällen kann nur auf eine Besserung gewartet werden.

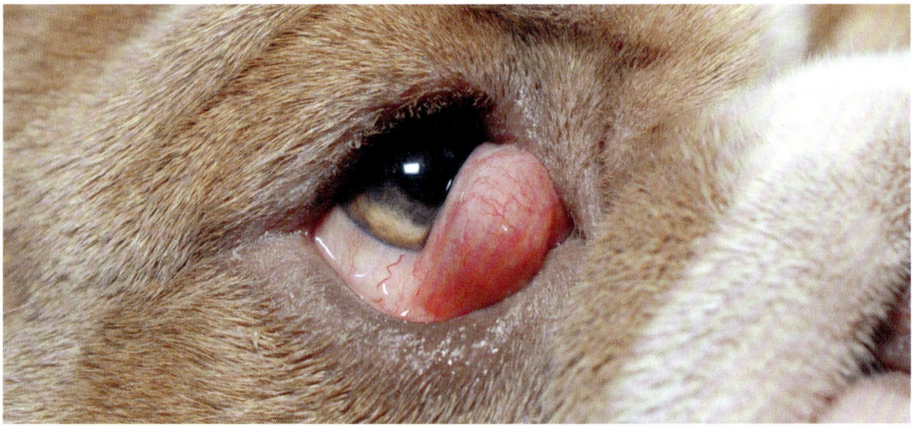

Nickhautdrüsenvorfall

TIPP

Wenden Sie sofort nach dem Auftreten des Drüsenvorfalls bis zum OP-Termin mehrmals täglich pflegende panthenol- oder hyaluronsäurehaltige Augentropfen an, da es sonst durch Reizung der teilweise freiliegenden Drüse zu zunehmender, entzündlicher Schwellung kommt und die OP erschwert wird.

NICKHAUTDRÜSENVORFALL

Eine sehr auffällige Erkrankung ist der Nickhautdrüsenvorfall. Hier überragt meist bei jungen Hunden der Klein- und Kurznasenrassen die kleine Tränendrüse den Rand der Nickhaut von der Innenseite her.

Die einzige Therapie besteht in einer zeitnahen chirurgischen Rückverlagerung der Drüse beim Augenspezialisten. Das Entfernen dieser Drüse gilt als Kunstfehler, da ungefähr ein Drittel der gesamten Tränenproduktion fehlen würde.

NICKHAUTKNORPELEVERSION

Noch auffälliger ist ein Umklappen des dritten Augenlids nach außen. Dies geschieht durch das Abknicken des stützenden kleinen ankerförmigen Knorpels im dritten Augenlid. Auch hier hilft nur eine chirurgische Korrektur bei einem Augenspezialisten.

LINSENTRÜBUNG (SKLEROSE ODER GRAUER STAR/KATARAKT)

Manchmal fällt eine milchig weiße Trübung der Linse in der Mitte des Auges, der Pupille auf. Beim alten Hund geschieht dies, weil die Fasern in der Linse immer dichter gepackt werden. Dies bezeichnet man als **Sklerose**. Sie ist nicht behandlungsbedürftig. Anders sieht es beim **„grauen Star", der Katarakt**,

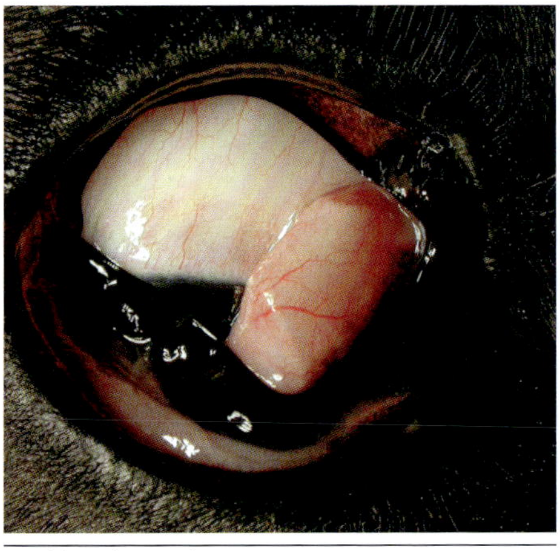

Nickhautknorpeleversion

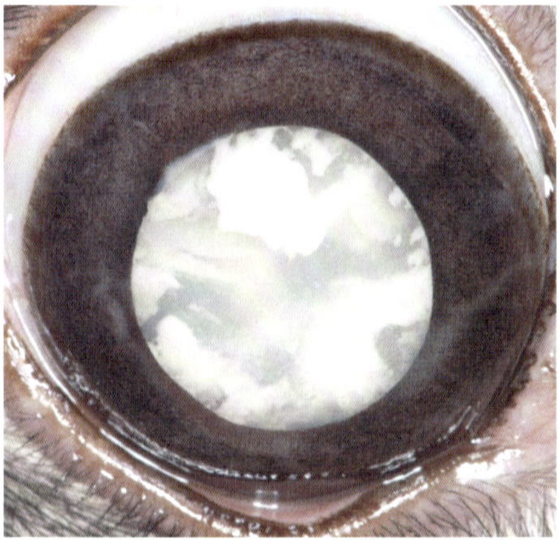

Weißfärbung der Linse – hier beim grauen Star.

aus. Hier ist eine regelmäßige Kontrolle wichtig. Es liegt meist eine langsam entstehende verminderte Durchsichtigkeit der Linse durch Veränderung ihrer Eiweißstruktur zugrunde. Manche Rassen neigen zur Katarakt, hierzu zählen Dackel, Pudel, Zwergschnauzer, Cocker Spaniel und Golden Retriever. Auch die Blutzuckererkrankung Diabetes mellitus kann zur Katarakt führen und muss differentialdiagnostisch ausgeschlossen werden.
Die Sehfähigkeit in der Dämmerung lässt nach und viele Hunde zeigen Unsicherheit beim Laufen. Im Dunkeln stoßen Tiere in ungewohnter Umgebung an. Daher bitte die Anordnung der Wohnungsmöbel bei Hunden mit Katarakt möglichst unverändert lassen. Oft zeigt sich die verminderte Sehfähigkeit dadurch, dass Leckerlis nicht mehr gesehen und nur durch Erschnüffeln gefunden werden.
Therapeutisch werden leider im Internet Augenpräparate angeboten, die allerdings keinerlei Einfluss auf die Erkrankung haben. Nur die chirurgische Entfernung und eventuell auch der Ersatz der Linse sind möglich und zum passenden Zeitpunkt empfehlenswert.

UMFANGSVERMEHRUNGEN DES LIDRANDES

Auffällige knötchenartige Lidrandveränderungen können verschiedene Ursachen haben.

Das Gerstenkorn hat die Ursache in einer bakteriellen Entzündung eines Wimpernfollikels.

Ein Hagelkorn entsteht durch Verstopfung einer Talgdrüse.
Therapeutisch werden warme Kompressen mehrfach täglich aufgelegt und Augensalben aufgetragen. Heilen diese Veränderungen nicht ab, erfolgt deren Spaltung.

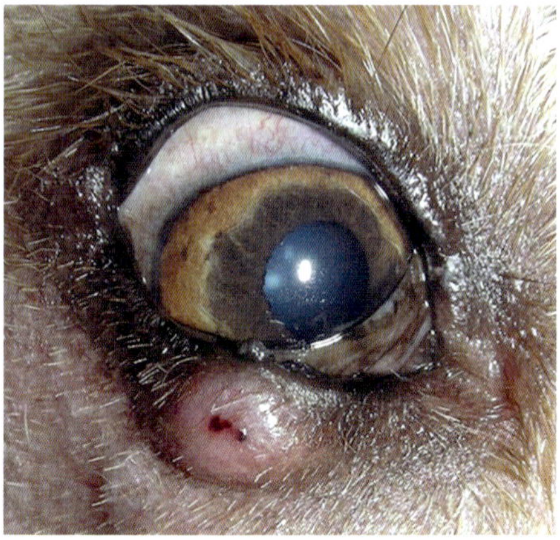

Gerstenkorn: Entzündung eines Wimpernfollikels

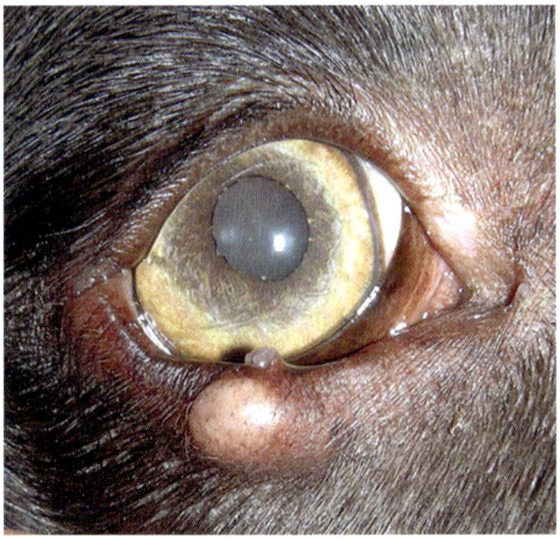

Hagelkorn: verstopfte Talgdrüse

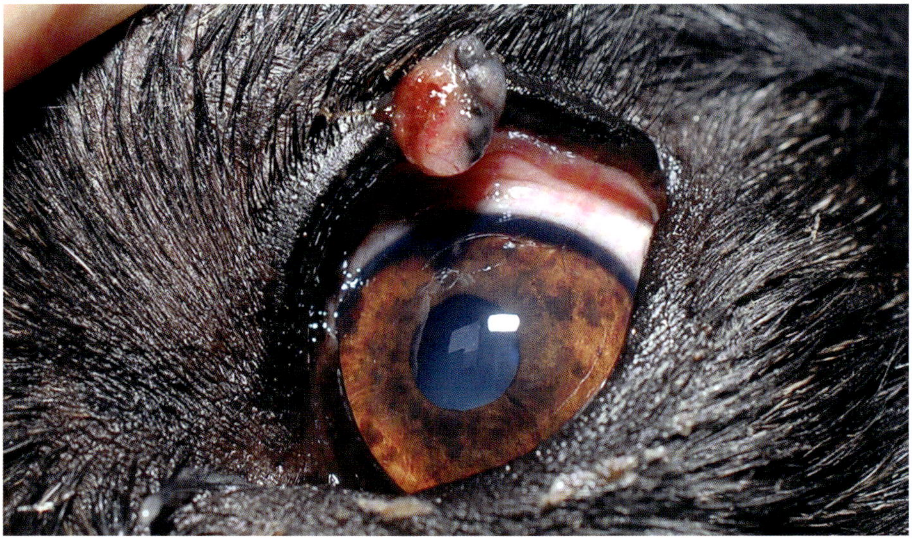

Lidrandtumor am Oberlid

LIDRANDTUMORE

Knotenförmige Veränderungen können ebenso gut- oder bösartige Neubildungen darstellen. Etwa 80 % der Lidrandtumore sind gutartig. Lassen Sie dies beim Tierarzt abklären.

Wichtig ist es hierbei, das Lid auch an der Innenseite anzuschauen, damit das gesamte Ausmaß der Veränderung erfasst wird und rechtzeitig eine eventuell notwendige Operation eingeleitet werden kann.

SCHWELLUNGEN UNTERHALB DES AUGES

Achtung: Schwellungen, die unterhalb des Auges auftreten, sind nicht zwingend Augenerkrankungen, sondern regelmäßig ein Hinweis auf Zahnerkrankungen oder die Erkrankung einer Speicheldrüse, der Glandula zygomatica. Klären Sie dies mit Ihrem Tierarzt zeitnah in der nächsten Sprechstunde ab.

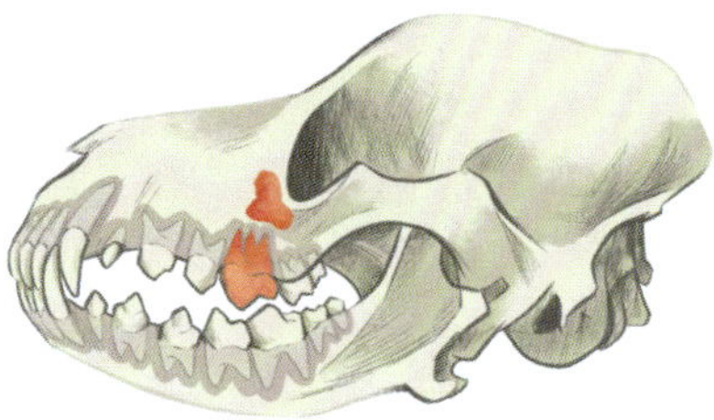

Ist die Wurzel eines Backenzahnes im Oberkiefer vereitert, kommt es zu Schwellungen unterm Auge.

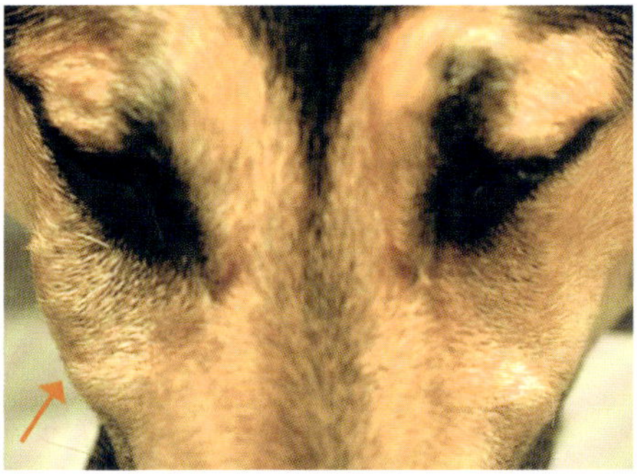

Kein Augen-, sondern ein Zahnproblem – die Schwellung unterhalb des Auges.

Verstärkter Tränenfluss bildet sogenannte, hier sichtbare Tränenstraßen.

LIDRANDVERLETZUNG

Verletzungen des Lidrandes durch Riss- oder Bissverletzungen müssen möglichst zeitnah chirurgisch versorgt werden, um eine korrekte Wiederherstellung des intakten Lidrandes zu gewährleisten. Frisch versorgt führt dies auch bei dramatischem Aussehen zu einem funktionellen und optisch guten Ergebnis. Andernfalls kann aufgrund des unebenen Lidrands durch Reibung ein Hornhautschaden die Folge sein.

AUGENAUSFLUSS

Augenausfluss kann wässrig, weiß, gelblich oder rötlich sein. Er kann ein- oder beidseitig auftreten. Solange der Ausfluss beidseitig auftritt und der Hund das Auge bei einseitigem Auftreten nicht zukneift, können Sie Ihren Hund zu einem zeitnahen Termin in der Tierarztpraxis vorstellen.
Bei starkem einseitigem Ausfluss ist immer unverzüglich ein Tierarzt aufzusuchen. Hier

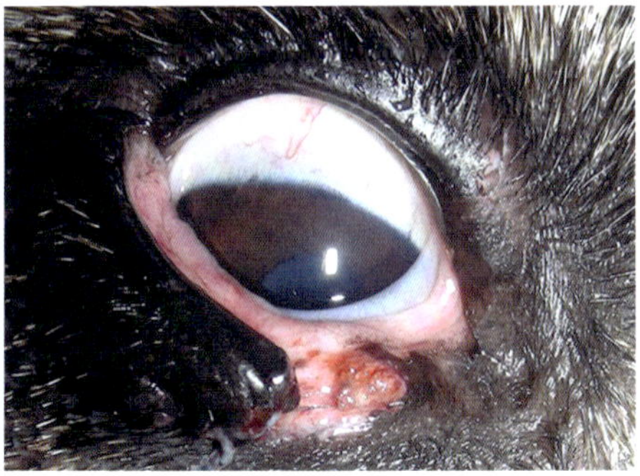

Lidrandverletzung

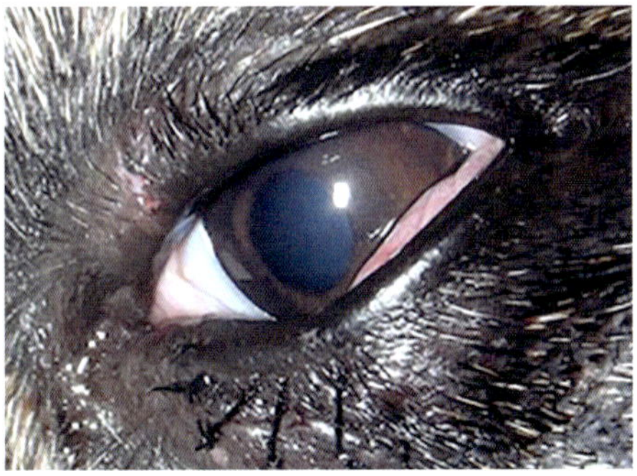

Lidrandverletzung nach operativer Versorgung

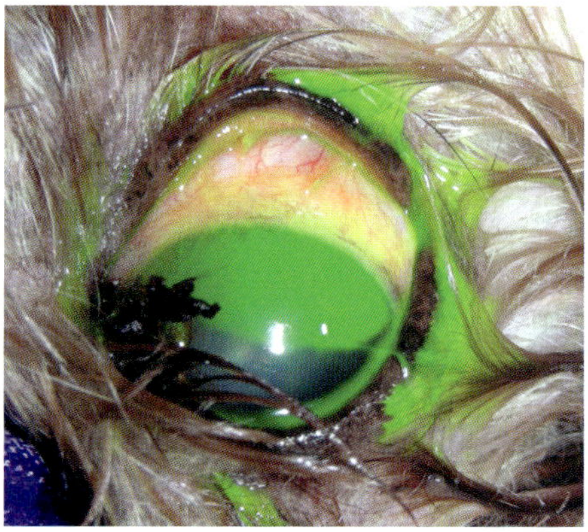

Granne hinter dem Augenlid.

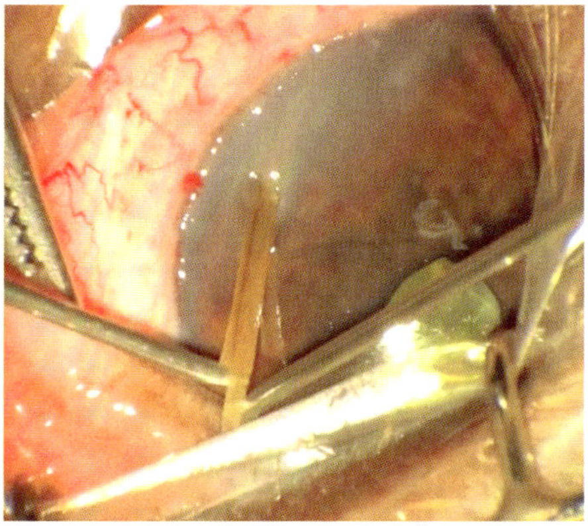

Ein Fremdkörper steckt in der Hornhaut. Bitte nicht selbständig entfernen!

finden sich oft kleine Verletzungen oder Fremdkörper, wie Grannen oder Pflanzensamen. Bakterielle Infektionen sind selten auch die Ursache.
Beidseitig treten Reizungen regelmäßig aufgrund von Allergien, bei Zugluft, Zigarettenrauch oder Staub auf. Denken Sie auch an die auf Seite 51 genannten rassebedingten Veränderungen.

HORNHAUTVERLETZUNG

(Hornhautulcus)

Hornhautdefekte entstehen meist durch Fremdkörper, die hinter der Nickhaut oder im Bindehautsack liegen, seltener durch direkte Verletzung durch Pflanzen, Katzenkrallen oder bei Hunderaufereien. Größere Fremdkörper wie Grannen liegen oft kaum sichtbar im Bindehautsack des Unterlides. Wimpern, die die Hornhaut verletzen, wurden schon beschrieben, siehe Distichiasis Seite 51 und Entropium Seite 53. Ebenso wird auf das trockene Auge als Ursache auf Seite 63 näher eingegangen.
Zum Teil durchdringen Dornen oder Holzstücke die Hornhaut und stecken im Inneren des Auges.

Ist die Hornhaut verletzt, besteht eine erhöhte Infektionsgefahr. Eine schnellstmögliche tierärztliche Behandlung ist erforderlich. Legen Sie bitte sofort einen Halskragen an, um das Reiben mit der Pfote oder am Boden zu unterbinden. Der Tierarzt kann die Größe und Tiefe eines Hornhautdefektes recht einfach mithilfe von Fluoreszein, einem Farbstoff, der sich an der defekten Hornhaut anhaftet, feststellen.
Die Behandlung ist häufig sehr intensiv. Mehrmals täglich werden verschiedene sich

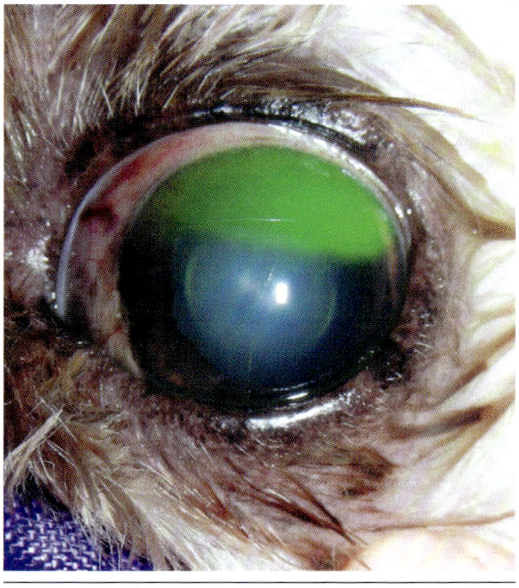

Fluoreszein färbt die verletzte Hornhaut neongrün.

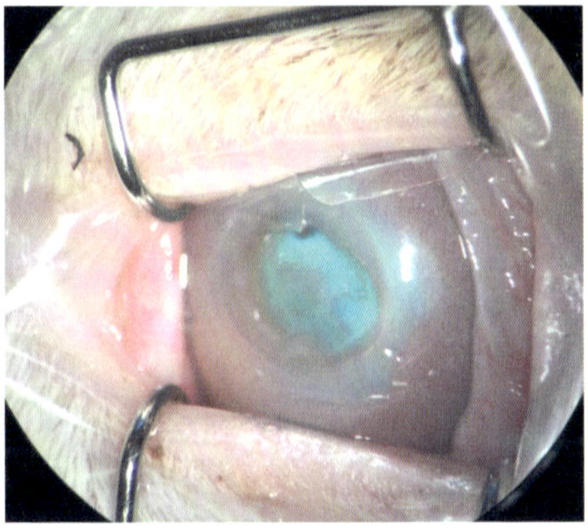

Ein tiefes Hornhautgeschwür in der OP

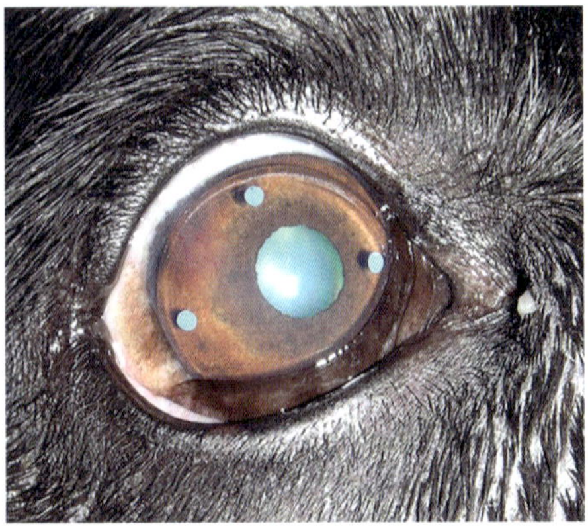

Eine eingesetzte Kontaktlinse mit Punkten zum Schutz der Hornhaut

ergänzende Augenpräparate verabreicht. Ein lokales Antibiotikum wird nur bei tiefen Hornhautdefekten vonnöten sein. Sollte der Defekt trotz Behandlung fortschreiten, kann eine tiefgreifende Schädigung, ein Hornhautgeschwür (Hornhautulcus), entstehen. Dieses muss in einigen Fällen durch einen chirurgischen Eingriff von einem Augenspezialisten therapiert werden.
Eine sehr erfolgreiche Methode, die häufig eine OP überflüssig macht, ist der Einsatz von Kontaktlinsen. Hochwertige Kontaktlinsen sind mit Punkten versehen, sodass man sehr leicht feststellen kann, wenn diese verrutschen oder aus dem Auge herausfallen. Sie erlauben es, den Defekt regelmäßig zu kontrollieren.
Dies ist bei einem chirurgischen Eingriff nicht möglich, da hier nämlich meistens zum Schutz des operierten Auges die Nickhaut über das Auge gezogen und für ca. 14 Tage dort belassen wird. Diese Nickhautschürze wird häufig auch als alleinige und einfachste operative Methode angewandt.

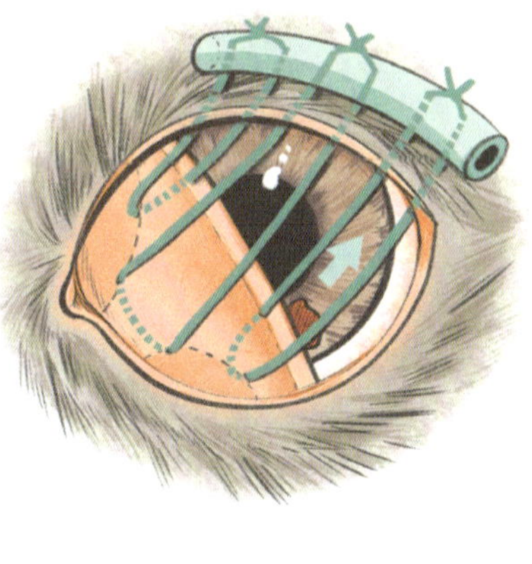

Nickhautschürze schematisch – Knoten an Silikon

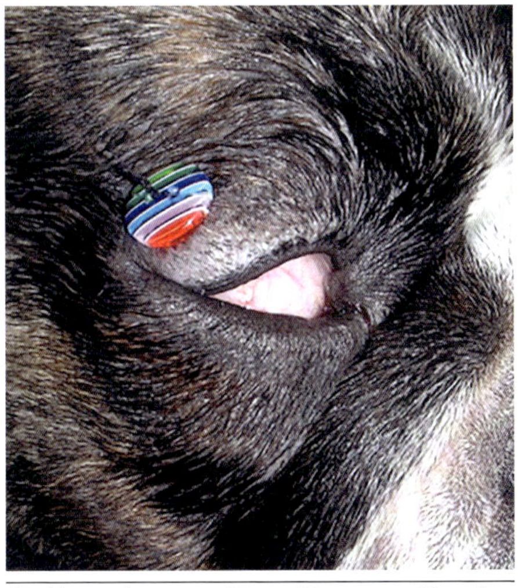

Nickhautschürze am Tier – Knoten am Knopf

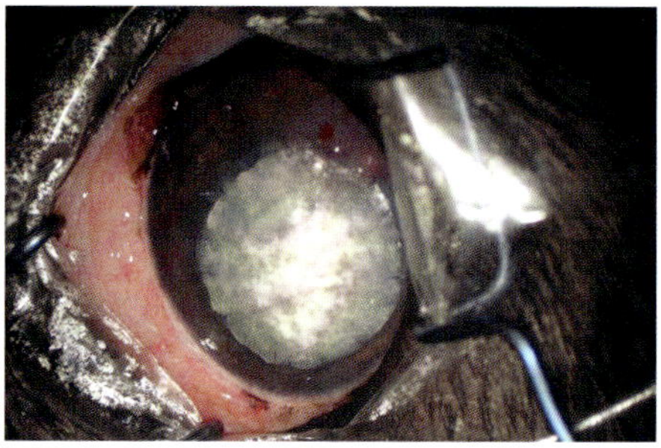

Ein pergamentartiges Hornhautersatzgewebe wurde aufgenäht.

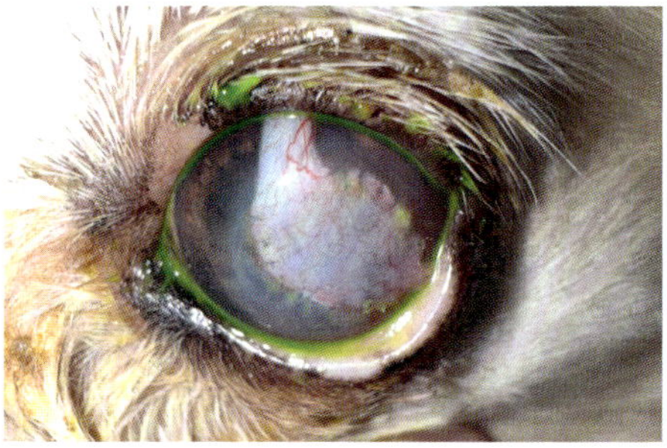

Der Bindehautlappen wurde über einem Hornhautdefekt aufgenäht.

Leider führen nicht selten Bakterien zum regelrechten Einschmelzen von Hornhautgewebe mit der Gefahr eines Durchbrechens der Hornhaut. In diesem Fall ist eine aufwendigere OP erforderlich, bei der ein dünnes, pergamentartiges Ersatzgewebe für die Hornhaut verwendet wird.
Alternativ kann auch ein kleiner Bindehautlappen über dem Defekt mit feinsten Nähten fixiert werden.
Hornhauterkrankungen sollten frühzeitig und konsequent von einem spezialisierten Tierarzt behandelt werden, da im schlimmsten Fall der Verlust eines Auges droht. Halten Sie sich unbedingt an die verordneten Augenpräparate und wenden Sie diese exakt nach dem vorgegebenen Therapieschema an. Oft sind engmaschige Kontrollen beim Tierarzt nötig. Die gute Nachricht: Bei sorgfältiger Therapie heilen die meisten Augenprobleme ab, ohne dass das Auge einen dauerhaften Schaden davonträgt. Manche Ursachen für Hornhautverletzungen, z. B. kleinste Dornen, sind mit bloßem Auge für den Tierhalter nicht erkennbar. Deshalb sollte bei jeder plötzlich auftretenden, einseitigen Augenproblematik unverzüglich eine tierärztliche Untersuchung erfolgen.

EINFÄRBUNG DER HORNHAUT (MELANOSIS CORNEAE)

Bei Kurznasenrassen (z. B. Mops oder Französische Bulldogge) wird regelmäßig bei genauem Hinsehen eine fleckförmige braune bis schwarze Einfärbung der Hornhaut (Melanosis corneae) entdeckt. Bei diesen

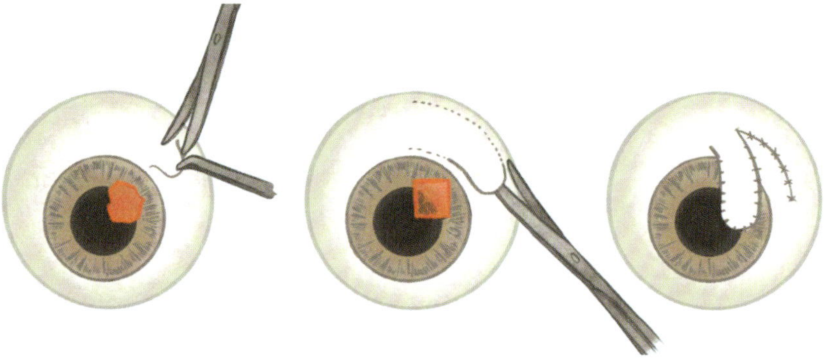

So wird der Bindehautlappen gewonnen und vernäht.

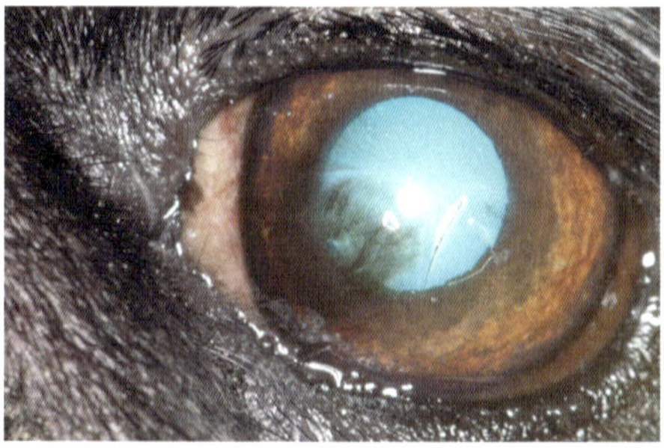

Die Dunkelfärbung der Hornhaut – Melanosis corneae genannt.

Rassen entstehen solche Veränderungen durch die spezielle Anatomie der Augenhöhle und oft auch durch die Nasenfalten. Dies führt zu chronischen Reizungen, v. a. an dem der Nase zugewandten Augenabschnitt. Häufiges Einbringen spezieller pflegender Augenmedikamente schafft Linderung. In vielen Fällen ist allerdings eine chirurgische Korrektur der zu großen Lidspalte oder der Nasenfalten erforderlich.

TROCKENES AUGE

(Keratokonjunktivitis sicca)

Auch kann die verminderte Qualität des produzierten Tränenfilms bei den Kurznasen zusätzlich zu den beschriebenen Hornhautveränderungen beitragen. Dabei wird zwar genügend Tränenflüssigkeit produziert, deren Beschaffenheit ist jedoch mangelhaft. Deshalb fällt diese Ursache bei der Untersuchung der Tränenmengenproduktion mithilfe eines skalierten Fließpapierstreifens, dem Schirmer Tränentest, beim Tierarzt nicht auf. Hier gibt allerdings die Bestimmung der Tränenaufrisszeit mithilfe von Fluoreszein Aufschluss. Dies nennt sich qualitative trockene Form der Hornhautentzündung oder **qualitative** Keratokonjunktivitis sicca, im Gegensatz zur **quantitativen** Keratokonjunktivitis sicca.
Die quantitative Keratokonjunktivitis sicca entsteht wie erwähnt durch eine zu geringe Produktion an Tränenflüssigkeit. Das erste Anzeichen ist ein morgendlich sichtbarer schleimig-grauer Augenausfluss, der im weiteren Verlauf zu verklebten Augenlidern führen kann. Das Auge erscheint matt, nicht mehr glänzend und wird an der Oberfläche zunehmend rau. Die Hornhaut verfärbt sich zunächst graurot und im Endstadium schwarz. Unbehandelt führen diese zunehmenden Pigmenteinlagerungen zu deutlicher Sehbehinderung bis hin zur völligen Blindheit. Daher sind eine frühzeitige Diagnostik mittels Schirmer Tränentest und die Therapie mit der Augensalbe Optimmune® (MSD) unabdingbar.

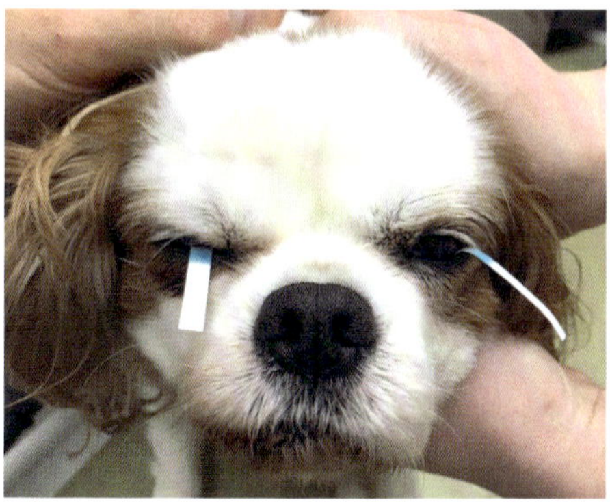

Beim Schirmer-Tränentest wird der Tränenfluss durch Blaufärbung des Papierstreifens getestet.

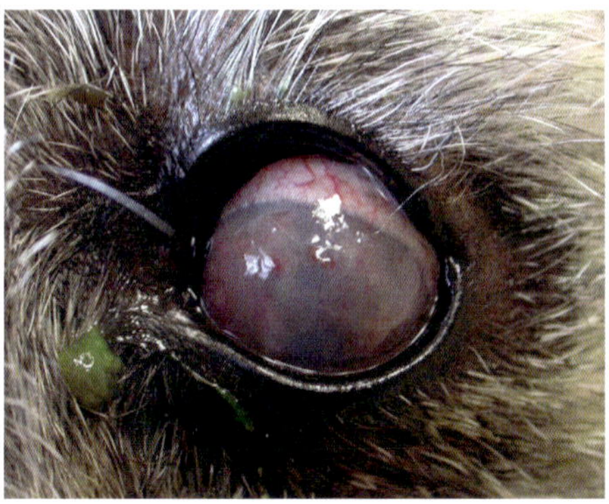

Veränderung des Auges aufgrund länger bestehenden Mangels an Tränenflüssigkeit.

PROBLEME IM BEREICH DES MAULS

Es lohnt sich, seinem Hund regelmäßig ins Maul zu schauen. Wie bei uns Menschen gibt es mannigfaltige Probleme. Unsere Vierbeiner leiden leider oft still.

ZAHNSTEIN

Ungefähr 80 % aller Hunde erkranken im Laufe ihres Lebens an einer Entzündung des Zahnhalteapparates, des Parodonts, durch Zahnsteinbildung. Je kleiner die Rasse und je älter das Tier, desto häufiger tritt diese Erkrankung auf. Zahnstein entsteht aus einem Biofilm mit Futterresten, Speichel, abgestorbenen Schleimhautzellen und Bakterien, Plaque genannt. Durch tägliches Zähneputzen kann die Bildung dieses Belags und einer daraus resultierenden infektiösen Entzündung deutlich reduziert werden.
Sie können nie früh genug mit der regelmäßigen Zahnpflege beginnen (siehe Medical Training Seite 9 ff.).
Einen Einfluss auf die Bildung von Zahnstein hat die Art der Fütterung. Trockenfutter hat einen mechanischen Reinigungseffekt und ist daher Dosenfutter in Bezug auf die Bildung von Zahnstein vorzuziehen. Es gibt auch spezielle „Dental"-Trockenfutter, die aufgrund ihrer Textur einen besonders guten Reinigungseffekt erzielen. Leider erfüllen einige dieser speziellen, im Handel erhältlichen Zahndiäten nicht den versprochenen Effekt. Ähnlich verhält es sich mit verschiedensten Produkten wie Pflegetüchern, Lotionen, Futtermittelzusatzstoffen und Kauartikeln. Daher ist es für Sie als Tierhalter oft schwierig, das Richtige zu finden.

ZAHNPFLEGEPRODUKTE MIT NACHGEWIESENER WIRKUNG
Hilfreich ist das sogenannte VOHC-Siegel (Veterinary Oral Health Council), das getestete und wirksame Artikel auszeichnet. Hierzu gehören Pedigree DENTASTIX® oder VeggieDent Fresh®-Kaustreifen.

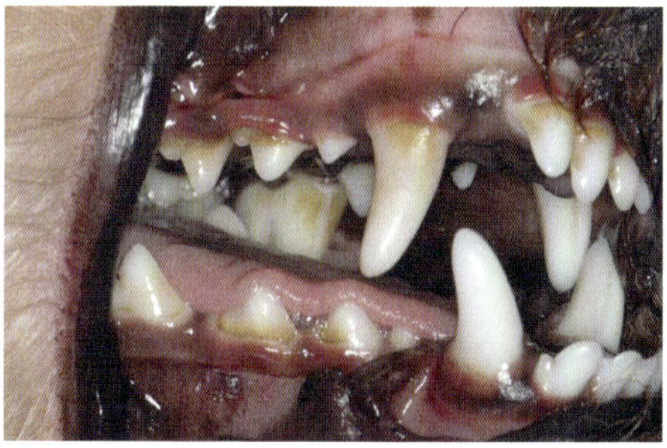
Starten Sie spätestens bei beginnender Zahnsteinbildung mit dem Zähneputzen.

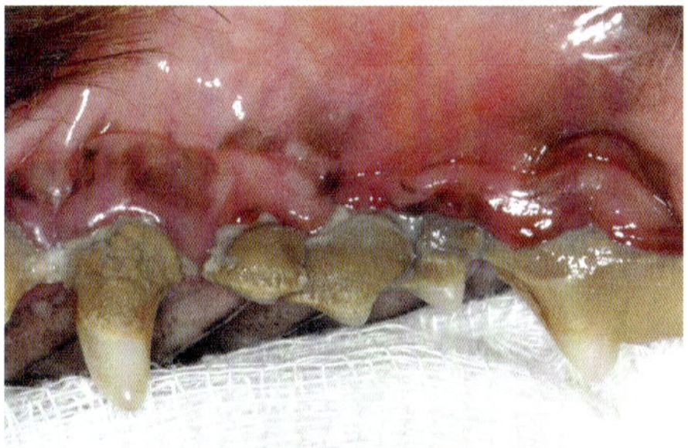
So sollte das Gebiss nie aussehen – massive Zahnsteinbildung mit Zahnfleischentzündung.

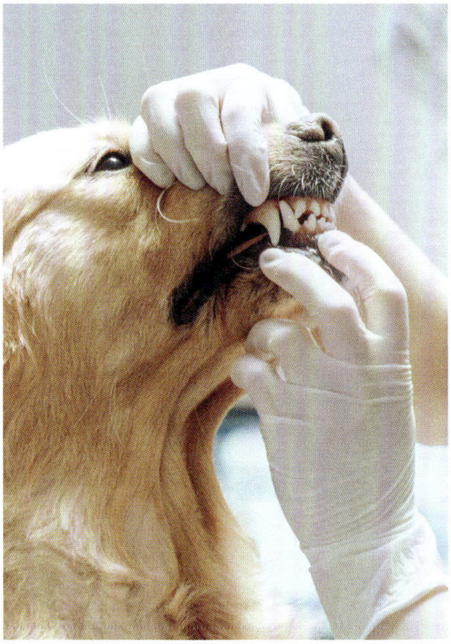

Beim jählichen Tierarztbesuch sollte auch das Gebiss überprüft werden.

GEBISS-CHECK

Beim jährlichen Routinecheck oder Impftermin sollte Ihr Tierarzt unbedingt jedes Mal das Gebiss Ihres Hundes gründlich untersuchen. Bildet sich trotz täglichem Zähneputzen Zahnstein, folgen Sie bitte dem Rat des Tierarztes, wenn nötig, eine fachmännische Gebisssanierung in Narkose durchführen zu lassen. Auch bei älteren Tieren darf nicht aus Angst vor einer Narkose eine medizinisch notwendige Zahnsanierung ausbleiben. Selbst Risikopatienten können bei Tierärzten mit modernster Ausstattung und spezialisierter Ausbildung sehr sicher diesem Eingriff unterzogen werden. Das Risiko einer Narkosekomplikation ist unvergleichlich geringer als die gesundheitlichen Folgen einer nicht behandelten Entzündung des Zahnhalteapparates. Diese ist schmerzhaft und kann nach und nach bis in den Kieferknochen fortschreiten. Außerdem können Bakterien aus dem Zahnbelag über die Blutbahn zu zum Teil schwerwiegenden Erkrankungen innerer Organe, wie beispielsweise des Herzens und der Leber führen.

HILFE BEI ZAHNFLEISCH-ENTZÜNDUNG

Zahnfleischentzündungen können kurzfristig durch Abtupfen mit chlorhexidinhaltigen Mundspüllösungen oder durch dünnes Auftragen von chlorhexidinhaltigem Mundgel behandelt werden. Auch eine Myrrhentinktur zeigt gute Erfolge.

FEHLERHAFTER ZAHN-WECHSEL

(persistierende Canini)

Nicht nur bei älteren Tieren kann eine Zahnfleischentzündung auftreten. Schon beim Welpen können durch Ausbleiben des regulären Zahnwechsels Futterreste zwischen überzähligen Zähnen zu Entzündungen führen. Insbesondere bei kleinen Hunderassen bleiben häufiger die großen Eckmilchzähne als sogenannte persistierende Canini neben den bleibenden Zähnen stehen. Wenn diese nicht ausfallen, müssen sie in einem kleinen Eingriff in Narkose spätestens am Ende des siebten Lebensmonats entfernt werden. Benötigt werden

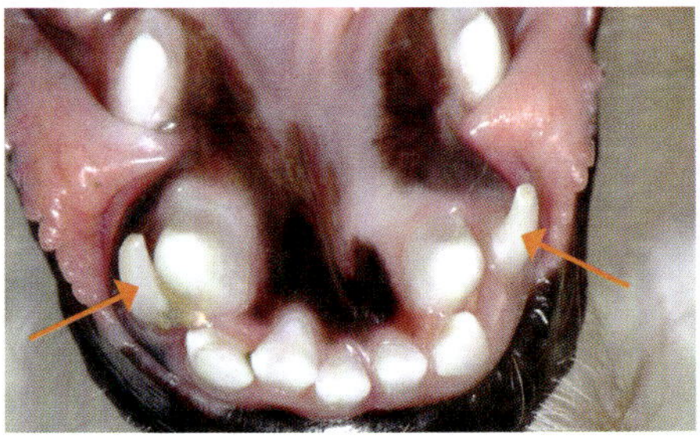

Persistierende Canini – die Eckmilchzähne werden entfernt, wenn sie nicht alleine ausfallen.

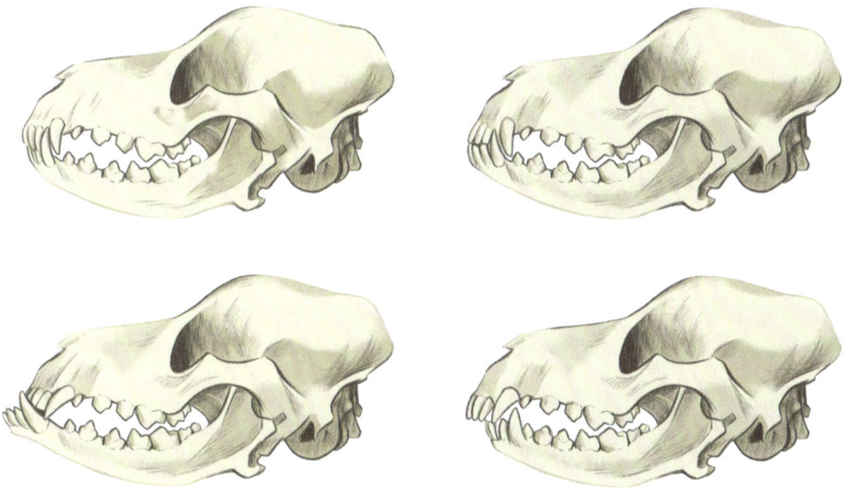

Skizze verschiedener Gebissformen. Links oben: Scherengebiss; rechts oben: Zangengebiss; links unten: Unterbiss; rechts unten: Überbiss.

spezielle Instrumente und das Fachwissen, um die unmittelbar benachbarte Zahnanlage des bleibenden Zahnes nicht zu schädigen. Dieser Zeitpunkt sollte nicht verpasst werden, denn sonst werden die bleibenden Zähne verdrängt und es kommt zu problematischen Zahnfehlstellungen. Sammeln sich Futterreste in diesem Bereich an, sollten diese täglich bis zur Zahnextraktion mit Zahnbürsten oder Wattestäbchen entfernt werden, um Entzündungen zu verhindern.

ZAHNFEHLSTELLUNGEN

Zahnfehlstellungen treten bei kurznasigen Rassen regelmäßig im gesamten Gebiss auf, da die Zähne im Kiefer nur durch Verdrehung um ihre Längsachse Platz finden. Bei unseren Hunden befindet sich der vorderste Punkt des Oberkiefers normalerweise wie bei uns knapp vor dem des Unterkiefers. Das wird als Scherengebiss bezeichnet. Manche Rassen, wie z. B. der Boxer, neigen

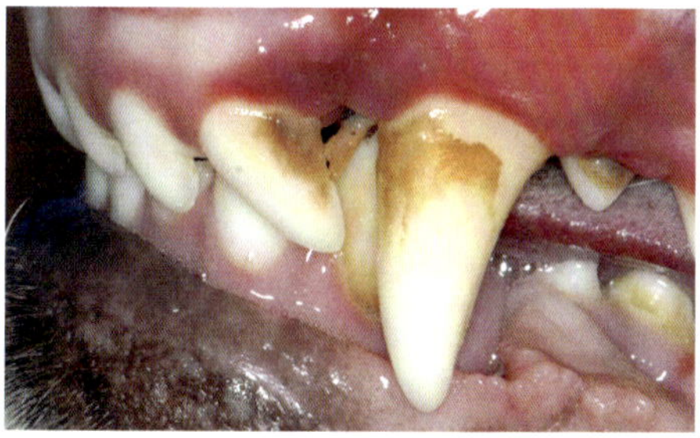

Massive Entzündung durch fehlgestellten Eckzahn im Unterkiefer

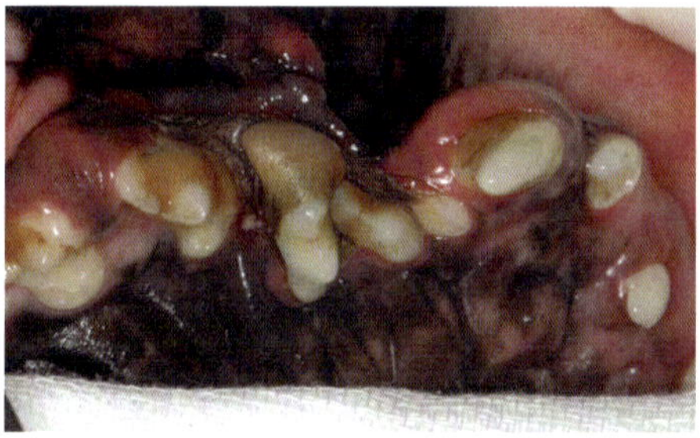

Bei Kurznasen haben die Zähne keinen Platz im Kiefer und stehen verdreht.

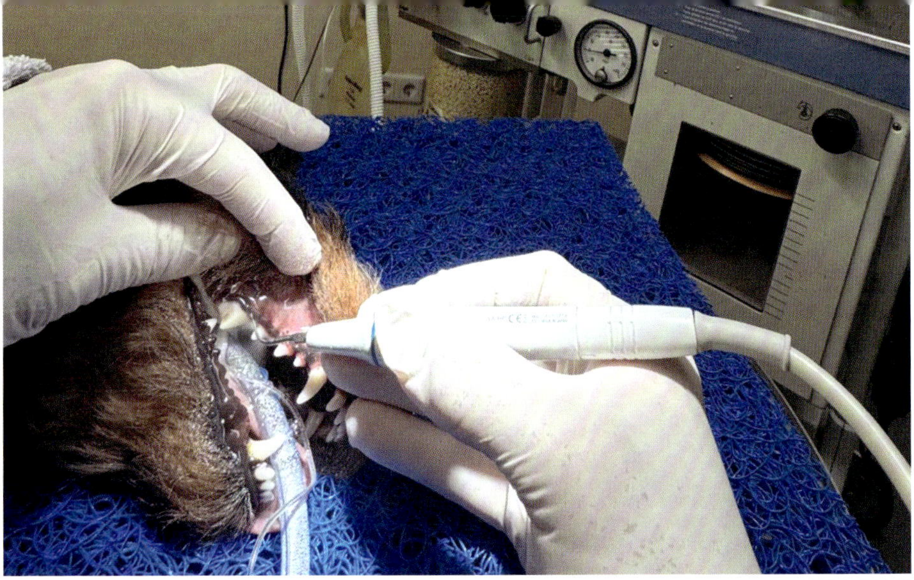

Zahnbehandlungen nur mit Intubation

zu einem Unterbiss, d.h. der Unterkiefer ist länger als der Oberkiefer.
Manchmal gibt es auch das umgekehrte Phänomen. Der Oberkiefer überragt deutlich den Unterkiefer. Das wird als Überbiss bezeichnet. Bei Abweichungen vom normalen Scherengebiss besteht nur bei in Schleimhaut einbeißenden Zähnen Handlungsbedarf.

ENGSTAND DER UNTERKIEFERECKZÄHNE

(Caninus-Engstand)

Dies ist zum Beispiel bei einem Engstand der Unterkiefereckzähne (Caninus-Engstand) der Fall. Wenn die Unterkiefereckzähne zu eng stehen, beißen sie regelmäßig in den Gaumen ein. Beim Öffnen des Mauls kann man beim genauen Hinsehen die kleinen Einbissvertiefungen finden. Das Einbeißen ist einerseits schmerzhaft und andererseits blockiert es das korrekte Längenwachstum des Unterkiefers nach vorn. Dies führt unbehandelt zu bleibenden Kieferfehlstellungen.
Sobald die bleibenden Eckzähne beim Herauswachsen erkennen lassen, dass sie zu weit innen stehen, erfolgt der kieferorthopädische Eingriff. Mit verschiedenen Methoden wie der Aufbissschiene, Dehnschrauben etc. ist eine vollständige Korrektur der Zahnstellung von einem spezialisierten Tierarzt zu erreichen. Dies erfordert Ihre Mithilfe und etwas Geduld.
Keinesfalls dürfen diese Zähne einfach gekürzt werden. Dies kann die Zahnpulpa, den Hohlraum des Zahnes, eröffnen und zu einer schmerzhaften Entzündung der Zahnwurzel bis in den Kieferknochen hinein und damit zu schwerwiegenden Folgen für die Anlage des bleibenden Zahnes führen.

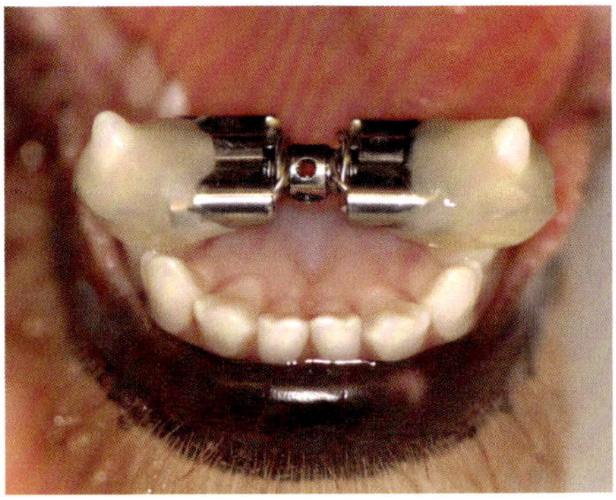

So sieht eine eingesetzte Dehnschraube aus.

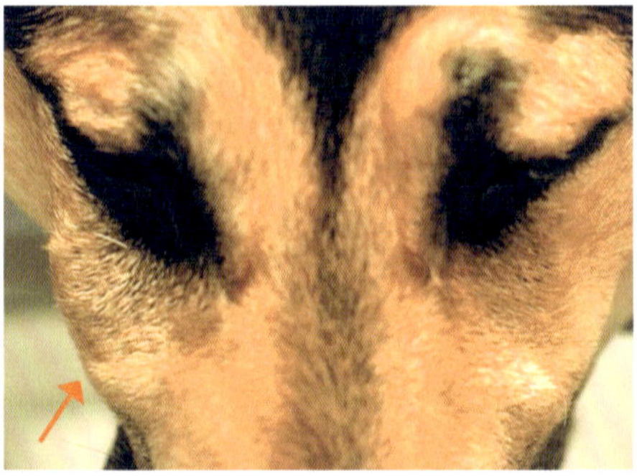

Schwellung unterhalb des rechten Auges durch Veränderung der Zahnwurzel.

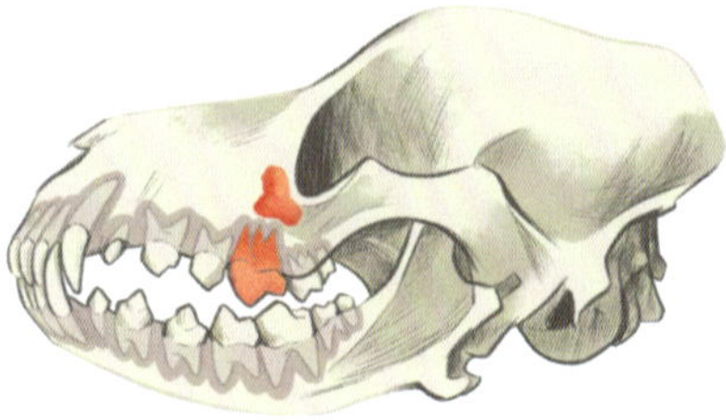

Schematische Darstellung zur Verdeutlichung

AUS- ODER ABBRECHEN EINES ZAHNES

(Zahnluxation und -fraktur)

Ein Unfall, der zum Abbrechen eines Zahnes (Zahnfraktur) führt, hat die gleichen Folgen und sollte schnellstmöglich einem spezialisierten Tierarzt vorgestellt werden. Eine häufige Ursache dafür ist sehr oft das Fangen von Steinen. Wenn sich solch eine Zahnverletzung im Backenzahnbereich ereignet, wird dies oft nicht sofort erkannt und kann so unbemerkt zu einer Zahnwurzelvereiterung führen. Passiert dies am größten Backenzahn des Oberkiefers, der als P 4 bezeichnet wird, entsteht nicht selten eine Schwellung unter dem Auge. An der Stelle dieses Zahnes ist der Oberkieferknochen nämlich sehr dünn, Eiter kann diesen von der Zahnwurzel aus durchbrechen und zu einem Anschwellen unterhalb des Auges führen. Oft ist erst dieses Spätstadium für Sie als Tierhalter erkennbar. Eventuell zeigt Ihr Hund zuvor ein verändertes Fressverhalten oder verschmäht Kauartikel oder bestimmte Spielzeuge.

Äußere Krafteinwirkung auf den Kiefer kann seltener auch zu einer Schiefstellung eines Zahns, einer Zahnluxation, führen. Häufig ist der Oberkiefereckzahn betroffen. Konsultieren Sie sofort einen Tierarzt.

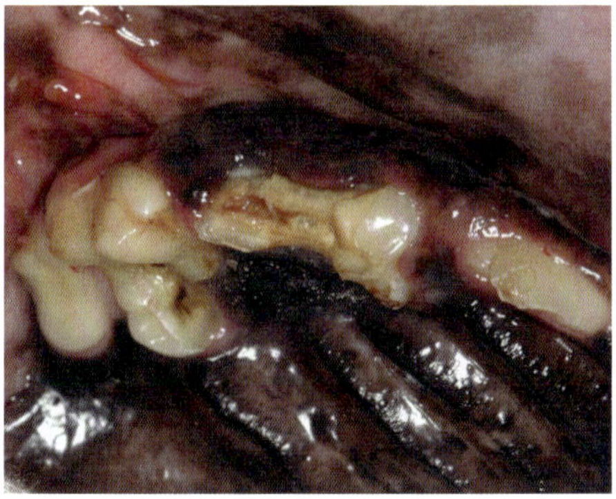

Ein abgebrochener Backenzahn im Oberkiefer.

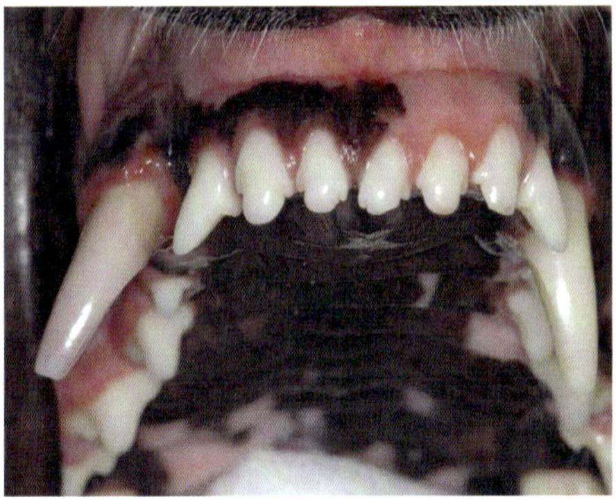

Ein ausgebrochener Eckzahn rechts im Oberkiefer.

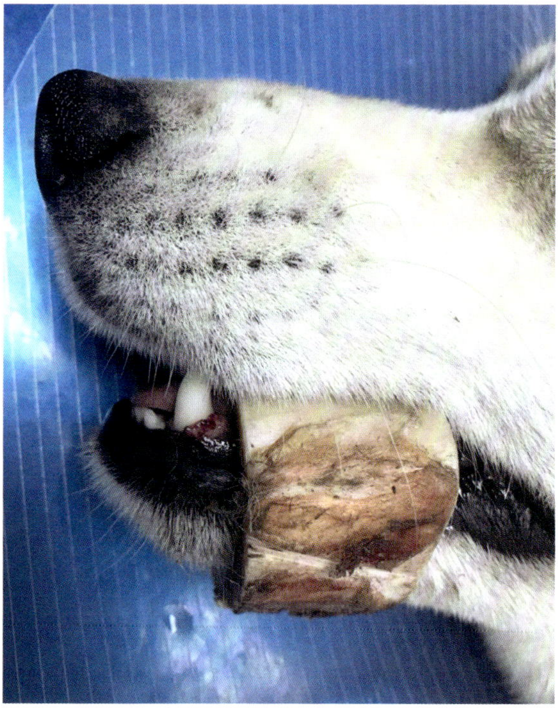

Ringförmig über den Unterkiefer gestülpter Markknochen

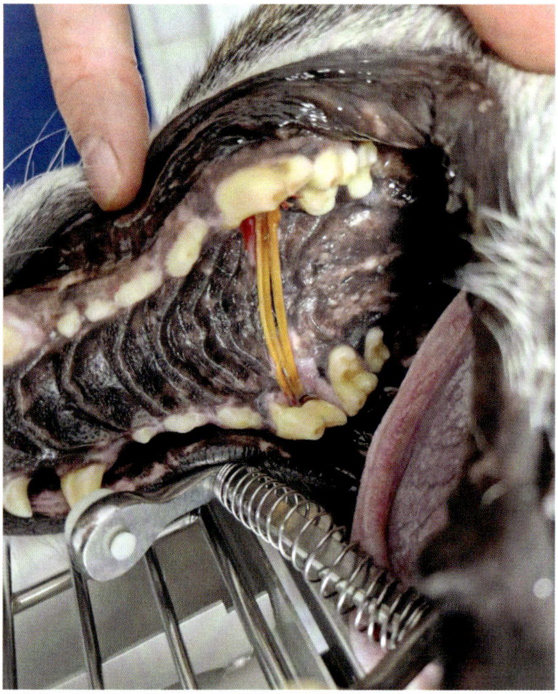

Zwischen den Oberkieferzähnen eingeklemmtes Holzstück

Bitte nicht!

- ☐ Das Tragen von Steinen oder Kauen von Knochen kann wie das regelmäßige Spielen mit vermeintlich „weichen" Tennisbällen zu massivem Abschleifen der Zähne führen, da z. B. der Filz des Tennisballs wie Schmirgelpapier wirkt.
- ☐ Kauartikel müssen auf die Größe und das Alter des Hundes abgestimmt sein. Kauwurzeln oder Hirschgeweih sind nicht zur Zahnreinigung geeignet, da sie aufgrund ihrer Härte zu Zahnschmelzdefekten führen. Auch sind z. B. Beinknochen zu hart für ein Welpengebiss. Häufig wird bei Knochenkauen zusätzlich sogenannter Knochenkot gebildet. Dieser Kot ist durch das abgenagte Knochenmehl und kleine Knochensplitter sehr fest. Er kann oft nicht oder nur unter großen Schmerzen abgesetzt werden. Nicht selten müssen Tiere narkotisiert werden, um den Enddarm entleeren zu können, da ein Klistier und eine Schmerzmedikation nicht zum Absetzen des Kotes führen.
  Wenn Beinscheiben oder Markknochen als Kauartikel angeboten werden, können sich diese ringförmig über den Unterkiefer stülpen und müssen dann in Narkose entfernt werden.
- ☐ Holz ist weder als Spiel- noch als Kauwerkzeug geeignet, da sich häufig Holzsplitter zwischen den Zähnen einklemmen oder in das Zahnfleisch spießen. Dies bleibt oft so lange unbemerkt, bis durch eine eitrige Entzündung ein übler Geruch aus dem Maul festgestellt wird.
- ☐ Das Fangen oder auch nur Tragen von Stöckchen kann zudem im schlimmsten Fall zu lebensgefährlichen Blutungen im Rachen führen, wenn ein Holzstück in den Rachen gerammt wird.

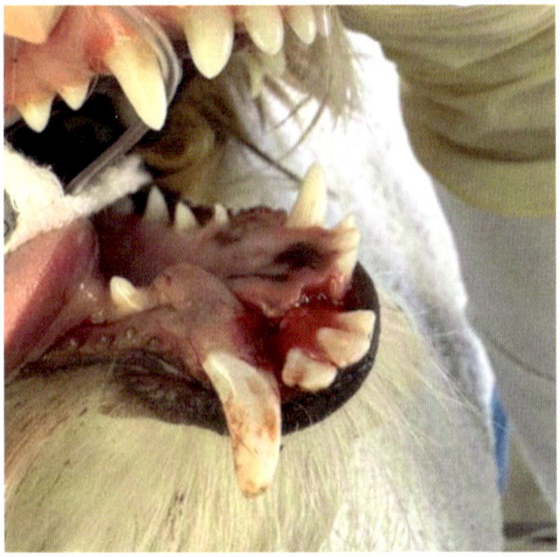

Ausgebrochener Eckzahn rechts im Unterkiefer.

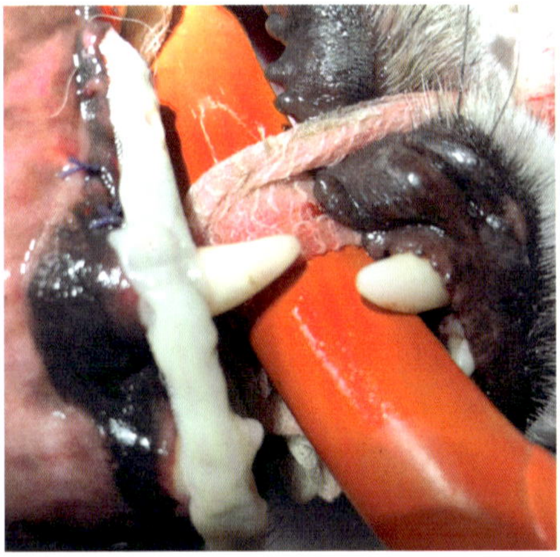

Oberkieferzahn nach operativer Versorgung.

Im schlimmsten Fall führt ein Trauma zum vollständigen Ausbrechen aus dem Zahnfach. Dies geschieht meist bei einer Rauferei, wenn sich ein Eckzahn im Halsband des Kontrahenten einhakt und durch kräftige Kopfbewegungen aus dem Zahnfach gelöst wird. Wenn solch ein Zahn sofort sauber eingepackt und gleich ein spezialisierter Tierarzt konsultiert wird, kann dieser meistens wieder eingesetzt werden. Ein **optimales Transportmedium** für den Zahn wäre **Milch**. Ein in das Zahnfach zurückversetzter Caninus kann durch unterschiedliche Fixationsmethoden erhalten werden. Meist ist aufgrund der Verletzung des in den Zahn führenden Blutgefäßes eine Wurzelbehandlung erforderlich.

SPEICHELZYSTE

(Ranula, Meliceris)

Eine weniger offensichtliche und daher oft recht spät erkannte Ursache für vermehrten Speichelfluss oder abnormale Kaubewegungen ist eine wulstartige Speichelzyste (Ranula) am Mundboden neben der Zunge. Es handelt sich um eine krankhafte Speichelansammlung im Ausführungsgang einer Speicheldrüse. Diese ist nicht schmerzhaft, stört aber als „Fremdkörper" im Maul. Wird ein Ausführungsgang undicht, läuft Speichel in das umliegende Gewebe am Hals entlang und zeigt sich dort als weiche Schwellung (Meliceris). In beiden Fällen ist ein chirurgischer Eingriff notwendig.

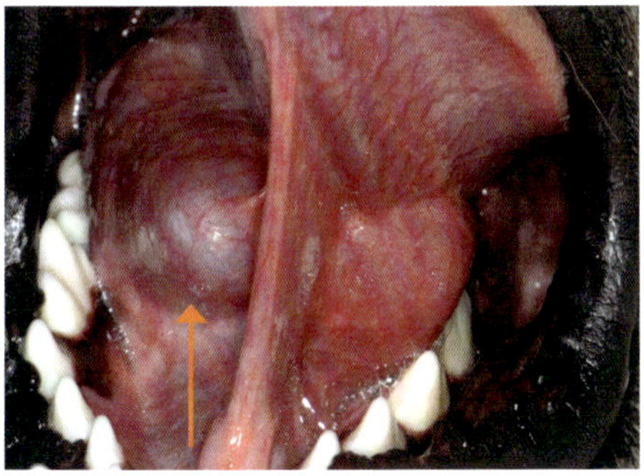

Speichelzyste (Ranula) unter der Zunge.

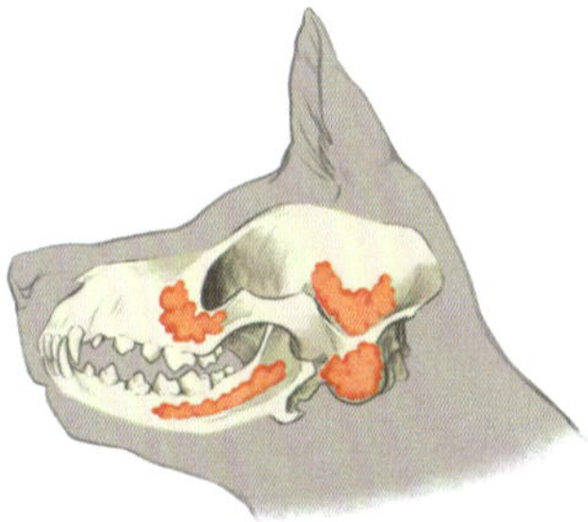

Hier befinden sich überall Speicheldrüsen.

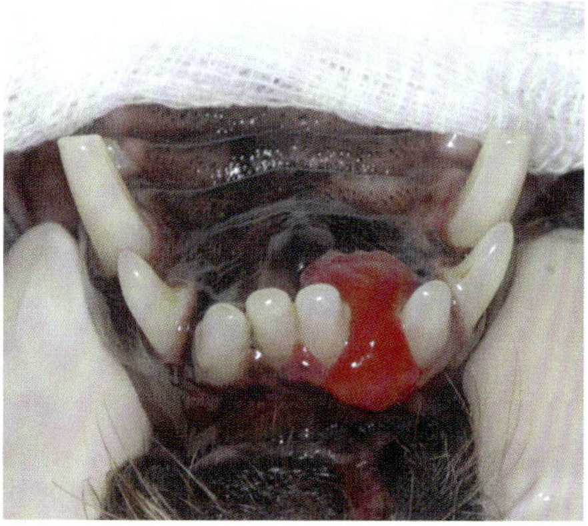

Bösartige Umfangsvermehrung zwischen den Schneidezähnen des Unterkiefers.

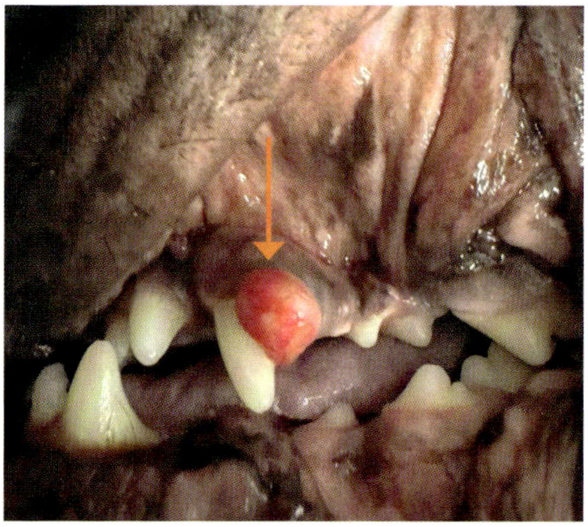

Gutartige Umfangsvermehrung am Eckzahn des Oberkiefers.

UMFANGSVERMEHRUNGEN IN DER MAULHÖHLE

(Tumor, Epulis)

Zubildungen im Bereich der Maulhöhle können gut- oder bösartiger Natur sein. Manchmal ähneln sie gar Zahnfleischentzündungen. Sie sollten daher in jedem Fall tierärztlich abgeklärt werden. Dies trifft auch auf die Umfangsvermehrungen im Maul des Boxers zu, der nicht immer nur die bekanntermaßen häufig bei dieser Rasse auftretenden gutartigen Zahnfleischwucherungen, **Epuliden** genannt, aufweist.

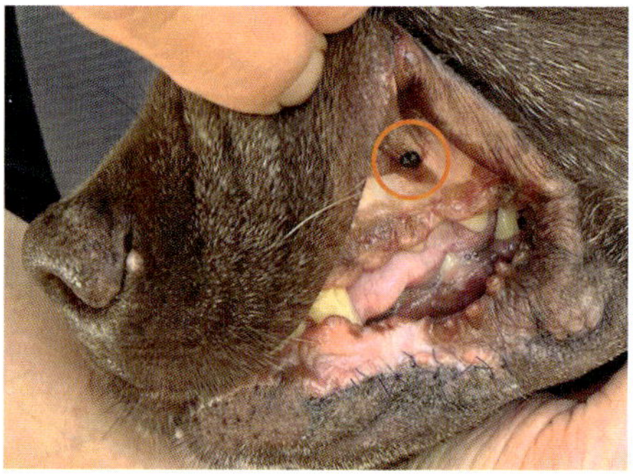

Schwarzer kleiner und bösartiger Tumor der Maulschleimhaut.

KAUMUSKELENTZÜNDUNG

(Kaumuskel-Myositis)

Es gibt Kaubeschwerden, die nichts mit einer Zahnproblematik zu tun haben. So ist die Kaumuskel-Myositis durch eine schwere Entzündung mehrerer Gesichtsmuskeln bedingt. Bei manchen Tieren ist eine Schwellung dieser Muskeln sichtbar. Betroffene Hunde fallen häufig durch weiter hervortretende Augen mit einem starren, schmerzhaften Gesichtsausdruck auf. Die Futteraufnahme ist erschwert, das Allgemeinbefinden oft eingeschränkt. Die Ursache ist eine Autoimmunerkrankung, bei der die Kaumuskeln eine schwerwiegende Entzündung erfahren. Muskelfasern gehen zugrunde und werden in Bindewebe umgebaut. Daher muss eine sofortige entzündungshemmende Behandlung mit Cortison begleitet von einer Schmerztherapie erfolgen. Wenn die Behandlung zu spät eingesetzt wird, kann möglicherweise eine Futteraufnahme nicht mehr erfolgen und das betroffene Tier ist schlimmstenfalls zu erlösen.
Die Erkrankung kann grundsätzlich jede Rasse betreffen, besonders aber größere junge bis mittelalte Hunde. Zur Erstdiagnose dient ein Bluttest, der in 80 % der Fälle ein

verwertbares Ergebnis liefert. In nicht eindeutigen Fällen wird eine Muskelprobe zur Diagnosefindung entnommen und speziell aufbereitet. Oft erfolgt eine langwierige Behandlung mit Cortison in angepasster Dosierung, um einem chronischen Stadium entgegenzuwirken. Möglichen Nebenwirkungen kann durch die Langzeitgabe von natürlichen Magenschutzpräparaten wie GastroCalm® vorgebeugt werden. Bitte keine Säureblocker wie z. B. Omeprazol® nutzen. Genauere Infos finden Sie unter Magen-Darm-Erkrankungen (siehe Seite 179).

PHYSIOTHERAPIE BEI KAUMUSKELPROBLEMEN

Sofort nach Abklingen der Schmerzen sollte eine physiotherapeutische Behandlung die Genesung unterstützen. Hier trainieren unterschiedlich große Hartgummibälle, die in den Fang geschoben werden, spielerisch die Muskulatur. Die Ballgröße wird so gewählt, dass sie gerade noch in den Fang passt und durch die Übungen im Durchmesser kontinuierlich zunimmt. Dies wird mehrfach am Tag durchgeführt.

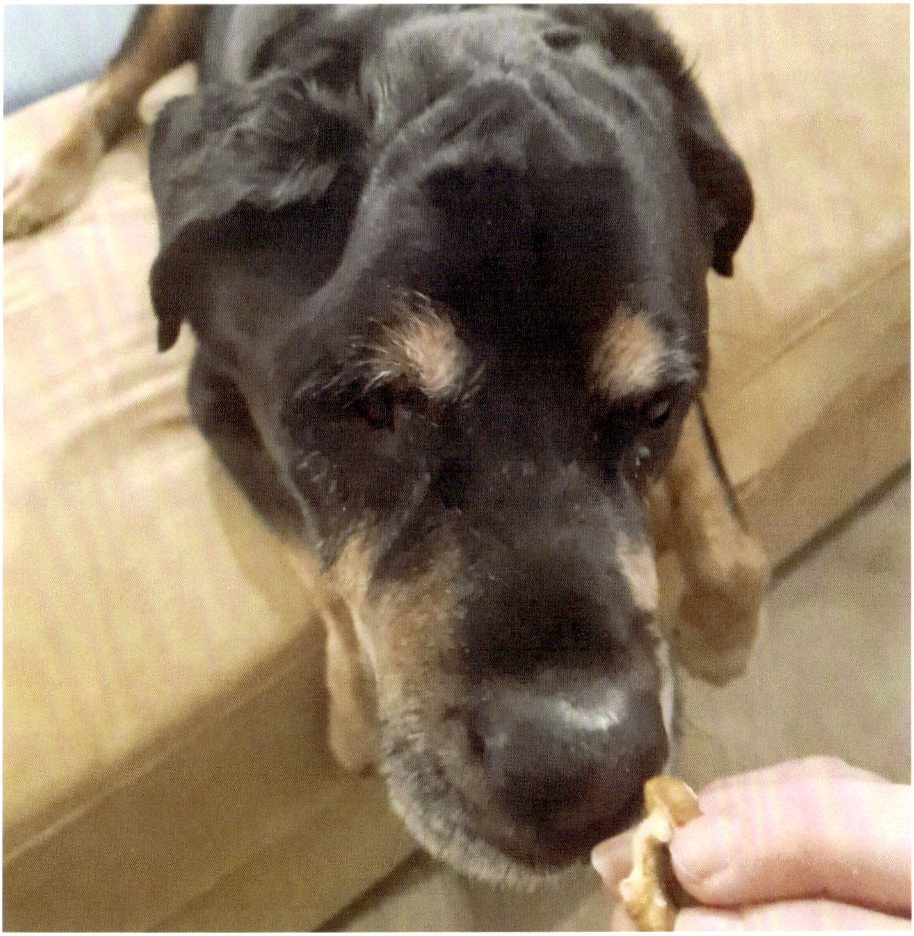

Bei diesem Hund ist ein deutlicher Muskelschwund der Kaumuskulatur rechts zwischen dem Auge und dem Ohr sichtbar.

ATMUNGSAPPARAT

Viele Ursachen können zu Symptomen im Bereich des Atmungstraktes, d.h. der Nase, Luftröhre oder Lunge führen. Sie können ihren Ursprung direkt im Atmungstrakt haben, aber auch durch Herzerkrankungen oder andere Erkrankungen verursacht sein.

Zur genauen Diagnostik benötigt Ihr Tierarzt neben einem sorgfältigen Vorbericht und einer gründlichen Untersuchung Ihres Hundes oft weitere Verfahren, wie z. B. Röntgen, Endoskopie, Computertomografie (CT) und/ oder eine Blut- und Kotuntersuchung.

Zeigt Ihr Hund Veränderungen in der Atmung oder macht ungewöhnliche Atemgeräusche, hilft es, wenn Sie diese genau beschreiben können. Dazu ist es am einfachsten, das Geräusch zu imitieren. Stellen Sie sich dazu neben den Hund und schauen, ob er das Maul beim Erzeugen des Atemgeräusches auf oder zu hat. Genauso verfahren Sie mit Ihrem Mund. Danach atmen Sie im Rhythmus mit Ihrem Tier. Sobald es ein Geräusch macht, imitieren Sie das Geräusch. Dabei spüren Sie, ob es beim Ein- oder beim Ausatmen entsteht, ob es in der Nase, im Rachen oder im Brustkorb seinen Ursprung nimmt. Viele Geräusche wie das später erläuterte Rückwärtsniesen (Seite 77) und der Husten bei der Entzündung der oberen Luftwege (Seite 79) hören sich gefährlich an, sind aber kein Notfall und haben bis zur nächsten Sprechstunde Zeit. Bei Husten, Niesen, Rasselgeräuschen und fiependen Geräuschen besteht eine große Vielfalt, die nicht auf den Schweregrad der Erkrankung schließen lässt.

Ein Notfall liegt immer dann vor, wenn ein Fremdkörper inhaliert wurde, wenn ein Unfall die Atemnot verursachte oder wenn sich die Atemnot von Stunde zu Stunde verschlechtert. Genauso sollte keine Zeit verloren werden, wenn der Hund Blut hustet oder nach dem Husten Blut spuckt.

FREMDKÖRPER IM ATMUNGSTRAKT

Ein plötzlicher Hustenanfall kann z. B. während eines Spaziergangs zur „Grannenzeit“ (Gräser- und Getreideähren) auftreten, wenn Ihr Hund beim Toben diese Pflanzenteile inhaliert. Auch kleine Bällchen oder Murmeln, die fälschlicherweise zum Spielen angeboten werden, können in die Luftröhre gelangen und heftigen Hustenreiz auslösen oder im schlimmsten Fall zu einem völligen Verschluss der Atemwege mit Erstickungsgefahr führen.

ATEMFREQUENZ ZÄHLEN

Es wichtig, dass Sie die Atemfrequenz Ihres Hundes im Ruhezustand kennen. Diese sollte immer unter 30 Atemzügen pro Minute liegen. Ein Atemzug umfasst Ein- und Ausatmung.

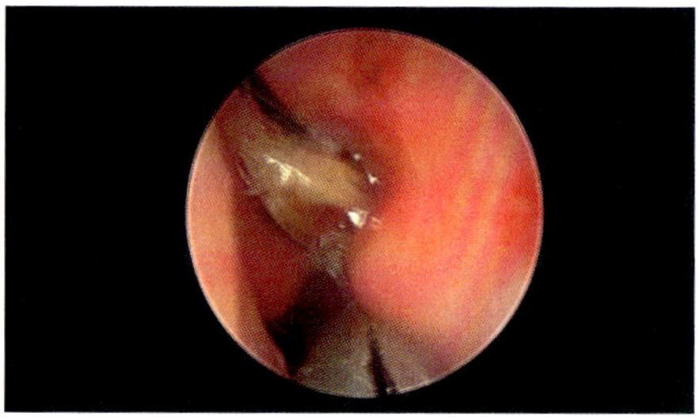

Ein mit dem Endoskop sichtbarer Fremdkörper in der Nasenhöhle.

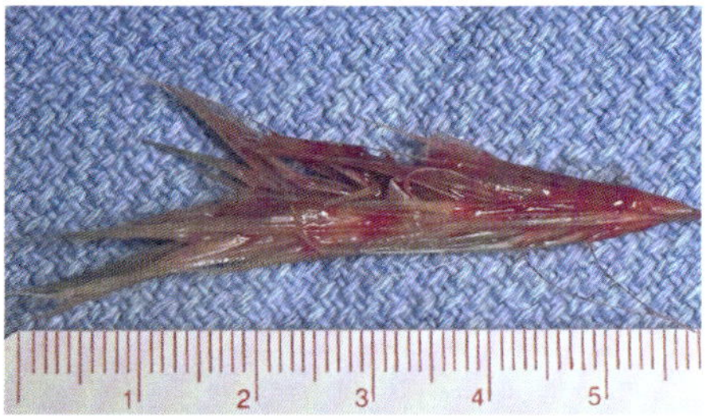

Eine große Granne – das war der entfernte Fremdkörper.

Durch Husten versucht der Hund, den Fremdkörper loszuwerden. Eine mögliche Erste-Hilfe-Maßnahme ist das Hochheben des Hundes an den Hinterbeinen, um dem Fremdkörper der Schwerkraft folgend nach außen zu verhelfen. Eine andere Möglichkeit ist, beide Hände flach auf den unteren Brustkorb aufzulegen und mit der Ausatmung oder dem Husten diese vorsichtig pulsartig zu unterstützen. Dies sollten Sie zuvor geübt haben und sich bewusst machen, dass Sie bei unprofessioneller Durchführung Rippenbrüche herbeiführen können. Wenn kein Husten mehr erfolgt und der Hund sichtbar nicht mehr atmen kann, darf als letztes Mittel der sogenannte Heimlich-Griff angewendet werden. Im Internet sollte der Heimlich-Griff im Video genau studiert werden, um im äußersten Notfall Leben zu retten. Das Risiko einer Verletzung von Organen im Bauchraum muss in diesem Fall eingegangen werden, bevor der Erstickungstod eintritt. Keinesfalls darf dies an einem gesunden Tier geübt werden.

NASENAUSFLUSS

Eine Schnupfenerkrankung wie bei uns Menschen gibt es beim Hund nicht. Wässrigen, meist beidseitigen Nasenausfluss findet man regelmäßig aufgrund einer Allergie. Ein- oder beidseitiger weißer, gelblicher oder grünlicher Nasenausfluss sollte immer ursächlich abgeklärt werden. Fremdkörper, Pilzinfektionen oder Tumorerkrankung werden hier häufig als Ursache gefunden. Eine rein bakterielle Infektion als Ursache gibt es nicht, daher ist **eine symptomatische Therapie mit Antibiotika sinnlos** und immer ein sorgfältiger Vorbericht nötig.
Auch kann der **Rückfluss von Magensaft** in die Speiseröhre bei einer länger bestehenden Übersäuerung des Magens zu Atemwegssymptomen führen.
Je länger der Nasenausfluss besteht, desto schwieriger wird es, eine dauerhafte Symptomfreiheit zu erlangen.

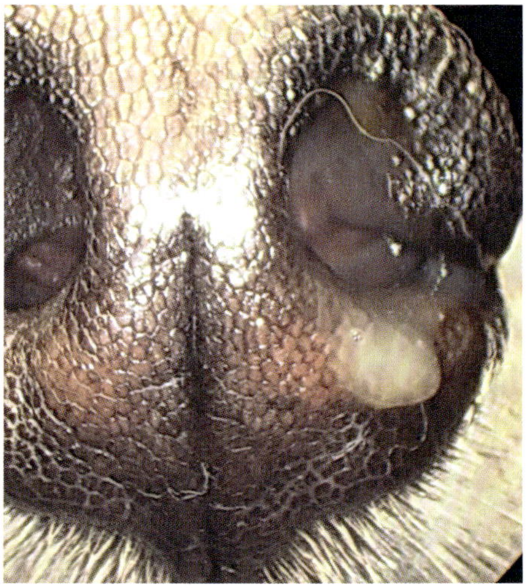

Gelblicher Nasenausfluss aus dem linken Nasenloch.

RÜCKWÄRTSNIESEN

Sehr beunruhigend klingt für viele Hundehalter das sogenannte „Rückwärtsniesen". Hier zieht der Hund meist einige Sekunden, seltener Minuten, anfallsartig Luft durch die Nase bei geschlossenem Maul geräuschvoll ein. Da hierbei ein wiederholtes heftiges Anheben des Rippenbogens zu beobachten und das entstehende Geräusch sehr laut ist, gehen viele Tierhalter von einer extremen Atemnot aus. Tritt dies nur gelegentlich auf, besteht kein Grund zur Sorge, andernfalls sollte ein Tierarzt zur nächsten Sprechzeit konsultiert werden.

KEHLKOPFLÄHMUNG

(Larynxparalyse)

Abnormale Geräusche beim Einatmen wie Pfeifen oder Keuchen, genauso wie heiseres bis tonloses Bellen bei mittelalten bis alten Hunden großer Rassen haben häufig ihren Ursprung in einer Kehlkopflähmung. Häufiger betroffen sind Retriever, Berner Sennenhunde und Setter.

Hierbei verliert die Kehlkopfmuskulatur zunehmend die Fähigkeit, die Kehlkopfknorpel beim Einatmen weit zu stellen. In fortgeschrittenen Fällen kann dies zu starker Atemnot führen oder durch Verschlucken von Wasser oder Futter in eine lebensbedrohliche Lungenentzündung münden. Medikamentös kann leider nicht geholfen werden. Die meisten Hunde müssen bei deutlicher Symptomatik baldmöglichst operiert werden, wobei die Erfolgsquote hoch ist.

LUFTRÖHRENVERÄNDERUNG

(Trachealkollaps)

Die Luftröhre, Trachea genannt, ist eine u-förmige Knorpelspange, die von einem Muskel überspannt ist. Bei vielen Kleinrassen ist das U sehr flach und die Knorpelspangen sind weich, sodass der Muskel bei tiefem Einatmen die Luftröhre verschließt. Der Hund hustet kurz und scharf. Dies passiert oft beim Übergang von kalter in warme Luft und umgekehrt, aber auch bei Freude oder beim Trinken. Mit fortschreitendem

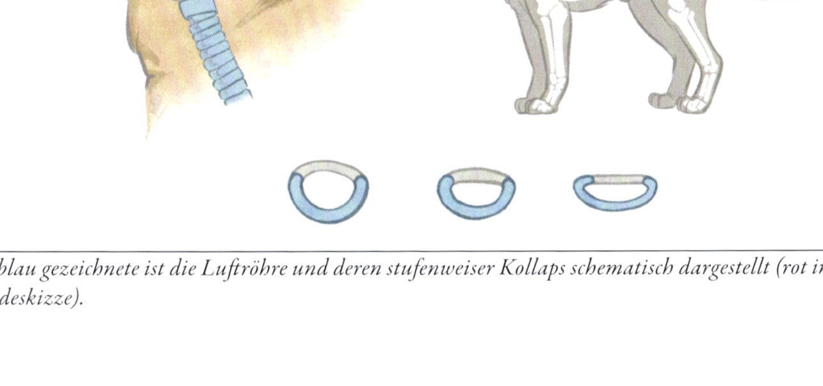

Das blau gezeichnete ist die Luftröhre und deren stufenweiser Kollaps schematisch dargestellt (rot in der Hundeskizze).

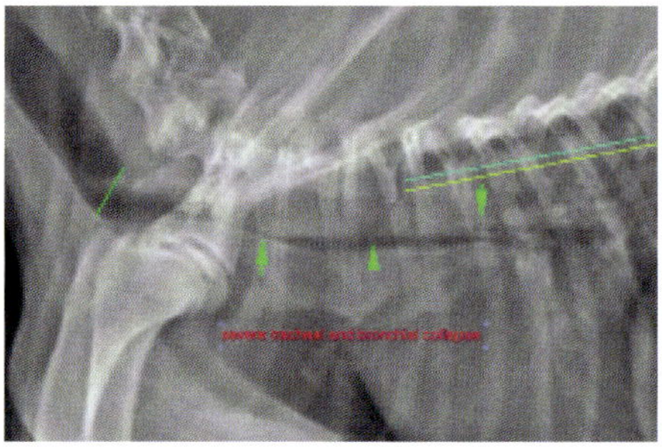

Zusammengefallene Luftröhre im Bereich der grünen dicken Pfeile.

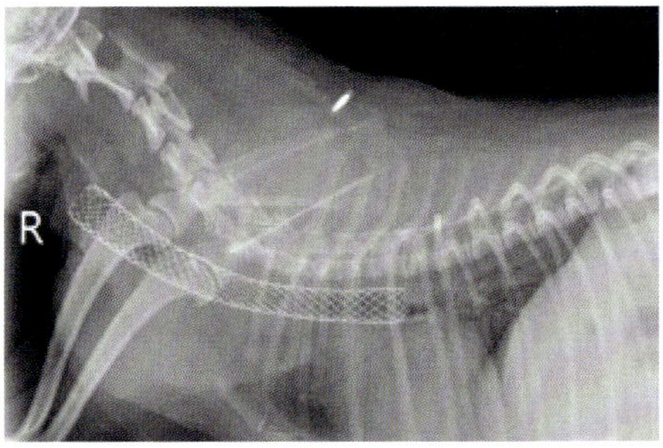

Ein eingesetzter Stent zur Stabilisierung der Luftröhre.

Alter können die Tiere zunehmend an Hustenanfällen und auch Atemnot leiden, da sich eine hochgradige Einengung der Luftröhre entwickelt hat, der sogenannte Trachealkollaps. Eine begleitende chronische Entzündung kann zusätzlich vermehrt Schleim produzieren, der nachfolgend auch bakteriell besiedelt werden kann. Im fortgeschrittenen Stadium sind die Schleimhäute im Maul- oder Augenbereich eventuell aufgrund des Sauerstoffmangels bläulich verfärbt, ein Kollaps und Krampfanfälle sind möglich. Die Diagnose erfolgt mithilfe des Vorberichts, der Untersuchungsbefunde und mit Röntgenbildern in der Ein- und Ausatmungsphase.

Betroffene Hunde müssen unbedingt schlank gehalten und regelmäßig ohne Überforderung bewegt werden. Die Therapie besteht oft aus hustenstillenden und entzündungshemmenden Medikamenten zur Dauerbehandlung und solchen für akute Anfälle. Einige der beim Menschen häufig zum Einsatz kommenden Asthmasprays werden hierbei beim Hund angewendet. Sie müssen aber mit einer speziellen Plastikkammer, dem Aero Dawg® (Trudell Medical International), verabreicht werden, da sie sonst beim Sprühen nur in das Maul und nicht tiefer in die Atemwege gelangen. Da die Akzeptanz und der Gebrauch einige Übung

Verabreichung eines Asthmasprays mithilfe einer Inhalationskammer für Hunde.

für das Mensch-Hund-Team erfordert, sollte rechtzeitig damit begonnen werden. Eine ausführliche Beschreibung der Handhabung ist inklusive Video im Internet zu finden. Das chirurgische Einsetzen eines „Stents", einem Metallgeflecht, das die Luftröhre aufspreizt, kann in ausgeprägten Fällen mit einem spezialisierten Tierarzt erwogen werden.
Allerdings kann auch eine Einengung der Luftröhre von außen, meist durch Herzvergrößerung, zu den gleichen Folgen führen. Sie kann durch sorgfältiges Abhören mithilfe eines Stethoskops, Röntgen des Brustkorbes in der Einatmungsphase des Hundes und am exaktesten mithilfe einer Herzultraschalluntersuchung ausgeschlossen werden. Meist zeigen sich hierbei weitere Symptome wie z. B. eine Leistungsminderung und der Husten tritt meist auf, wenn der Hund ruht.

ZWINGERHUSTEN
(Tracheobronchitis)

Ganz anders klingt der Husten bei dem häufig auftretenden „Zwingerhustenkomplex". Hierbei hustet der Hund oft mehrere Male mit offenem Maul und macht zum Abschluss ein kehliges Würgegeräusch. Obwohl sich das Husten oder auch Würgegeräusch für Hundehalter oft sehr dramatisch anhört, können Sie hier bis zur nächsten Sprechzeit warten. In den meisten Fällen genügt eine symptomatische Behandlung mit einem pflanzlichen Hustensaft wie Plantavet Cani-Pulmin liquid®, Virbac Pulmostat acut® oder Alfavet Pulmo alfa®. Das Immunsystem kann man zusätzlich z. B. mithilfe von Zylexisinjektionen oder bestimmten Vitalstoffen in ImmuStim H® unterstützen. Nur bei schwerem fieberhaftem Verlauf, meist im Zusammenhang mit einer Lungeninfektion, wird diese Erkrankung mit einem Antibiotikum behandelt. Hilfreich ist auch ein Inhaliergerät wie z. B. der Pariboy®. Hier kann man

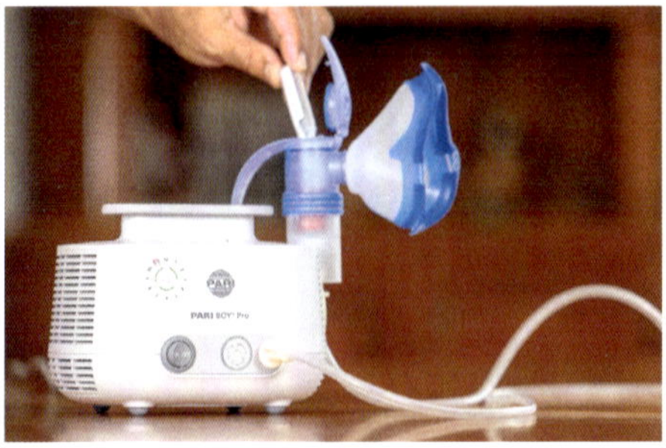

Der für Menschen genutzte Pariboy® kann auch für Tiere eingesetzt werden.

entweder nur physiologische Kochsalzlösung oder Emser Salz-Ampullen zur Schleimlösung einsetzen.
Der erkrankte Hund sollte geschont werden, bis die Symptome völlig abgeklungen sind. Das dauert oft eine ganze Weile. Prophylaktisch kann eine jährliche Impfung die Erkrankung im besten Fall verhindern oder zumindest einen milderen Verlauf erzielen. Es gibt unterschiedliche Impfungen in Form einer Injektion oder als Nasentropfen. Lassen Sie sich von Ihrem Tierarzt beraten, welche für Ihren Hund am sinnvollsten ist. Ist Ihr Hund nicht gegen Zwingerhusten geimpft und Sie erfahren, dass mehrere Hunde in der Umgebung erkrankt sind, kann eine Notimpfung in Form von Nasentropfen verabreicht werden. Sie schützt schon nach ein bis drei Tagen sehr gut.

Halten Sie unbedingt Ihren Hund fern von anderen Hunden, die Anzeichen eines „Zwingerhustens" zeigen. Diese Krankheit ist hochansteckend und breitet sich rasant in Hundespaziergruppen oder auf Hundeplätzen aus. Auch beim Tierarztbesuch besteht Ansteckungsgefahr bei Hunden im Warteraum. Deshalb lassen Sie bitte Ihren hustenden Hund im Auto oder im Freien warten und geben ohne den Hund an der Anmeldung Bescheid.

LUNGENWURM-INFEKTION

Eine weitere nicht zu unterschätzende Ursache für chronische Atembeschwerden sind Lungenwürmer. Je nach Gebiet sind diese Parasiten in drei bis acht Prozent der Fälle verantwortlich für Atembeschwerden und Husten. Häufig treten zusätzlich unspezifische Beschwerden wie Leistungsminderung, Abgeschlagenheit oder Gewichtsabnahme auf. Bei massivem Befall können Blutgerinnungs-, Bewegungsstörungen bis hin zu Krampfanfällen entstehen.
Hunde infizieren sich selten durch direkten Kontakt mit Schnecken, sondern meist indirekt durch mit larvenhaltigem Schneckenschleim benetztem Gras, Spielzeug oder Trinkgefäßen im Garten.
In einer routinemäßigen Kotuntersuchung auf Darmparasiten wird ein Lungenwurmbefall nicht festgestellt. Daher muss bei Verdacht eine spezielle Kot- oder Blutuntersuchung angefordert werden.
Eine regelmäßige Wurmkur gemäß den Leitlinien des ESCCAP mit Medikamenten, die auch gegen Lungenwürmer helfen, ist zu empfehlen. Alternativ kann eine Kotuntersuchung von mindestens drei, besser fünf aufeinanderfolgenden Kotabsätzen auf Darmparasiten und Lungenwürmer durchgeführt werden. Bei frühzeitig diagnostiziertem Lungenwurmbefall führt die Therapie zu schneller Heilung.

Lassen Sie kein Spielzeug im Garten liegen und reinigen Sie täglich Trinkgefäße, in die Schnecken kriechen können. Lassen Sie Ihren Hund kein Gras fressen, auch nicht als fälschlicherweise gut gemeinte Hilfe bei Magen-Darm-Problemen.

Französische Bulldoggen leiden aufgrund ihrer Anatomie häufig am Brachyzephalen obstruktiven Syndrom.

BRACHYZEPHALES OBSTRUKTIVES SYNDROM (BOS)

(Oder Brachyzephales Atemnotsyndrom)

Eine besondere Problematik ist das Brachyzephale obstruktive Syndrom (BOS) oder Brachyzephale Atemnotsyndrom. Obstruktion bedeutet Einengung und beschreibt zusammenfassend eine Vielzahl von anatomischen Fehlbildungen. Unter diesem Begriff werden mehrere Probleme zusammengefasst, die Kurznasenrassen aufgrund ihres Körperbaus haben. Die bekanntesten Rassen sind der Mops sowie die englische und französische Bulldogge.
Diese Tiere bekommen aufgrund fehlgebildeter Nasenmuscheln in viel zu kleinen Nasenhöhlen und zu engen Nasenlöchern oft nicht ausreichend Sauerstoff.

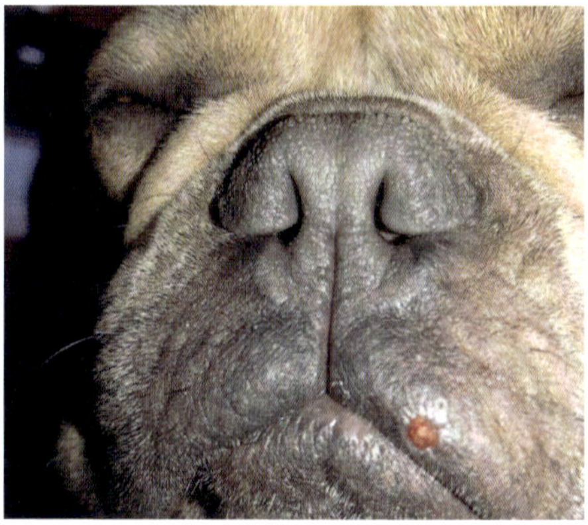

Viel zu enge Nasenlöcher einer Kurznase.

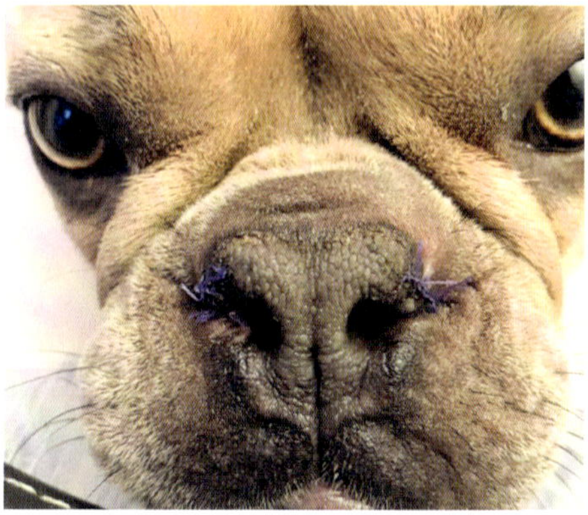

Der gleiche Hund nach der operativen Erweiterung der Nasenlöcher …

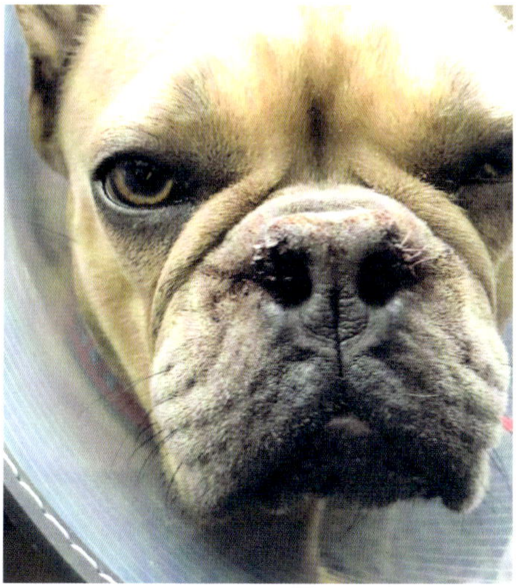

… und nachdem alles verheilt ist.

In der Maulhöhle führen ein **zu langes und verdicktes Gaumensegel** und ein **zu enger Rachenraum** zu erheblichen Atemproblemen. Unter derzum Teil deutlich angestrengteren Atmung fällt der Kehlkopf regelrecht in sich zusammen. Eine im Verhältnis zur Köpergröße zu kleine Luftröhre vermindert zusätzlich den schon stark reduzierten Luftstrom in die Lunge. Auch der Magen wird durch das ständig angestrengte Ziehen nach Luft und den dadurch entstehenden Unterdruck geschädigt, was dann häufig zu **Würgen oder Erbrechen** führt.

Sollten Sie sich für eine dieser Kurznasenrassen interessieren, schauen und v. a. hören Sie sich die Elterntiere beim Spaziergang, Spielen und in warmen Umgebungstemperaturen genau an. Kaufen Sie bitte bevorzugt rückgezüchtete Tiere mit deutlich längeren Nasen, z. B. sogenannte „Sport- oder Retromöpse". Kaufen Sie diese Rassen niemals aus Mitleid von privat, im Internet oder günstiger ohne Zuchtpapiere.

Beachten Sie scheinbar dezente Symptome wie Schnarchen, gelegentliches Röcheln, mangelnde Freude am Spaziergang oder Spielen und Leistungsschwäche als Zeichen für die Atemnot Ihres Hundes.

Wenn Sie einen schnarchenden Hund haben, konsultieren Sie einen Spezialisten. Lassen Sie bitte notwendige und außerordentlich hilfreiche chirurgische Korrekturen durchführen. Werden diese routinemäßig durchgeführt, sind sie bei korrekter Durchführung und sorgfältiger Narkoseüberwachung risikoarm. Das Gaumensegel wird bei diesem Eingriff oft nicht nur gekürzt, sondern auch ausgedünnt. Eine frühzeitige Korrektur verhindert, dass das Gaumensegel durch den ständigen Sog bei der erschwerten Atmung immer dicker wird und dadurch den Rachenraum zunehmend einengt.

☞ EXKURS:

BISSVERLETZUNG

In der Hundeerziehung kann einiges dafür getan werden, um die Wahrscheinlichkeit zu verringern, in eine Beißerei verwickelt zu werden.

- Lassen Sie Ihren Hund schon früh lernen, dass Hunde sehr unterschiedlich aussehen: riesig oder winzig, schwarz oder weiß, mit und ohne Schwanz, mit Steh- oder Schlappohren, zottelig oder kurzhaarig.

Sie können viel dafür tun, Beißereien zu vermeiden.

- Vor allem kleine Hunde sollten lernen, sich zu unterwerfen und nicht schnellstmöglich zu Ihnen als Rettung zu laufen. Ein weglaufender Hund wird nämlich häufig als fliehendes Beutetier gesehen.
- Vermeiden Sie die Kontaktaufnahme mit Ihnen unbekannten Hunden, wenn Ihr Hund an der Leine ist. Mit Ihnen als Beschützer verhält sich Ihr Hund dann oft nicht der Situation angemessen.
- Sorgen Sie dafür, dass Ihr Hund wichtige Signale auch in Stresssituationen und in fremdem Gelände sicher beherrscht.
- Lassen Sie Ihren Hund in unbekanntem oder unübersichtlichem Gebiet lieber an der Leine.

Kommt es dennoch zu einer Beißerei, bewahren Sie Ruhe und schützen Sie sich selbst vor Verletzungen.
Untersuchen Sie Ihren Hund auf Bissstellen. Wenn Sie ein Loch finden, suchen Sie bitte immer auch nach mindestens einer weiteren Bissstelle, den sogenannten Gegenbiss. Auch wenn die Löcher noch so klein sind, sollten Sie Ihren Hund beim Tierarzt vorstellen. Oft sind Haare durch den Biss in die Tiefe gelangt, die entfernt werden müssen, um massiven Entzündungen vorzubeugen. Alle größeren Wunden sollten Sie sofort einem Tierarzt vorstellen. Dieser begutachtet diese und entscheidet, ob nach dem Säubern der Wunde ein Wundverschluss mit

Nicht jeder Hundekontakt ist freundlich.

Wundkleber, Klammern oder Naht sinnvoller ist. Das Klammern der Wunde kann oft ohne Narkose erfolgen. Evtl. wird eine lokale Betäubung durchgeführt.
Finden Sie nur oberflächliche Quetsch- oder Schürfwunden, können Sie diese mit einem nicht reizenden Desinfektionsmittel desinfizieren und Ihren Hund am Kratzen und Schlecken hindern. Auch hier ist es wichtig, den Hund die nächsten ca. sechs Stunden immer wieder zu beobachten und die Atemfrequenz zu kontrollieren, um nicht sichtbare innere Verletzungen z. B. der Lunge zu bemerken. Dies ist die Gefahr bei sogenannten Schüttelverletzungen, d. h., wenn größere Hunde die kleineren mit dem Maul zu fassen bekommen und heftig schütteln. Dabei sind innere Verletzungen häufig die Folge. Dann wird natürlich ein Tierarztbesuch auch im Notdienst nötig.

Suchen Sie bitte auch in den Tagen nach einer Beißerei den ganzen Körper sorgfältig nach Veränderungen ab, da übersehene Bissstellen zu Entzündungen und Schwellungen führen können.

DATEN DES KONTRAHENTEN ERFRAGEN

Wurde Ihr Hund gebissen, lassen Sie sich immer die Daten des Hundehalters und des Hundes geben. Kontrollieren Sie die Daten, indem Sie sich einen Ausweis zeigen lassen. So können Sie die Tierarztrechnung zur Versorgung der Wunde und eventuell nötiger Folgebehandlungen in vielen Fällen von der Haftpflichtversicherung des Kontrahenten zurückfordern. Lassen Sie sich beraten!

HAUTKRANKHEITEN UND FELLVERÄNDERUNGEN

Alle Veränderungen der Haut erkennen Sie am leichtesten an den Hautstellen mit wenig Behaarung. Dies ist z. B. am Unterbauch, in der Achsel oder der Ohrinnenseite der Fall.

VERÄNDERUNGEN DER HAUT

Da nur ein Teil der Erkrankungen mit Juckreiz einhergeht, fallen Veränderungen oft erst sehr spät auf. Daher ist es sinnvoll, den Hund regelmäßig zu untersuchen. Jede Rötung oder dunklere Färbung sollten Sie beobachten. Bläschen, „Pickel" oder Umfangsvermehrungen mit verschiedenen Größen und Formen sollten frühzeitig entdeckt werden. Verklebungen der Haare sollten Sie immer untersuchen. Dazu müssen diese Stellen evtl. vorsichtig freigeschoren werden. Bei allen Haut- und Fellveränderungen ist es wichtig, den Hund am Schlecken oder Kratzen zu hindern. Am besten gelingt dies mit einem Halskragen, der so dimensioniert sein muss, dass die betroffenen Stellen auch nicht durch die intensivsten Bemühungen des Hundes mit dem Maul oder den Pfoten erreicht werden können. T-Shirts, Bodys oder auch Socken sind oft eine Alternative. Sie haben den Nachteil, dass weniger Luft an die befallenen Hautstellen gelangt und sie eventuell vom Hund abgestreift werden können. Bei Socken besteht dann die Gefahr, dass sie verschluckt werden.

VERSCHIEDENE SHAMPOOS

Haben Sie Veränderungen gefunden, sollten Sie Ihren Hund am besten mithilfe eines Flohkammes auf Flöhe untersuchen. Finden Sie weder Flöhe noch Flohkot, ist es meist sinnvoll, den Hund einmalig komplett mit einem gut verträglichen antibakteriellen Shampoo zu behandeln. Sehr gut wirkende antibakterielle Shampoos auf Chlorhexidinbasis sind z. B. Douxo pyo®, Clorexyderm®, Pyoderm® oder Hexocare® Shampoo. Diese wirken auch gegen Pilze. Sie müssen wissen, dass diese bei mehrfacher Anwendung an aufeinanderfolgenden Tagen die Hundehaut austrocknen. Hiergegen helfen spezielle feuchtigkeitsspendende und/oder

AUFTRAGEN VON HAUTPRODUKTEN

Tragen Sie alle Produkte am besten vor dem Spaziergang auf, da Ihr Hund dann abgelenkt ist und nicht sofort schlecken möchte. So kann das Produkt gut einwirken. Alternativ funktioniert das bei manchen Hunden auch die Anwendung vor dem Fressen.

rückfettende Produkte speziell für Hunde wie z. B. Allermyl Lotio®, essenzielle Fettsäuren als Ergänzungsfuttermittel oder Dermoscent® als Spot-on (Anwendung auf der Haut).

Wichtig:

— Verwenden Sie bitte immer spezielle Hundeshampoos, da diese auf den pH-Wert der Hundehaut von sieben eingestellt sind. Selbst die vermeintlich bestverträglichen Babyshampoos haben einen pH-Wert von fünf und sollten daher nicht für den Hund angewendet werden.

— Bitte beachten Sie, dass die Einwirkzeit des Shampoos von ca. zehn Minuten eingehalten werden muss.

— Genauso wichtig ist es, das Shampoo anschließend gründlich auszuspülen.

GERÖTETE STELLEN

Finden Sie gerötete Stellen, können Sie nach dem Duschen zwei- bis dreimal täglich ein hautberuhigendes Produkt, z. B. auf Aloe-Vera-Basis als Lotion, Spray, Schaum oder Salbe auftragen. Beispiele für geeignete hautberuhigende Shampoos sind z. B. Allercalm®, Allermyl®, Douxo Calm® und Leniderm®.

Shampoonieren macht nicht immer Spaß, ist allerdings sehr hilfreich.

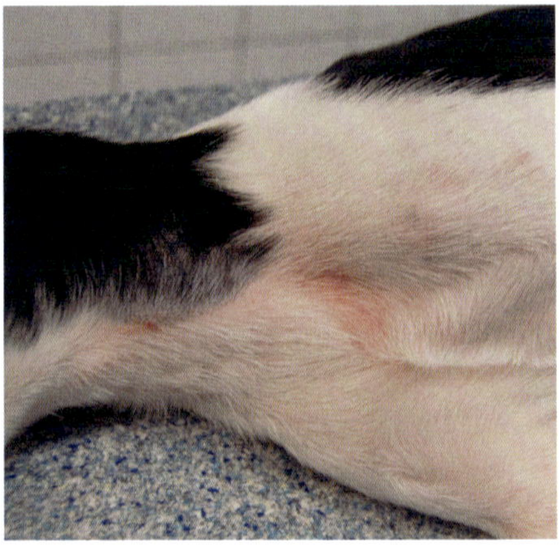

Eine gerötete Haut tritt oft nach dem Spaziergang durch Kontakt mit Gräsern auf.

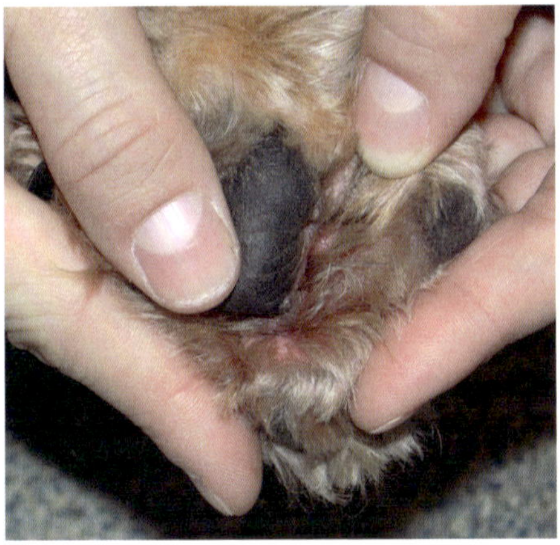

Schauen Sie bitte immer auch zwischen die Pfotenballen.

Wenn dies keine Wirkung zeigt, kann auch eine desinfizierende Hautsalbe wie Bepanthen® Antiseptische Wundcreme aufgetragen werden, die gleichsam mild desinfizierend und heilungsfördernd wirkt.
Führen diese Maßnahmen nach zwei bis drei Tagen nicht zu einer deutlichen Besserung der Symptome oder einem kompletten Abklingen, vereinbaren Sie bitte einen Termin bei Ihrem Tierarzt.
Fortbestehende wie auch wiederkehrende Hautveränderungen müssen gründlich aufgearbeitet werden. Nach ausführlichem Vorgespräch und allgemeiner Untersuchung Ihres Hundes werden weitere Untersuchungen benötigt. Dies sind z. B. Blutuntersuchungen, Hautabklatschproben, bakteriologische Untersuchungen mit Empfindlichkeitsprüfung der Erreger und manche mehr.

UNTERSTÜTZUNG DES FELLWECHSELS

Beim normalem Fellwechsel hilft tägliches Ausbürsten, um die Belüftung der Haut sicherzustellen und Verfilzungen zu verhindern. Zufüttern von Zink, Biotin und essenziellen Fettsäuren in Form von Lein-, Soja-, Raps- oder Lachsöl unterstützt den Hautstoffwechsel.

ERKRANUNGEN MIT JUCKREIZ

Vermehrter Juckreiz fällt meist viel schneller auf. Er erscheint in manchen Fällen schlagartig und heftig, manchmal aber auch gemäßigt und schleichend.

RÄUDEMILBENBEFALL (DEMODIKOSE, SARCOPTES-RÄUDE)

Parasitäre Ursachen wie der Räudemilbenbefall treten schon bei Junghunden auf, da z. B. Haarbalgmilben (Demodex canis) bereits in den ersten Lebenstagen vom Muttertier auf die Welpen übertragen werden.

Juckreiz kann sehr lästig sein.

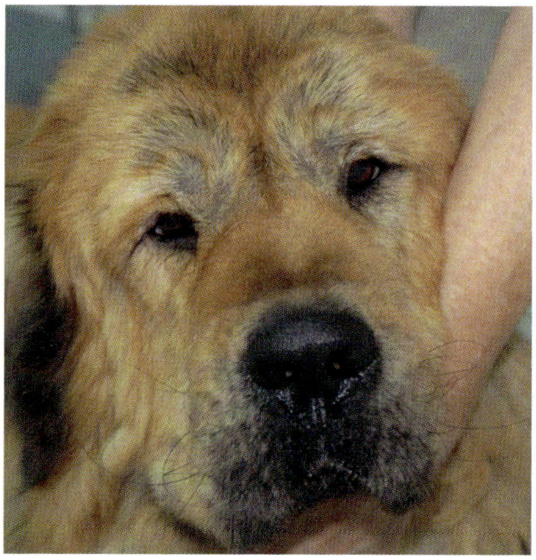

Typisches Aussehen bei Verdacht auf Räudemilben.

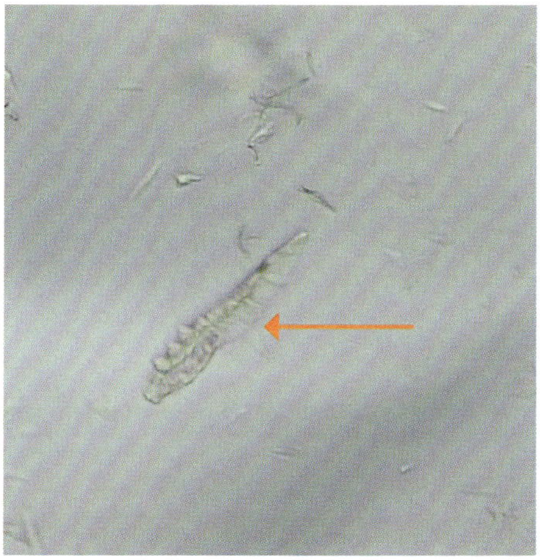

Demodexmilbe unter dem Mikroskop.

Die Haarbalgmilbe ist in geringer Zahl bei allen gesunden Hunden anzutreffen. Bei Hunden mit geschwächtem Immunsystem, z. B. in Stresssituationen oder schwerer körperlicher Erkrankung, kommt es zu einer Vermehrung der Milben in den Haarfollikeln. Die lokale Form zeigt sich in haarlosen, oft runden Stellen meistens im Gesicht und an den Vordergliedmaßen. Diese Hautveränderungen heilen fast immer spontan ab. Es gibt aber auch eine generalisierte Form, wobei ausgedehnte Teile des Körpers betroffen sind. Liegt diese beim Junghund vor, wird von einer genetischen Komponente ausgegangen. Beim erwachsenen Hund wird eine zugrundeliegende Erkrankung, die mit einer Schwächung des Immunsystems einhergeht, vermutet. Verkompliziert wird das klinische Erscheinungsbild durch zusätzliche bakterielle Infektionen, die auch mit Juckreiz einhergehen. Eine andere Räudemilbenart ist die Grab- oder Sarcoptesmilbe, die sich durch die Hornschicht der Haut gräbt. Diese Parasiten bevorzugen wenig behaarte Haut und leben daher bevorzugt an den Ohrrändern, am Bauch und den Ellbogen- und Sprunggelenken.

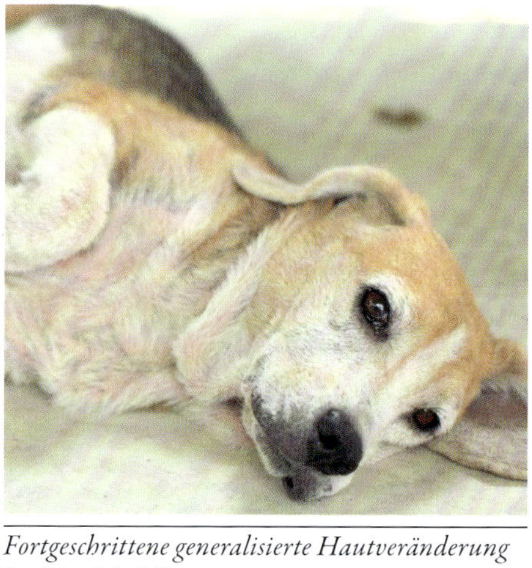

Fortgeschrittene generalisierte Hautveränderung bei Räudebefall.

Die Erkrankung wird meist durch ein Hautgeschabsel und ausgezupfte Haare mit den Haarbelägen an mehreren Stellen diagnostiziert. Der Sarcoptes-Antikörpertest hilft, einen Verdacht auf Sarcoptes-Räude bei Hunden, der aufgrund klinischer Anzeichen besteht, zu bestätigen oder auszuschließen. Die Antikörper treten jedoch erst ungefähr fünf Wochen nach der Infektion auf und bleiben über die erfolgreiche Behandlung hinaus über Wochen bestehen. Sicherer ist hier der Nachweis mit einer PCR-Untersuchung, die den Milbenbefall direkt nachweist und auch zur Therapiekontrolle geeignet ist.

Ein Fuchs mit Räudemilbenbefall im Wohngebiet.

Die Fuchsräude wird auch durch Sarcoptesmilben hervorgerufen und breitet sich zunehmend in der Fuchspopulation aus. Die Übertragung erfolgt sehr schnell von Tier zu Tier. So reicht schon der Kontakt mit infektiösen Hautschuppen in der Umgebung eines Fuchsbaus für eine Infektion. Da die Krankheit hochansteckend ist, sollte Ihr Hund in betroffenen Gebieten prophylaktisch mithilfe eines passenden Präparates gegen diese Milbe geschützt werden, da die Füchse auch Wohngebiete durchstreifen und so auch Infektionsgefahr im eigenen Garten besteht. Der Mensch ist ein Fehlwirt und kann kurzzeitig an einer sogenannten Trugräude erkranken, die jedoch problemlos abheilt.

FLOHBEFALL

Ein Flohbefall tritt weitaus häufiger und in jedem Lebensalter auf. Die leidgeplagten Hunde versuchen die lästigen Plagegeister blitzartig meist im hinteren Bereich des Körpers durch Knabbern zu erwischen. Flöhe sind sehr schnell. Am ehestens finden Sie sie, wenn Sie die Haare am hinteren Rücken in hellem Licht gegen den Strich fahrend „aufblättern“.

FLÖHE FINDEN

Einfacher ist es, den Hund vorsichtig mit einem speziellen Flohkamm zu kämmen. Bleiben am Kamm kleine schwarze Krümel hängen, nehmen Sie diese mit einem leicht feuchten weißen Papiertaschentuch ab und verreiben Sie sie vorsichtig. Das Papiertaschentuch färbt sich bei Vorhandensein von Flohkot punktuell rotbraun durch das darin enthaltene verdaute Blut. Erwischen Sie einen lebenden Floh, sollten Sie diesen mit dem Fingernagel direkt auf dem Kamm knacken, damit er nicht davonspringt.

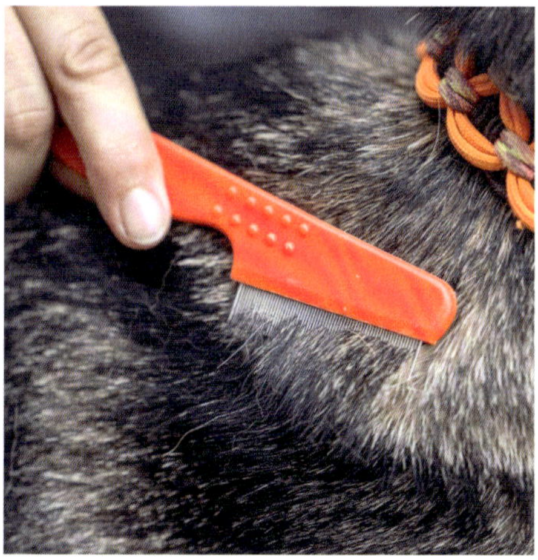

Flohkamm in Aktion

Floh in Großaufnahme

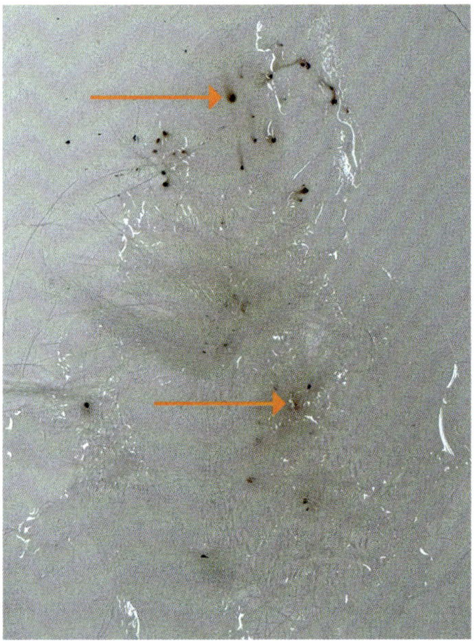

Flohkot wird bei Kontakt mit Wasser rot im Gegensatz zu Schmutz.

WICHTIG

Leben Hund und Katze in engem Kontakt in einem Haushalt, weisen Sie Ihren Tierarzt darauf hin, da manche Kombinationspräparate für Katzen giftig sind, wenn sie sie ablecken. Wichtig ist auch, alle Tiere eines Haushaltes zu behandeln.

Flöhe bekämpfen

Bei Nachweis eines Flohes oder von Flohkot besorgen Sie sich bitte beim Tierarzt ein Präparat, das sowohl gegen die erwachsenen Flöhe als auch gegen deren Larven wirkt. Da nur ein kleiner Prozentsatz der Flöhe auf dem Tier leben, ist es wichtig, die Umgebung und alle anderen im Haus oder der Wohnung lebenden Tiere zu behandeln. Da sich die Flohlarven gerne an dunklen Stellen in der Nähe der Liegeplätze aufhalten, bietet sich zu deren Abtötung das ungiftige silikonhaltige Flee Umgebungsspray® an. Zusätzlich sollten Sie alle Polstermöbel und Teppiche absaugen und den Staubsaugerbeutel sofort entsorgen. Denken Sie bitte auch an das Auto, wenn sich Ihr Tier dort aufhält. Um den Erfolg der Bekämpfungsmaßnahmen zu kontrollieren, kämmen Sie Ihren Hausgenossen weiterhin täglich mit dem Flohkamm. Wenn Sie keine lebendigen Flöhe mehr finden, denken Sie bitte an die Entwurmung, da einige Flöhe vom Hund zerbissen werden und so Würmer übertragen werden können. Die gesamte Behandlungsdauer beträgt ca. sechs Monate, da Sie nur so sicherstellen, dass keine Eier, Larven oder Puppen mehr vorhanden sind.

HERBSTGRASMILBEN

Ähnlich starken Juckreiz wie Flöhe verursachen Herbstgrasmilben, die, wie der Name sagt, meist ab Ende des Sommers in Gärten und Wiesen vorkommen. Sie befallen als Larven unsere Hunde vorwiegend an den Stellen, die mit Gräsern in Kontakt kommen. Die orangefarbenen, mit bloßem Auge erkennbaren Larven finden Sie in den Hautfalten zwischen den Zehen, um die Zitzen und in den Ohrfalten. Die entzündeten Stellen werden am besten mit entzündungshemmenden Sprays, Salben oder Lotionen behandelt, die beim Tierarzt erhältlich sind.

SCHUTZ VOR HERBSTGRASMILBEN

Sie können Ihren Hund gegen Ende des Sommers mit fipronilhaltigem Spray prophylaktisch schützen. Dieses bringen Sie täglich auf die betroffenen, oben genannten Stellen auf. Es lindert oder verhindert den Grasmilbenbefall. Zusätzlich bietet es sich an, auf diese Stellen z. B. Vaseline oder eine andere fetthaltige Salbe aufzutragen. In unseren gemäßigten Breiten entwickeln sich die Herbstgrasmilbenlarven von Juli bis Ende Oktober.

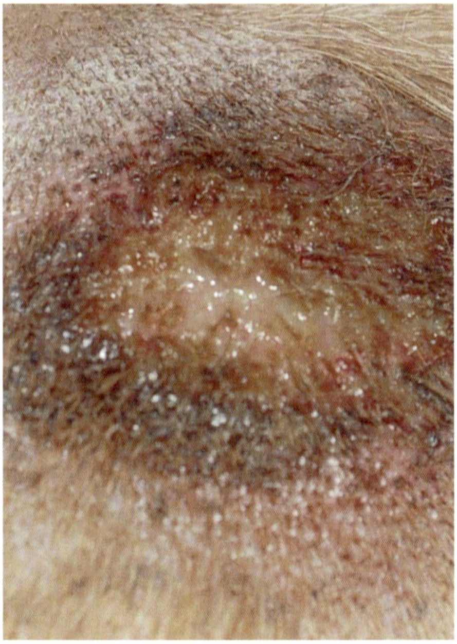

Hot spot: nässende, rote Hautentzündung.

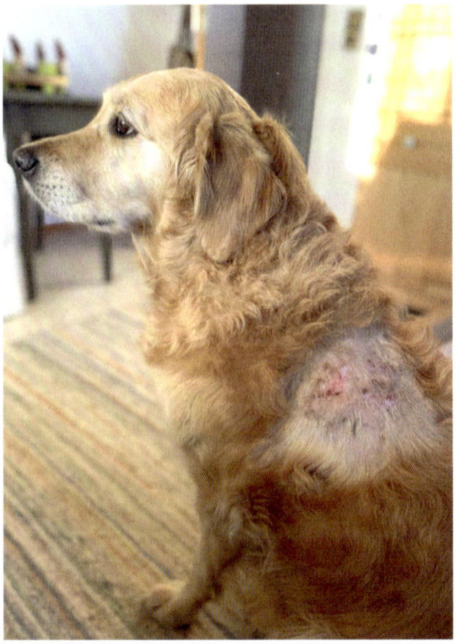

Hot spot nach Therapie in Abheilung.

HOT-SPOT-DERMATITIS

Ganz akut innerhalb weniger Stunden kann ein sogenannter „hot spot", eine heiße Stelle, entstehen. Diese nässende, oft rote Hautentzündung befindet sich meist im Kopf-Halsbereich oder auf der Kruppe.
Die Ursache sind hochakute allergische Reaktionen auf Flohbisse, Insektenstiche, Futtermittel oder Umweltallergene, aber auch auf kleine lokale Verletzungen. Feuchtwarmes Wetter, häufiges Schwimmen oder der regelmäßige Aufenthalt im Wasser fördern hot spots.
Aufgrund des Juckreizes und der Schmerzhaftigkeit dieser Stelle kratzt oder nagt der Hund oft heftig daran. Dadurch wird diese Stelle schnell viel größer. Bei langhaarigen Rassen ist das Ausmaß oft nicht deutlich sichtbar, da die Haare an dieser Stelle verklebt sind.

Hilfe bei Hautentzündungen

Hier ist es besonders wichtig, den Hund vom Kratzen oder Schlecken abzuhalten. Ein passender Halskragen ist sehr hilfreich. Da die Hautveränderung sehr unangenehm ist, hilft es im ersten Schritt, einen Waschlappen in lauwarmen Kamillentee zu tauchen und auf die Stelle aufzulegen. So können Sie vorsichtig Verklebungen aufweichen und die Entzündung lindern. Sobald es möglich ist, hilft es, die Haare in diesem Bereich möglichst kurz zu schneiden. Wenn Sie geübt sind, auch gerne mit einer Schermaschine. Vermeiden Sie jegliche auch noch so kleine Hautverletzung. Verwenden Sie keine alkoholischen Desinfektionsmittel oder sonstige reizende Salben oder Sprays. Gerne können Sie auch Chlorhexidin oder milchsäurehaltige Shampoos und hypochlorige Säurepräparate nutzen und z. B. mild desinfizierende Salben wie Bepanthen® Antiseptische Wundcreme, Manukasalbe oder Aloe-Vera-Gele auftragen. In schwereren Fällen können kurzzeitig Cortisonpräparate eingesetzt werden. Nicht geeignet sind alkohol-, jod- oder wasserstoffperoxidhaltige Mittel, da sie hautschädlich sein können.

Wichtig ist, dass Sie die Stellen täglich einmal so gründlich reinigen, dass Sie die meist rosa glänzende Haut sehen. So können Sie auch sehr gut kontrollieren, ob die eigene Therapie erfolgreich ist. Die Hautstelle heilt von außen nach innen, d. h. sie wird sichtbar kleiner. Antibiotika sind eigentlich nie nötig.

ALLERGIE MIT MANIFESTATION AN DER HAUT

Allergien können auch akut Hautrötungen in Form von diffusen Flecken oder Punkten auslösen, die oft nur am Bauch erkennbar sind. Gerötete Ohrinnenflächen wurden schon im Kapitel Ohrerkrankungen Seite 33 ff. als Ausdruck und oft einziges Symptom verschiedener Allergieursachen besprochen. Ähnliche Symptome zeigen sich regelmäßig auch durch mechanische Reizungen durch Gräser nach dem Spaziergang.
Als erste Maßnahme hilft Abduschen mit kühlem Wasser und nachfolgendes Auftragen pflegender Sprays oder Lotionen auf Aloe-Vera-, Panthenol- oder Hafermehlbasis zur Hautberuhigung. Verschwinden diese Rötungen nach dieser Behandlung nicht von selbst, können auch Bakterien beteiligt sein. Bei frühzeitiger Behandlung mit antibakteriellen Shampoos, Sprays oder Lotionen ist die Erkrankung gut einzudämmen. So führt sie dann nur selten zu tiefgreifenden Hautinfektionen, die dann evtl. wirklich nach Antibiogramm mit Antibiotika behandelt werden müssen.

SHAMPOO FÜR WASSERLIEBENDE HUNDE

Ein milchsäurehaltiges Shampoo (Ethyllaktat) ist ein sehr gut verträgliches Präparat. Es hilft bei regelmäßiger Anwendung auch bei Hunden, die oft schwimmen, den Buttersäuregeruch, der schwitzenden Füßen ähnelt, zu minimieren.

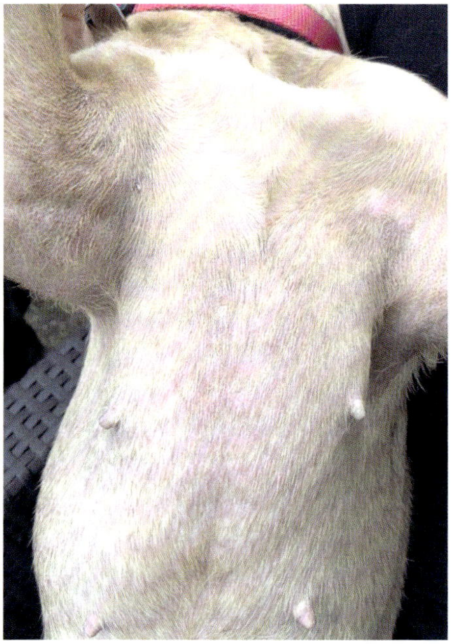

Schütteres Fell mit geröteter Haut zu Beginn einer Hautentzündung.

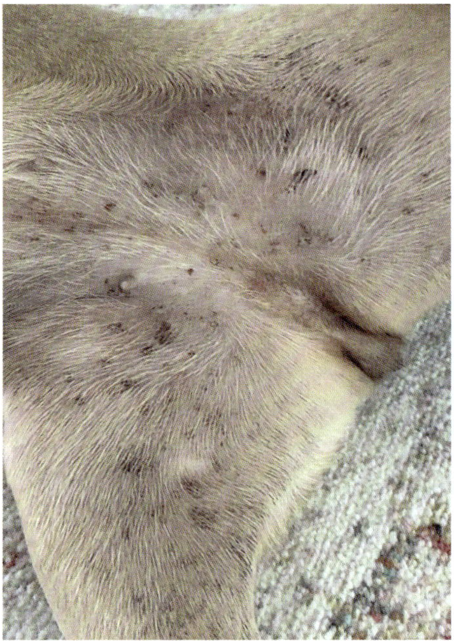

Was aussieht wie schwarze Flecken sind Hautentzündungen in Abheilung.

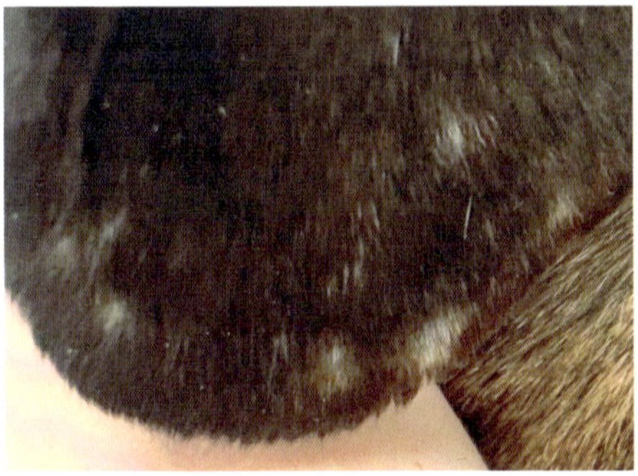

Pilzinfektion am Ohr in Form von haarlosen meist schuppigen Stellen sichtbar.

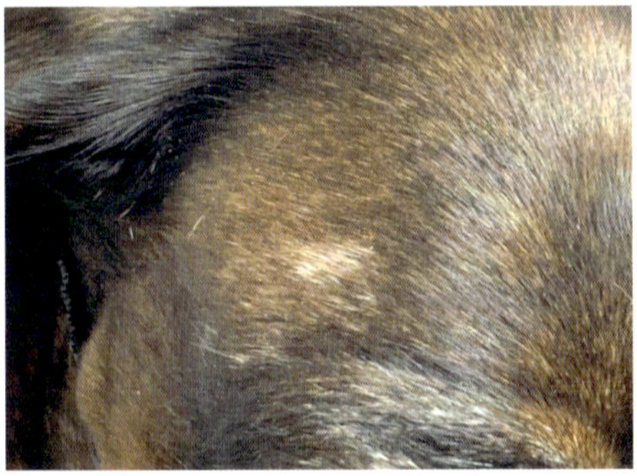

Eine Pilzinfektion in Nahaufnahme

PILZINFEKTIONEN DER HAUT

(Microsporum, Trichophyton, Malassezia)

Sprechen Hautveränderungen nicht innerhalb von wenigen Tagen auf die genannte Ersttherapie an, können nicht nur Bakterien, sondern auch Pilzinfektionen mit Microsporum, Trichophyton oder Malassezia die Ursache sein. Hier sind die ursächliche Diagnose und gezielte Therapie wichtig. Zwischenzehenentzündungen sind entweder als Rötungen, Verklebungen oder als Abszesse (interdigitale Furunkulose) zu sehen. Oft fällt auf, dass Ihr Hund verstärkt an der Pfote schleckt oder sogar eine Lahmheit zeigt. Unbedingt abgeklärt werden muss hierbei ein Demodexmilbenbefall, eingedrungene Fremdkörper, z. B. Grannen oder seltener eine Zecke. Ein Abszess muss eröffnet werden, um ein Entfernen eines eventuellen Fremdkörpers zu ermöglichen. Er wird dann mit einem antiseptischen Mittel gespült und mit einem Salbenverband vor einem Eindringen von Schmutz und vor Belecken der Wunde geschützt. Dies alles ist ohne Narkose möglich, wenn eine lokal betäubende Salbe vorher drei Minuten eingewirkt hat.

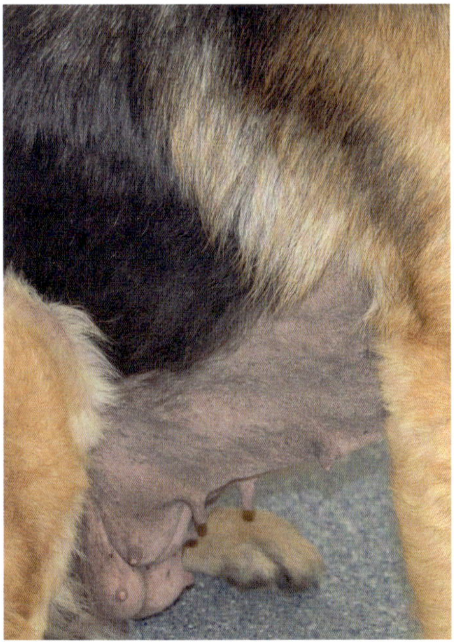

Lange bestehende Malassezien-Dermatitis am Bauch.

AUTOIMMUNERKRANKUNGEN

Bei diesen schwerwiegenden, oft chronischen Hautveränderungen verliert das Immunsystem die Fähigkeit, zwischen körpereigenem und körperfremdem Gewebe zu unterscheiden. Es bildet Antikörper als Abwehrkörper gegen das eigene Körpergewebe. Dies führt zu dessen Entzündung und Zerstörung.

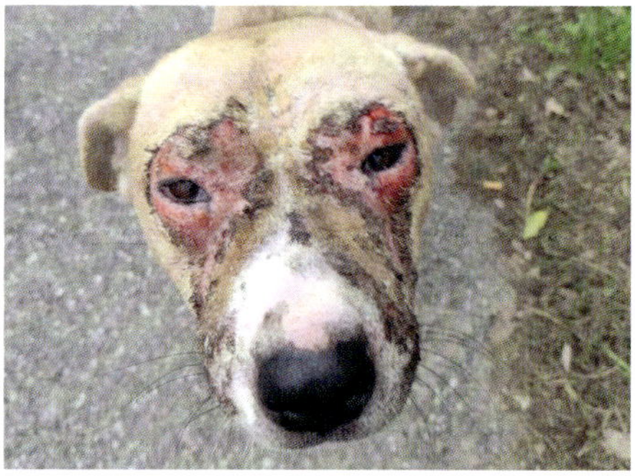

Bei Autoimmunerkrankungen entstehen oft symmetrische Hautentzündungen im Gesicht.

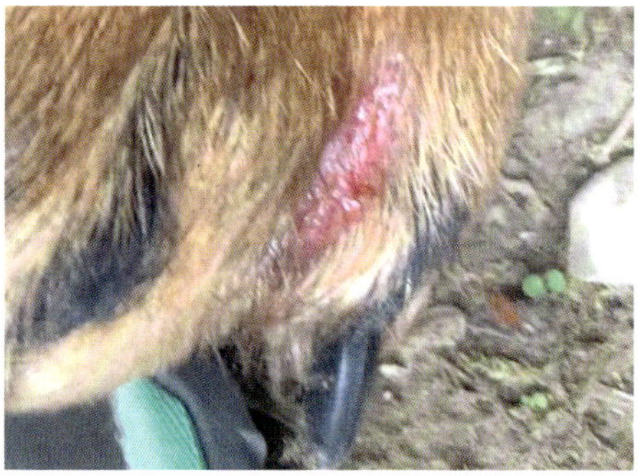

Dies ist ein Zwischenzehengranulom und kein Fremdköper.

Die häufigste Autoimmunerkrankung der Haut ist der **Pemphigus foliaceus**. Auch diese Erkrankung beginnt mit der Rötung der Haut. Nachfolgend entstehen Bläschen, Schuppen und Krusten, z. T. auch nässende Hautveränderungen.
Die Diagnose wird durch Abstriche und die Entnahme von Gewebeproben mit nachfolgender Untersuchung der Zellen gestellt. Immununterdrückende Medikamente können die Krankheit häufig beherrschen. Es erfolgt allerdings keine Heilung, sodass eine lebenslange Therapie nötig ist.

„BLASEN" ZWISCHEN DEN ZEHEN (GRANULOM)

Wenn Ihr Hund ständig wiederkehrende „Blasen" zwischen den Zehen hat, ist es wichtig, an die Veränderung von Talgdrüsen und Haarbälgen in diesem Bereich aufgrund einer allergischen Ursache zu denken. Diese interdigitalen Granulome fallen bei Kurzhaarrassen schneller auf und können immer wieder zwischen unterschiedlichen Zehen auftreten. Das dauerhafte Wiederkehren dieser Blasen kann frustrierend sein, da man dem nicht vorbeugen kann. Hier ergibt eine Eröffnung keinen Sinn. Lassen Sie Ihren Hund nicht schlecken und wenden Sie ein lokal wirksames Hydrocortisonspray an. Die tägliche Anwendung sollte immer zeitlich beschränkt sein, da sonst Veränderungen der Hautstruktur oder selten auch andere Nebenwirkungen auftreten können. Cortavance® ist hier das empfohlene Produkt, da es nur an der aufgetragenen Stelle und nicht im Körper wirkt. Es wird bei chronischen Fällen oft lebenslang prophylaktisch zweimal pro Woche aufgetragen. Eine zusätzliche Gabe von Tabletten mit dem Ziel, das überschießende Immunsystem zu unterdrücken, wird in schwerwiegenden Fällen erwogen.

KINNAKNE

Manche Hunde neigen zu Eiterbläschen am Kinn, (Kinnakne). Eine Reinigung mit chlorhexidinhaltigem Shampoo und nachfolgendem Auftragen von zinkoxidhaltigem Gel (z. B. Skingel®) lindert die Erkrankung.

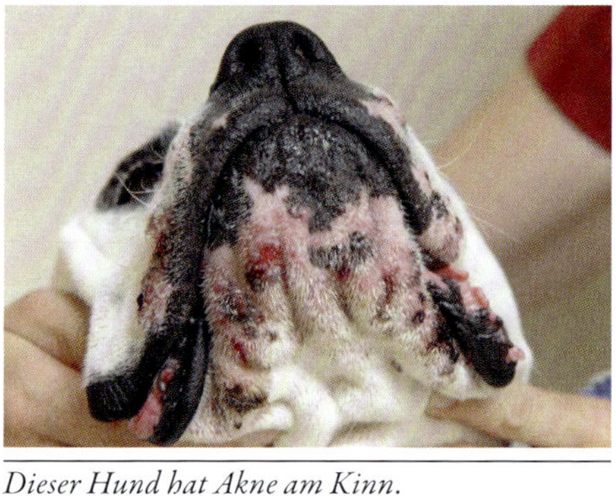

Dieser Hund hat Akne am Kinn.

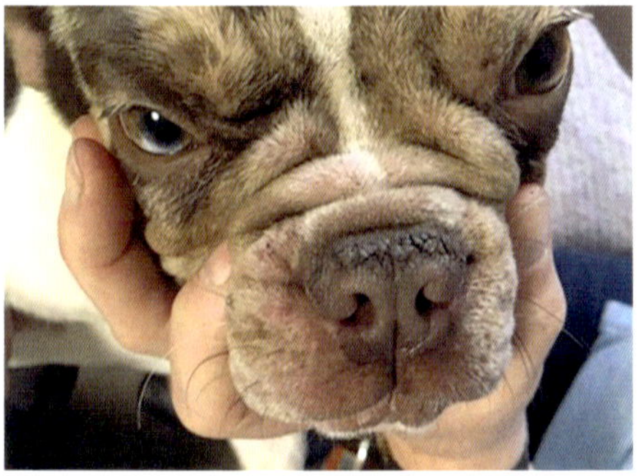

Hunde mit vielen Falten im Gesicht haben oft Hautentzündungen dazwischen.

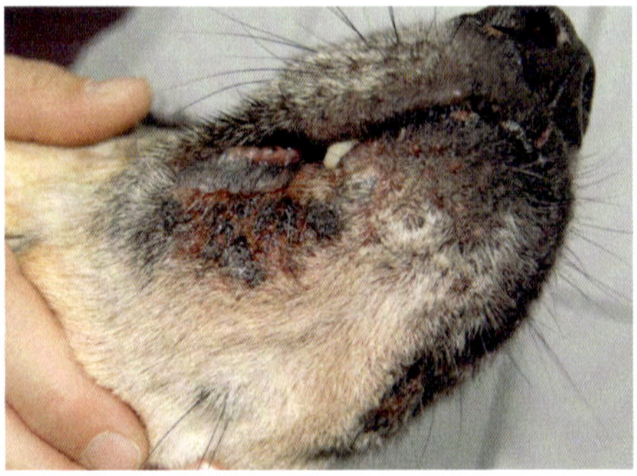

Eine Lefzenfaltendermatitis ist oft erkennbar an der dunklen Verfärbung in diesem Bereich.

HAUTFALTEN-ENTZÜNDUNG

Bei bestimmten Rassen bedürfen die Hautfalten im Gesicht (Nasenfalten) und im Nacken einer ständigen Kontrolle, da sich hier häufig schmierige, infektiöse, oft übel riechende Beläge entwickeln.
Chlorhexidinhaltige Reinigungstücher müssen vorsichtig angewendet werden, da das Hundeauge nicht damit in Kontakt kommen darf. Papiertaschentücher eignen sich zur nachfolgenden Trocknung, bevor die Falten mit zinkoxidhaltiger Lotion (Skingel®) behandelt werden.
Seitlich an der Unterlippe in Höhe des Eckzahns haben manche Hunde tiefe Lefzenfalten, wo sich Speichel und Futterreste ansammeln können, die oft täglich der gleichen Pflege bedürfen.
Im Zwischenzehenbereich und zwischen den Ballen erfolgt die gleiche Vorgehensweise. Zusätzlich erleichtert bei stark behaarten Pfoten das regelmäßige Kürzen der Haare die Pflege und beugt Entzündungen vor. Dies ist bei vielen Hunden einfacher mit einem kleinen Rasierer (Aesculap Isis® ist besonders leise) möglich.
Im Winter sollte bei salzgestreuten Wegen eine Pfotenschutzsalbe aufgetragen und die Pfoten nach jedem Spaziergang abgewaschen werden.

KRALLEN-ERKRANKUNGEN

Bei der regelmäßigen Kontrolle bzw. Pflege der Pfoten sollten auch die Krallen angeschaut werden, insbesondere wenn der Hund vermehrt an einer Pfote schleckt und keine offensichtlichen Verletzungen zu sehen sind. Es können Krallenerkrankungen verschiedener Ursachen vorliegen.

VERÄNDERUNG/VERLETZUNG DER KRALLE

Häufig liegt eine Verletzung der Kralle selbst oder aber der direkt angrenzenden Haut vor. Auch Allgemeinerkrankungen, wie z. B. die Krankheit Leishmaniose können in der Folge zu Veränderungen mehrerer Krallen, wie z. B. Verhornungsstörungen oder deren

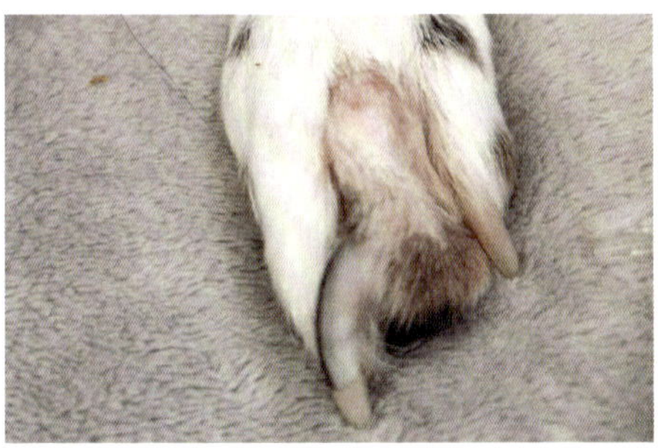

Diese Kralle hängt nur noch an einem kleinen Teil des Krallenansatzes.

Ein bequemes Hundebett beugt Liegeschwielen vor und die meisten Hunde wissen es zu schätzen.

Ablösen führen. Auffällige Veränderungen müssen einem Tierarzt vorgestellt werden. Bei Verletzungen oder Belecken von Zehen muss bis zum Tierarzttermin ein Halskragen und ein Verband oder eine schützende Socke angelegt werden, um das Schlecken und eine mögliche Infektion zu verhindern.

LIEGESCHWIELEN

Sehr auffällig sind Verdickungen der Haut im Bereich der Ellbogen. Diese werden als Liegeschwielen bezeichnet. Sie entstehen eigentlich nur bei großen oder schweren Rassen, dann oft schon im jüngeren Alter durch mechanische Reizung.
Meist zeigt sich nach und nach immer mehr verdickte und verhornte Haut mit zunehmender Haarlosigkeit. Schon bei den ersten Anzeichen sollten schützende Maßnahmen ergriffen werden. Wenn möglich, bieten Sie gut gepolsterte, weiche Liegeplätze an. Ist dies nicht möglich, können Sie dem Hund zu Hause sogar spezielle Ellbogenschoner anziehen. Zusätzlich hilft es, die Haut an dieser Stelle weich zu halten. Dies geht gut mit Melkfett oder Vaseline.

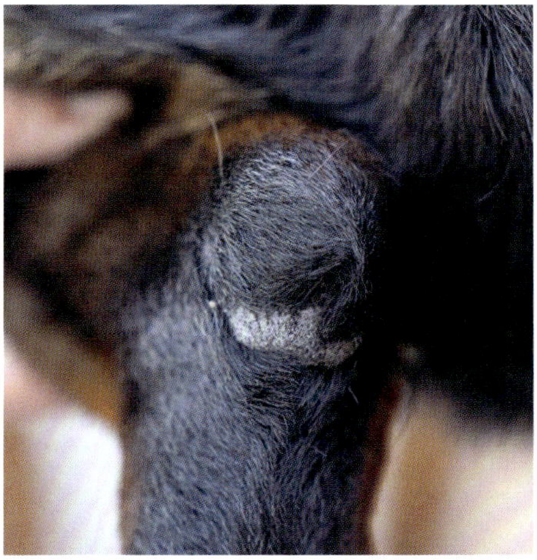

Eine beginnende Liegeschwiele an der häufigsten Stelle – am Ellbogen.

Bemerken Sie die Veränderungen zu spät, kann eine tiefere Entzündung mit zum Teil starker Schwellung und dem Austritt von blutig-eitriger Flüssigkeit entstehen.
Hier muss die Stelle mindestens zweimal am Tag mit einem milden Desinfektionsmittel, z. B. Prontosan® oder hypochloriger Säure, desinfiziert werden. Danach kann man eine desinfizierende Salbe, wie z. B. Bepanthen® Antiseptische Wundcreme oder Manukahonig auftragen. Es empfiehlt sich unbedingt ein Wundschutz. Im ersten Schritt können Sie eine dicke und lange Damennachtbinde in ein Langarm-T-Shirt an der passenden Stelle einkleben und dieses Ihrem Hund anziehen. Wichtig ist, die Binde täglich zu wechseln und das T-Shirt regelmäßig zu waschen, um eine weitere Infektion der Stelle zu vermeiden. Kommerziell zu erwerbende Bandagen rufen häufig Reizungen oder sogar Entzündungen der darunterliegenden Haut hervor. Selbstgenähte Schützer mit Schaumgummipolstern, die über den Rücken zusammengenäht oder mit Hosenträgern befestigt sind, stellen oft die beste Methode bei langfristigem Gebrauch dar.

SICHTBARKEIT DER VIOLSCHEN DRÜSE AM SCHWANZANSATZ

Eine Schwellung nahe des Schwanzansatzes auf der Oberseite des Schwanzes kann durch Vergrößerung der Violschen Drüse, z. B. bei chronischer Entzündung entstehen. Die Violsche Drüse ist eine Talgdrüse, die Duftstoffe abgibt.
Hier hilft eine tägliche Behandlung mit chlorhexidinhaltigem Shampoo und dem Einreiben einer desinfizierenden und heilungsfördernden Creme, wie z. B. Bepanthen® Antiseptische Wundcreme. Wichtig ist es auch hier, den Hund am Schlecken zu hindern. Sie können dafür einen luftdurchlässigen Verband anbringen, der mindestens einmal täglich gewechselt werden muss. In seltenen Fällen muss die Drüse eröffnet werden, um entzündliches talgiges Sekret zu entfernen. Keinesfalls darf versucht werden, die komplette Drüse chirurgisch zu entfernen, da nicht genügend gesundes Hautgewebe für einen Wundverschluss zur Verfügung steht.

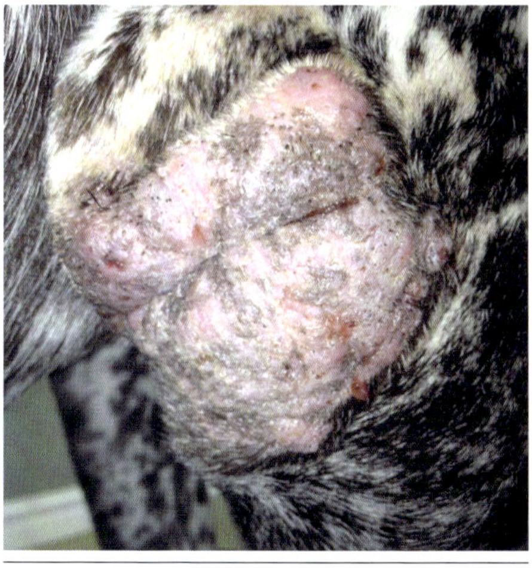

Chronisch entzündete Liegestelle

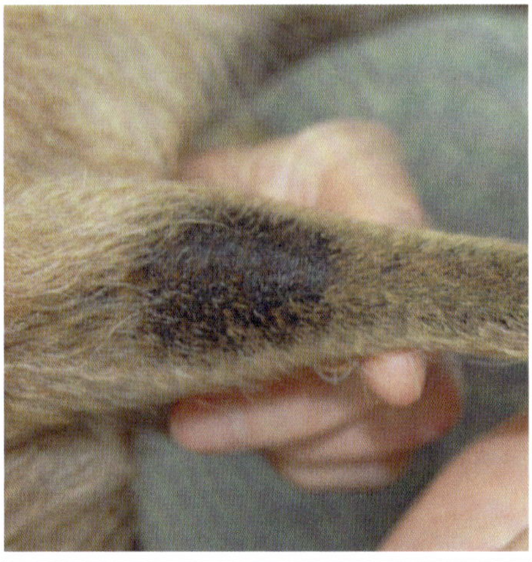

Die Violsche Drüse – eine Duftdüse an der Oberseite des Schwanzes an dessen Ansatz.

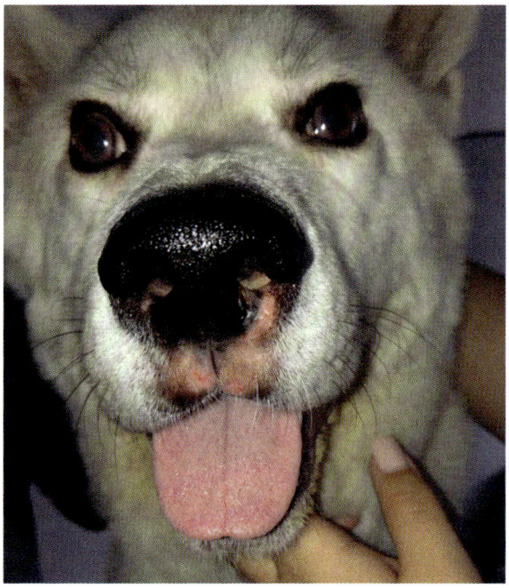

An den rosa Stellen der Nase fehlt das Pigment der Nase.

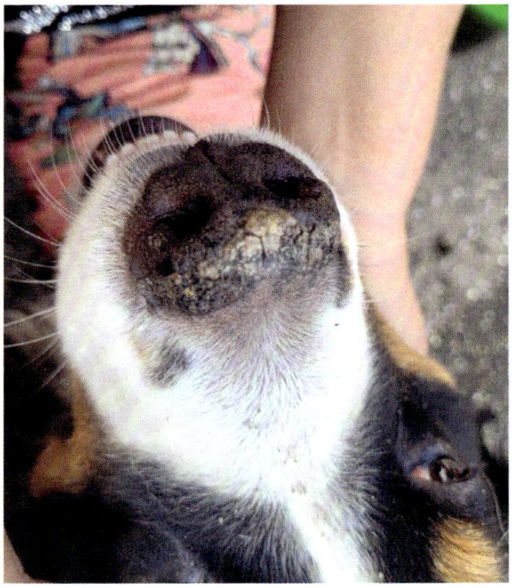

Borkiger Nasenspiegel

VERÄNDERUNGEN DES NASENSPIEGELS

Veränderungen des Nasenspiegels (meist schwarz pigmentierter Bereich um die Nasenlöcher) in Form von Farb- oder Strukturveränderungen können viele Ursachen haben. Ein fleckiger, meist symmetrischer Farbverlust auch an anderen Stellen der Haut und an Haaren entsteht durch Verlust von Pigmentzellen und kann nicht beeinflusst werden. Ein ausgetrockneter, zum Teil rissiger oder borkiger Nasenspiegel tritt gehäuft bei Kurznasenrassen auf. Er kann bei einigen Rassen (z. B. Retrievern) genetisch bedingt sein und auch andere Rassen, vor allem im fortgeschrittenen Alter betreffen.
Wenn eine Allgemeinerkrankung ausgeschlossen wurde, kann nur durch Schutzmaßnahmen wie befeuchtete Raumluft, nicht zu viel UV-Belastung und Auftragen pflegender Substanzen gelindert werden. Zum Lösen von borkigen Auflagerungen eignen sich salicylhaltige Cremes, zur Pflege Panthenol-, Manuka-Honigsalben oder Vaseline.

Diese Art Maulkörbe aus Nylon sichern, dass auf die Nase aufgebrachte Salbe wirken kann.

NASE BEHANDELN

Die Schwierigkeit der lokalen Behandlung liegt darin, das sofortige Ablecken zu verhindern. Dies gelingt entweder durch sofortiges Ablenken bei Auftragen durch Spielen oder auch Leckerli. Wenn das nicht zum Erfolg führt, können für einige Minuten Maulkörbe aus Nylon angelegt werden, die so klein sein müssen, dass die Zunge nicht zwischen Nase und Maulkorb geschoben werden kann.

HAUTVERÄNDERUNGEN AUFGRUND HORMONELLER ERKRANKUNGEN

Ausdünnen des Fells bis hin zu stellenweiser, meist symmetrischer Haarlosigkeit tritt häufig bei verschiedenen hormonellen Störungen oder Allgemeinerkrankungen auf. Dies muss durch einen Tierarzt nach einer klinischen Untersuchung mithilfe von Bluttests abgeklärt werden. Mögliche Ursachen sind eine **Unterfunktion der Schilddrüse**, eine Überproduktion von Cortison beim **Cushing-Syndrom** oder von Östrogen durch **Eierstock- oder Hodentumore**.

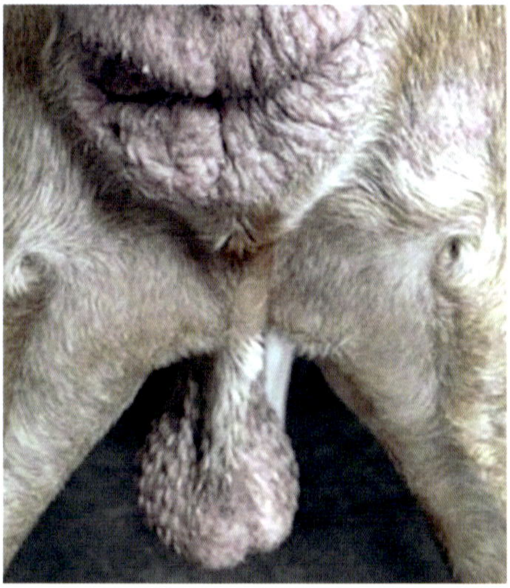

Verdickter Analbereich durch Östrogenwirkung bei einem Hodentumor.

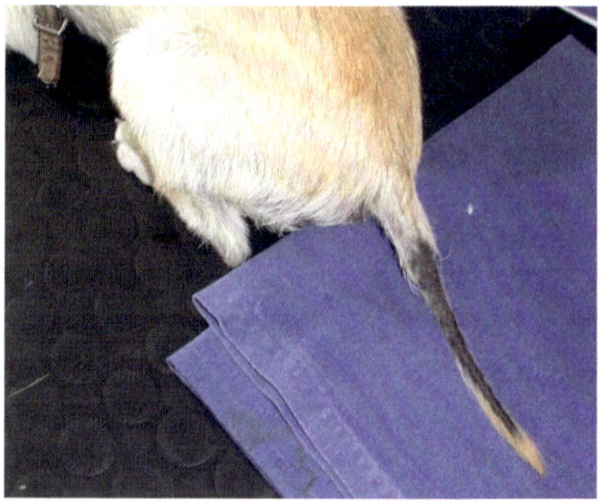

Sogenannter „Rattenschwanz" bei Schilddrüsenunterfunktion.

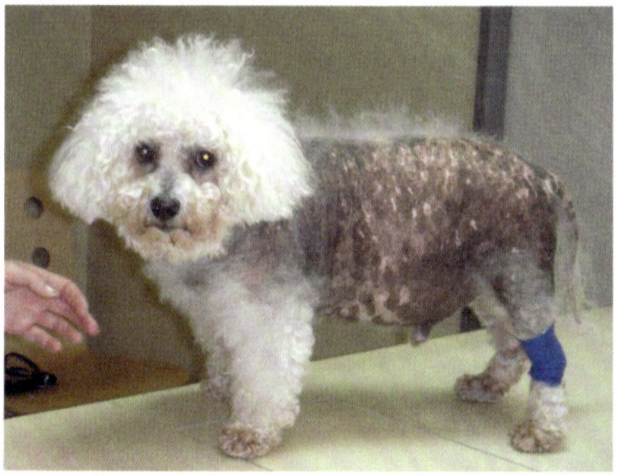

Typische Hautveränderung bei lange unbehandeltem Morbus Cushing.

LECKGRANULOM/ LECKDERMATITIS

Ein **Leckgranulom** oder eine **Leckdermatitis** wird eine teilweise stark verdickte haarlose Hautstelle an den Beinen, meist direkt über den Pfoten genannt, ganz selten auch an anderen Stellen des Körpers, z. B. den Flanken.

Diese entsteht meist an nur einer Stelle innerhalb weniger Tage bis Wochen durch ausgiebiges Belecken. Zuerst sehen Sie eine nässende Stelle, die dann haarlos und oft deutlich gerötet wird und sich dann mit der Zeit schwarz verfärbt. Auslöser ist meist ein Verhaltensproblem wie Langeweile, aber auch Allergien, Hautverletzungen oder Schmerzen an Gelenken. Zur genauen Diagnose werden Proben der veränderten Haut untersucht. Die Therapie erfolgt durch entzündungshemmende Salben und bei bakterieller Besiedlung durch antibakterielle Shampoos. Unabdingbar ist das Verhindern des Beleckens durch luftdurchlässige Verbände. Diese müssen mindestens einmal täglich und immer, wenn sie feucht sind, gewechselt werden. Befestigen Sie diese in

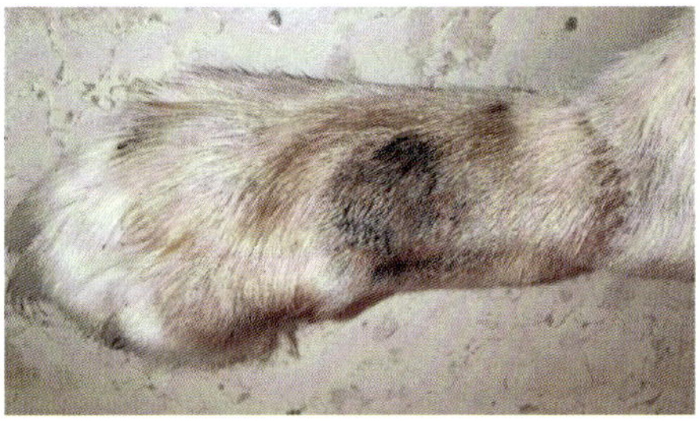

Schwarz gefärbte Haut als Hinweis auf ein Leckgranulom.

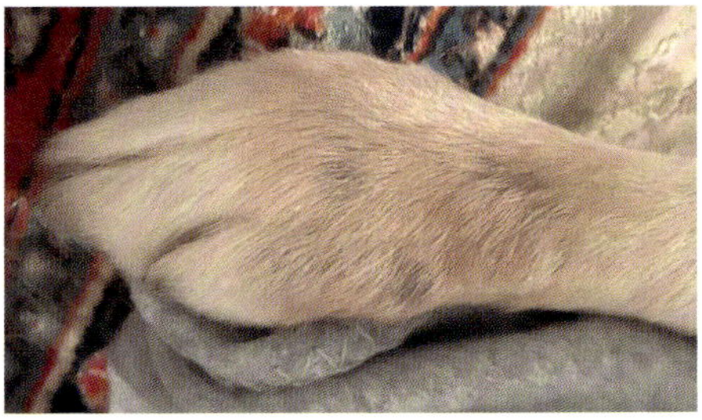

Abgeheiltes Leckgranulom an der Pfote.

WICHTIG

Beenden Sie die Behandlung und den Schutz der betroffenen Stelle erst, wenn sich die Haut an dieser Stelle genauso dünn anfühlt wie an der gleichen Stelle der anderen Pfote und die Haare nachgewachsen sind. So haben Sie die größte Chance, das Hautproblem wirklich gelöst zu haben.

diesem Fall bitte nicht mit Klebestreifen auf der Haut, da dies oft zu weiteren Hautreizungen führt. Alternativ können Sie Ihren Hund mithilfe eines Halskragens am Schlecken hindern. Wenn ein Verhaltensproblem die Ursache ist, muss dieses zeitgleich versucht werden zu lösen. Hier ist oft der Halskragen keine gute Wahl. Häufiges Spazierengehen und Spielen lenkt die Hunde von der massiv juckenden Erkrankung ab.

UMFANGSVERMEHRUNGEN DER HAUT

(beispielshaft Histiozytom, Mastzelltumor)

Es gibt viele verschiedene Arten von Hauttumoren. Sie können sowohl gut- als auch bösartig sein. Jede Veränderung sollte frühzeitig abgeklärt werden. Dazu wird der Knoten meist vom Tierarzt punktiert und unter dem Mikroskop auf typische Zellarten untersucht. Dies ist wichtig, da jede Tumorart anschließend eine unterschiedliche Behandlung erfordert.
Beim Herausschneiden der Knoten muss der Chirurg darauf achten, dass er im gesunden Gewebe schneidet. Für jede Tumorart ist ein unterschiedlich großer Sicherheitsabstand in alle Richtungen nötig. Dadurch können große Wunden entstehen. Heutzutage können auch großflächige Hautverluste durch eine spezielle Wundbettvorbereitung mittels lokaler Vakuumtherapie und anschließender, auch großflächiger Hauttransplantation erfolgreich therapiert werden.
Die Wundbehandlung mithilfe eines Vakuums ist in der Humanmedizin eine seit vielen Jahren etablierte, sehr effektive Therapieform

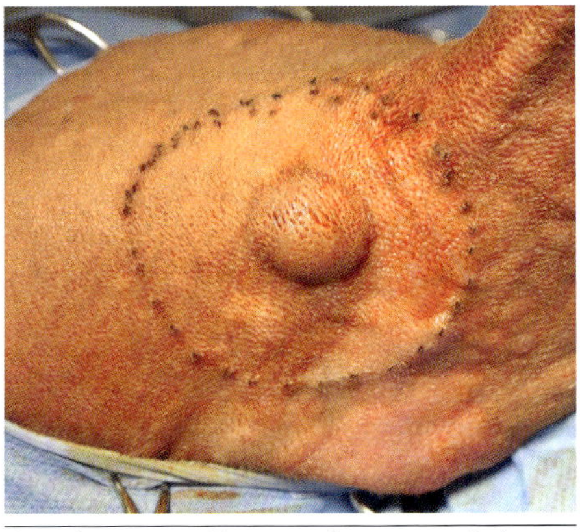

OP-Planung zur Tumorentfernung mit Sicherheitsabstand.

bei schwieriger Wundheilung. Zur Abdeckung von Wunden dienen Polyurethanschwämme, die mit speziellen Klebefolien abgedeckt werden. Durch ein angeschlossenes Luftabsaugsystem wird unter der Folie ein Unterdruck erzeugt. Unter diesen Bedingungen können auch sehr große und komplizierte Wunden behandelt werden.

Das **Histiozytom** ist ein recht häufiger gutartiger Hauttumor. Es tritt v. a. bei jungen Hunden bevorzugt am Kopf und an den Beinen auf. Das Histiozytom wächst sehr schnell kuppelförmig, es ist meist rötlich und z. T. oberflächig nässend. Seine Besonderheit ist, dass es sich fast immer innerhalb von wenigen Wochen vollständig zurückbildet und deshalb nicht operiert werden muss, es sei denn, es befindet sich an einer Stelle, an der es ständig beleckt wird.

Mastzelltumore sind die häufigsten Hauttumore beim erwachsenen Hund. Mastzellen stammen aus dem Knochenmark und haben ihre Funktion bei Immun-, Allergie- und Entzündungsreaktionen. Wenn sie entarten, können sie sich über den Blutstrom verteilen. Sie können überall in der Haut und auch im Inneren des Körpers Tumore bilden. Das Erscheinungsbild dieser Hauttumore ist so vielfältig, dass jeder Knoten in der Haut ein Mastzelltumor sein kann. Es entstehen aber nicht nur die lokalen Hautveränderungen, sondern auch davon weit entfernte Auswirkungen aufgrund verschiedener biologisch aktiver Substanzen aus den Mastzellen. So können sich Magen-Darm-Geschwüre mit Blutungen bilden, Bauchschmerzen mit Appetitlosigkeit und Erbrechen können auftreten, ebenso allergieähnliche Symptome bis zu schwerem Schockgeschehen. Da es bei den Hautknoten durch eine klinische Untersuchung nicht einzuschätzen ist, um was für eine Tumorart es sich handelt, sollte jede knotenförmige Zubildung punktiert und histologisch untersucht werden. Danach wird eine Einteilung in Schweregrade vorgenommen, die sowohl für die Therapie als auch für die Prognose unerlässlich ist.

WICHTIG

Vor der chirurgischen Manipulation eines Mastzelltumors ist es unbedingt ratsam, einem schweren allergischen Geschehen durch Ausschüttung der genannten biologisch aktiven Substanzen vorzubeugen. Ihr Tierarzt wird daher vor dem Eingriff ein vorbeugendes antiallergisches Medikament geben.

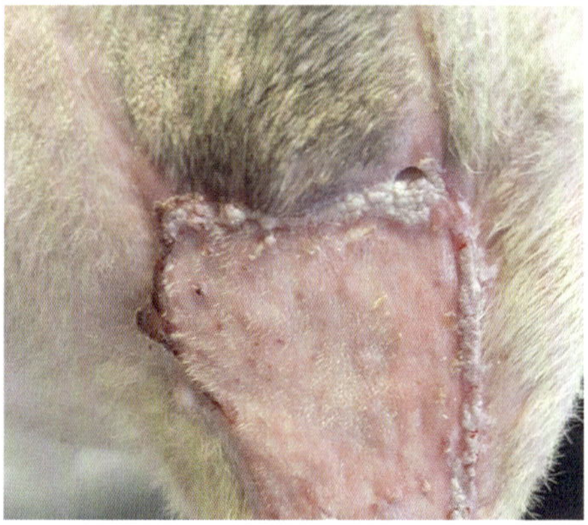

Schön angewachsenes Hauttransplantat nach großflächiger Tumorexzision am Oberarm.

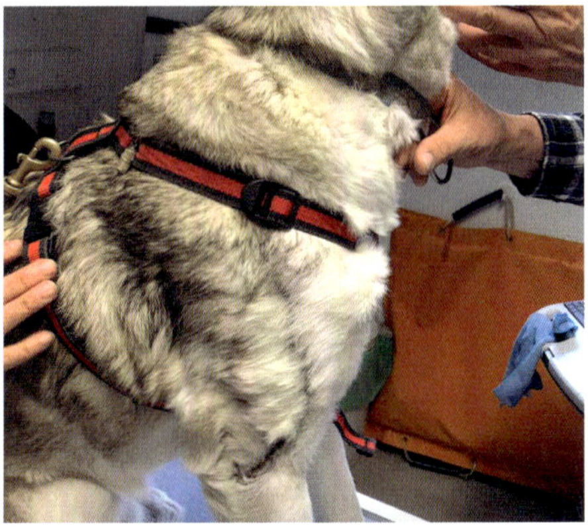

So sieht die OP-Wunde nach vollständiger Abheilung aus.

ERKRANKUNGEN DES HARNAPPARATES

Veränderungen im Harnabsatzverhalten und Veränderungen der Urinfarbe geben oft schon frühzeitig Hinweise auf Erkrankungen des Harnapparates.

TYPISCHE SYMPTOME

Probleme im Bereich des Harnwegstraktes fallen oft durch recht typische Symptome auf. Diese sind:

1. Häufigerer Urinabsatz kleinerer Urinmengen
2. Unterbrechen des Harnabsatzes bzw. Zögern vor dem Harnabsatz
3. Ungewöhnliche Haltung beim Urinabsatz
4. Urinabsatz in der Wohnung
5. Sehr streng riechender Urin
6. Änderungen der Urinfarbe
7. Vermehrtes Trinken

Farbveränderungen des Urins, vor allem Blutbeimengungen oder trüberes Aussehen werden oft nur zufällig entdeckt. Meist, wenn Urin auf hellen Böden oder im Schnee abgesetzt wird. Dies bitte nicht mit gelblichem oder blutigem Tröpfeln von Rüden zu verwechseln. Dazu erfahren Sie mehr unter dem Schlagwort Vorhautentzündung Seite 114 und Prostata Seite 116 ff.
Probleme der Blase gehen, im Gegensatz zu den Erkrankungen der Nieren, selten mit Anzeichen einer Allgemeinerkrankung wie Abgeschlagenheit, Apppetitlosigkeit oder Fieber einher.

SCHLEICHENDE NIEREN-ERKRANKUNGEN

Nierenerkrankungen, die nicht als akute Entzündungen auftreten, entwickeln sich häufig schleichend. So werden sie erst spät entdeckt, wenn eine langsam gesteigerte Trinkmenge auffällt, der Hund mäkeliger frisst oder häufiger erbricht. Hier empfiehlt es sich ab dem Seniorenalter, regelmäßig bestimmte Nierenwerte im Blut untersuchen zu lassen. Bei Risikorassen, wie z. B. dem

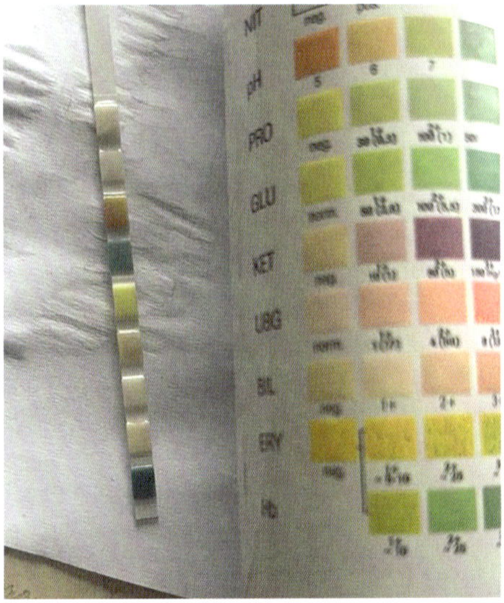

Auch für zu Hause – ein gängiger Test zur Untersuchung des Urins.

Damit ist das Auffangen von Urin einfach, ...

... wie man hier sieht.

Berner Sennenhund, empfiehlt sich das schon früher. Sinnvoll ist die Untersuchung der Blutwerte Kreatinin und SDMA. Mit deren Kombination und im Zusammenhang mit der Veränderung des Körpergewichts Ihres Hundes hat man eine sehr gute Aussage zu der Nierenfunktion. So werden Nierenprobleme früher erkannt. Zu der Prophylaxe gehört auch die regelmäßige Blutdruckmessung und Harnuntersuchung. Bringen Sie dazu am besten zum jährlichen Check den ersten Urin vom Morgen des Untersuchungstages mit. Dieser Urin hat die höchste Konzentration, die man im Laufe des Tages messen kann. Auch wenn der Termin erst am Nachmittag sein sollte, kann Ihr Tierarzt die wichtigsten Parameter wie z. B. die Urindichte bestimmen. Auch bei Verdacht auf eine Erkrankung der Blase oder Niere sollte der Urin immer zeitnah beim Tierarzt untersucht werden.

WIE FÄNGT MAN URIN AUF?

Nutzen Sie am besten einen speziellen Urinbecher aus der Apotheke oder von Ihrer Tierarztpraxis, alternativ ein sauberes Gefäß ohne Spülmittelreste. Vor allem bei kleinen oder schreckhaften Hunden ist das Auffangen von Urin oft nicht einfach. Hilfreich sind z. B. lange Schöpfkellen. Eine andere Möglichkeit ist, den Becher mit einem Klebestreifen am Ende eines Stocks zu befestigen. Mit diesen Hilfsmitteln müssen Sie nicht so nah an Ihren Hund heran und dieser fühlt sich weniger gestört.

Wird die Untersuchung voraussichtlich nicht sofort erfolgen, ist es ratsam, den Urin lichtgeschützt und gekühlt zu lagern. Wenn das nicht möglich ist, kann der Urin für bestimmte Untersuchungen auch bei Zimmertemperatur stehen.

ERHÖHTE TRINKMENGE

Falls Sie den Eindruck haben, dass Ihr Hund vermehrt trinkt, hilft es, täglich die Trinkmenge zu messen. Dies machen Sie am einfachsten dadurch, dass jeder, der Wasser nachfüllt, dieses abmisst und auf einen Zettel schreibt. Dies funktioniert auch mit mehreren Tieren im Haushalt, da die Menge bei gesunden Tieren immer ungefähr gleich ist. Merken Sie eine Zunahme, sollten Sie neben den Nieren- und Harnwegserkrankungen auch an Diabetes mellitus, die Blutzuckerkrankheit denken (siehe nächste Seite).

EXKURS

DIABETES MELLITUS (BLUTZUCKERKRANKHKEIT)

Ist der Langzeitzuckerwert im Blut, Fruktosamin genannt, deutlich erhöht, spricht vieles für diese Erkrankung.
Sollte dies allerdings nach der längeren Gabe von Kortison auftreten, sollten Sie wissen, dass sich der Stoffwechsel mit der passenden Unterstützung wieder komplett normalisieren kann. Allerdings sollten Sie dann Ihrem Hund kein Kortisonpräparat mehr verabreichen lassen.
Auch bei der Allgemeinerkrankung Morbus Cushing ist zu viel Kortisol im Blut und kann Diabetes mellitus begünstigen. Wird diese erfolgreich behandelt, verschwindet meist auch die Blutzuckerkrankheit.
Bei unkastrierten Hündinnen kann das Sexualhormon Progesteron meist am Ende einer Läufigkeit einen Diabetes begünstigen. Solche Hündinnen werden sofort bei der Diagnose Diabetes mellitus kastriert.
Bei allen Diabetespatienten ist es wichtig, am besten sofort die Fütterung anzupassen, um möglichst wenig der schnell verfügbaren Kohlenhydrate in der Ration zu haben. Es gibt Diabetes-Fertigfutter als Nass- und Trockenfutter von vielen verschiedenen Herstellern auf dem Markt.

So sieht ein Insulinpen aus.

INSULIN SPRITZEN

Außerdem müssen Sie ein- bis zweimal täglich Insulin spritzen. Hier sind die exakte Handhabung und genaue Dosierung sehr wichtig. Wenn möglich, sollten Sie daher zur Applikation einen Insulinpen nutzen. Keine Angst, die Nadeln sind sehr dünn und kurz und das Spritzen nicht schmerzhaft.

BLUTZUCKER MESSEN

Wichtig ist es auch, das Messen des Blutzuckers zu üben. Die meisten Tierhalter glauben zu Beginn, dass sie es nie schaffen, aber fast alle haben nach einer Woche Übung und kein Problem mehr damit. Lassen Sie sich die Bluttropfengewinnung am Ohr oder an der Pfote zeigen. Nutzen Sie dazu am einfachsten eine Stechhilfe. Wichtig ist, dass Sie möglichst ein tiermedizinisches Messgerät, wie z. B. das Vetmate®, nutzen. Diese sind genau auf das Blut des Tieres abgestimmt und damit genauer. Manche davon benötigen nur einen Tropfen Blut für die Messung, was den Einsatz sehr erleichtert.

TAGESPROFIL ERSTELLEN

Können Sie selbständig messen, machen Sie bitte in der Einstellungsphase ca. einmal pro Woche ein Tagesprofil. Dies bedeutet, dass Sie ab Ihrem Aufstehen bis zum Zubettgehen alle zwei Stunden einen Blutzuckerwert ermitteln. Können Sie dies, ersparen Sie dem Hund Stress und sich selbst viele Kosten für den ansonsten nötigen stationären Aufenthalt Ihres Hundes für die Tageszuckerprotokolle, die nach der Phase der Einstellung auf die passende Insulindosis zur Kontrolle monatlich erfolgen sollten.

Ein Hund kann sehr gut auf die korrekte Insulinmenge eingestellt werden. Er hat dann noch ein langes, unproblematisches Hundeleben. Achten Sie darauf, dass Sie nur einen tierärztlichen Ansprechpartner haben. Dieser sollte möglichst mehrere Diabetiker betreuen, da die Einstellung des Hundes und die Anleitung des Tierhalters mit Routine deutlich einfacher ist. Denken Sie daran, dass dies auch telemedizinisch möglich ist.

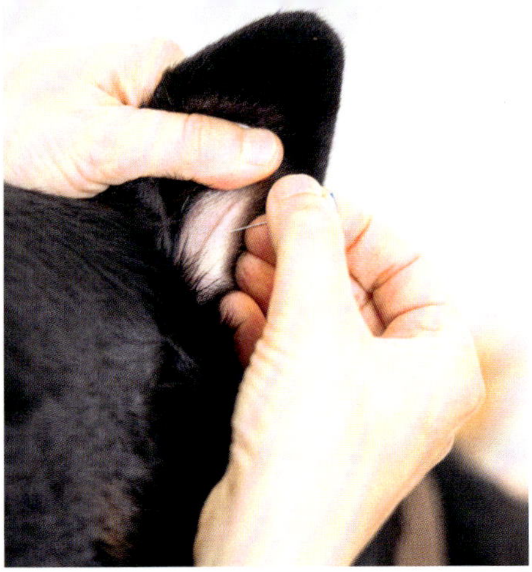

Zuerst sticht man mit einer Kanüle oder einer Stechhilfe in eine passende Stelle.

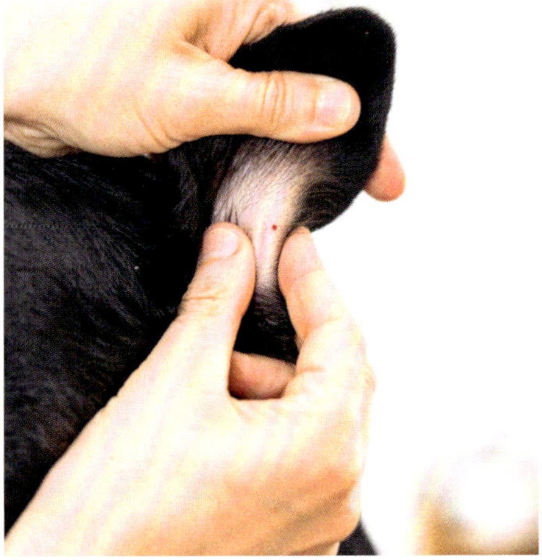

Dann wird vorsichtig einen Bluttropfen aus der Einstichstelle massiert.

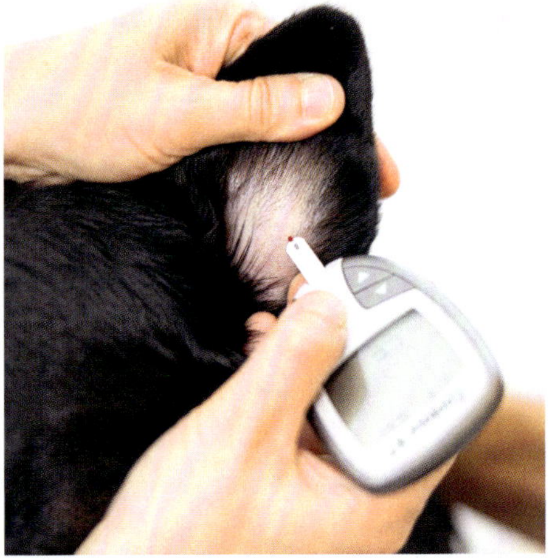

Anschließend nimmt man den Bluttropfen mit dem Streifen des Messgerätes auf.

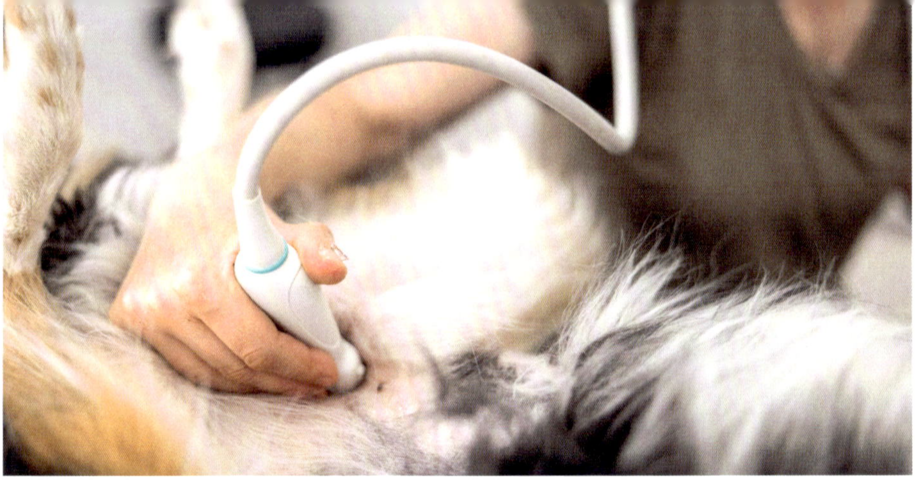

Die Ultraschalluntersuchung der Blase sowie deren Punktion zur Uringewinnung ist nicht schmerzhaft.

BLASENENTZÜNDUNG (ZYSTITIS)

Die Blasenentzündung ist die häufigste Problematik des Harnapparates beim Hund. Die Ursachen sind vielfältig. Mithilfe einer Ultraschalluntersuchung werden viele Ursachen für Blasenprobleme, wie Polypen (meist gutartige Schleimhautgewächse), Tumore, Divertikel (Aussackungen) oder Blasensteine gefunden. Davon sind nur röntgenstrahlendichte Steine im Röntgen zuverlässig zu erkennen.

BAKTERIELLE BLASENENTZÜNDUNG

Die Ursache für Harnwegsentzündungen sind oft aufsteigende Bakterien. Da Hündinnen eine kürzere und weitere Harnröhre haben, sind diese weitaus häufiger betroffen als Rüden. Bei männlichen Tieren ist es immer wichtig zu differenzieren, ob der Ursprung der Entzündung wirklich in der Blase und nicht in der Prostata zu finden ist. Ist die Prostata der Grund, finden Sie das weitere Vorgehen im Kapitel Prostataerkrankungen Seite 116 ff. beschrieben. Hat Ihr Tier wiederkehrende Blasenentzündungen, muss unbedingt nach der zugrunde liegenden Ursache gesucht werden. Lokale Ursachen können z. B. angeborene Aussackungen der Blase oder wiederkehrende Entzündungen der Scheide oder der Vorhaut sein. Auch die Allgemeinerkrankungen Diabetes mellitus (Blutzuckererkrankung) und M. Cushing können zu wiederkehrenden Blasenentzündungen führen. Bei einer bakteriellen Blasenentzündung wird nicht sofort ein Antibiotikum gegeben. Die Empfehlung ist, dem Hund drei bis vier Tage lang ein entzündungshemmendes Medikament zu verabreichen und zeitgleich den Urin mit Ernährungsergänzungsmitteln z. B. MethioTabs® oder MethioCream® oder speziellen Blasendiätfuttermitteln anzusäuern, da sich die häufigsten Erreger

BLASENPROBLEME VERMEIDEN

Eine erhöhte Wasseraufnahme, z. B. durch Füttern von Dosenfutter oder Wässern von Trockenfutter, fördert die Ausscheidung von Bakterien mit dem dadurch verdünnten Urin. Blasentees sind für Hunde empfehlenswert, wenn sie den vermehrten Urinabsatz anregen. Hilfreich ist der Einsatz von speziellen Ergänzungsfuttermitteln, die den pH-Wert des Urins optimal einstellen, die Blasenwand stärken und die Immunabwehr fördern (z. B. UTI® von almapharm). Wichtig ist auch, regelmäßig Gassi zu gehen, damit sich die Blase entleeren kann.

von Blasenentzündungen im sauren Milieu unwohl fühlen. Ein Antibiotikum wird nur dann verabreicht, wenn sich die Symptomatik nach dieser Zeit nicht deutlich verbessert oder gar verschlechtert. Dies auch immer nur mit dem passenden Antibiotikum, das nach der genauen Bestimmung der in der Blase vorhandenen Keime mithilfe einer Laboruntersuchung (Antibiogramm) ausschließlich auf Basis von durch Blasenpunktion steril gewonnenem Urin, ermittelt wurde. Eine Blasenpunktion ist genauso wenig schmerzhaft wie eine Impfung. Urin wird dabei unter Ultraschallkontrolle mit einer dünnen Nadel durch die Bauchwand steril aus der Blase gewonnen. Dies ist der einzige Weg, eine korrekte Diagnose und damit eine zielgerichtete Therapie durchzuführen, weil der Urin auf dem Weg nicht durch die Harnröhre verunreinigt wird.

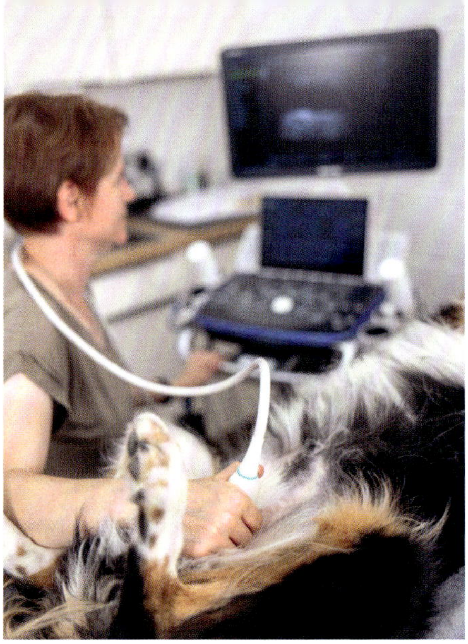

Ganz entspannt bei der Ultraschalluntersuchung.

BLASENSTEINE

Blasensteine haben eine unterschiedliche Zusammensetzung. Die häufigste Steinart beim Hund sind **Struvite**. Sie werden meist durch Entzündungen verursacht. Das Gute daran ist, dass diese Steine zu 80 % durch Ansäuerung mithilfe einer speziellen Diät oder eines Ergänzungsfuttermittels, z. B. MethioTabs® oder MethioCream® aufgelöst werden können.

Kalzium-Oxalat-Steine hingegen entstehen meist durch einen Überschuss an Kalzium oder im Körper entstehender Oxalsäure. Diese Steine können nicht aufgelöst werden. Hier sollten Sie auf die geeignete Fütterung achten und z. B. bindegewebige Leckerli wie Lunge oder Pansen genauso meiden wie sehr

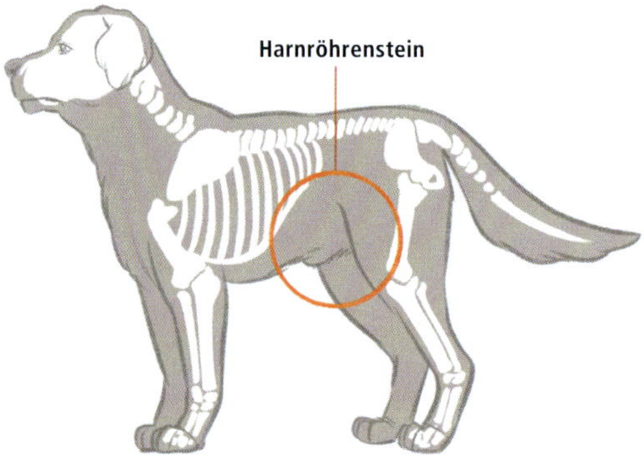

Hier befindet sich die Harnblase.

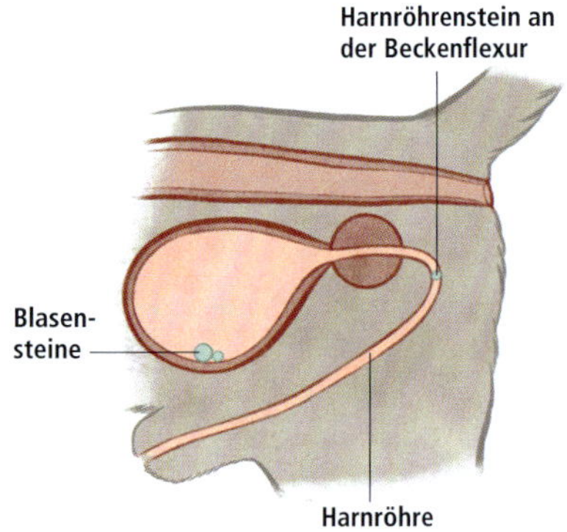

Harnsteine liegen aufgrund der Schwerkraft auf dem Boden der Harnblase auf.

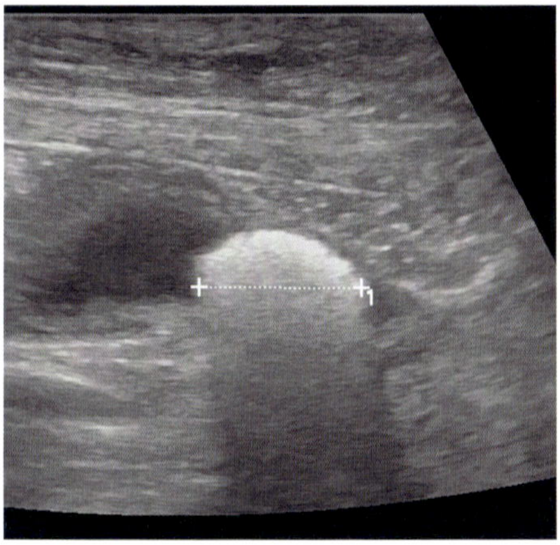

Großer Blasenstein im Ultraschallbild.

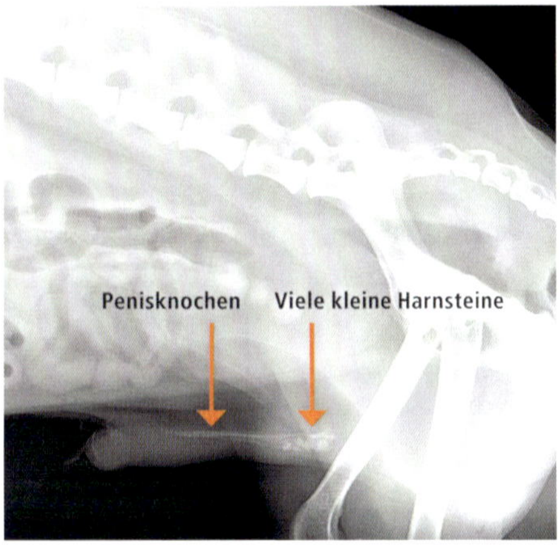

Viele kleine Harnsteine, die die Harnröhre hinter dem Penisknochen verstopfen.

eiweißreiche Fütterung. Auch hier gibt es Ergänzungsfuttermittel, die unterstützen wie Uri oxal® von almapharm.

Cystinsteine, Urate oder Xanthine entstehen oft bei bestimmten Rassen (Dalmatiner, Basset) aufgrund eines angeborenen Gendefektes. Hier können Sie Vorsorge mithilfe einer geeigneten Diät treffen. Auch die Behandlung der Leishmaniose mit Allopurinol erfordert eine purinarme Diät, um die Bildung von Xanthinen zu vermeiden.

THERAPIE

Blasensteine werden bevorzugt ohne Eröffnung des Bauchraumes und der Harnblase mithilfe eines Endoskops entfernt. In der Harnröhre befindliche Steine können häufig durch einen Spezialisten mittels dünner Laserfaser unter Sichtkontrolle zertrümmert werden, was weitaus schonender ist und viel komplikationsloser abheilt. Alternativ wird die Bauchhöhle eröffnet, um die Blase vorzulagern und nach Eröffnung die Steine entnehmen zu können.

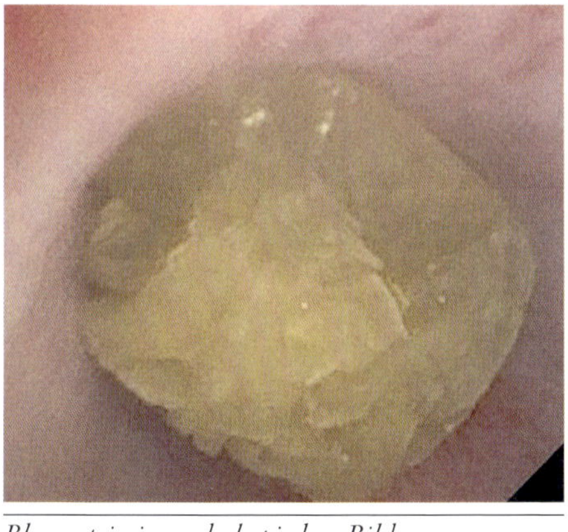

Blasenstein im endoskopischen Bild

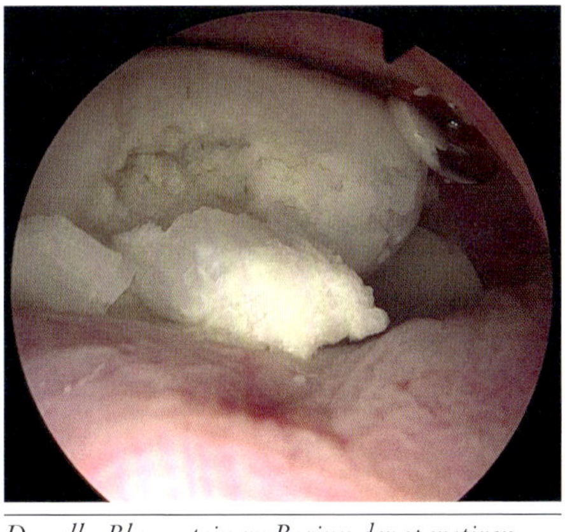

Derselbe Blasenstein zu Beginn der operativen Zertrümmerung mithilfe eines Lasers.

Dalmatiner neigen häufiger zur Bildung von Blasensteinen. Kann der Hund keinen Harn absetzen, ist dies ein Notfall.

ACHTUNG, NOTFALL!

Ein absoluter Notfall liegt vor, wenn ein Hund versucht Urin abzusetzen, dies aber nicht funktioniert. Dies passiert, wenn ein Harnstein plötzlich die Harnröhre verschließt. Mithilfe eines sterilen Blasenkatheters kann der Tierarzt versuchen, den Stein unter Druckspülung wieder zurück in die Blase zu schieben oder zumindest den gestauten Urin am Stein vorbei aus der Blase laufen zu lassen und damit den Harnstau und Schmerz zu beseitigen. Das Katheterisieren muss unbedingt unter aseptischen Bedingungen erfolgen. Dies bedeutet, dass ein steril verpackter Katheter nur mit Handschuhen, die ebenfalls steril verpackt waren, angefasst werden darf. Eine zweite Person muss assistieren, da der Tierarzt weder die Vorhaut noch die Scheide berühren darf. Beim Rüden sollte vor dem Katheterisieren eine gründliche Vorhautspülung erfolgen, um die hier vorhandenen Keime nicht in die Blase gelangen zu lassen.

NIERENERKRANKUNGEN

Bei Nierenerkrankungen ist zur Diagnosestellung eine Ultraschalluntersuchung zwingend nötig. Hier können Zysten, Tumore, Nierensteine oder andere strukturelle Veränderungen sehr genau diagnostiziert werden. Eine plötzlich auftretende akute Nierenproblematik benötigt eine gänzlich andere Therapie und Abklärung als chronische Nierenveränderungen. Zusätzlich ist die Kontrolle des Blutdrucks sehr wichtig, da die Niere in ihrer Funktion von einem korrekten Blutdruck abhängt.

UNBEWUSSTER HARNVERLUST

(Harninkontinenz)

Das bewusste Harnabsetzen in der Wohnung durch Harndrang bei Entzündungen muss von einem unkontrollierten Harnverlust, auch Harnträufeln bezeichnet, unterschieden werden. Letzteres wird als Inkontinenz bezeichnet. Diese kann mehrere verschiedene Ursachen haben.

Beim Junghund ist es oft durch anatomische Besonderheiten bedingt, z. B. wenn der Harnleiter unter Umgehung der Harnblase direkt in die Harnröhre mündet. Dies wird als **ektopischer Ureter** bezeichnet. Beidseitig tritt dies in 30 %, einseitig in 70 % der Fälle auf. Hier hilft nur eine OP bei einem Spezialisten.

Viel häufiger verlieren Hündinnen im Alter oder nach einer Kastration Urin. Dies erfolgt meist im Schlaf, wenn der Blasenmuskel die gefüllte Blase nicht mehr vollständig verschließen kann. Die genaue Ursache ist weiterhin ungeklärt.

Für die **Therapie** gibt es hier Medikamente mit unterschiedlichen Wirkstoffen (Phenylpropanolamin, Ephedrin, Östrogen). Diese werden meist in Einzelmedikation eingesetzt. Es ist auch eine Kombination möglich, wenn der Wechsel der Präparate keinen Erfolg bringt. Wenn alles erfolglos bleibt, gibt es verschiedene chirurgische Methoden. Hierbei wird eine endoskopische Methode über die Harnröhre bevorzugt. Erfolg versprechend ist auch ein chirurgischer Bauchhöhleneingriff, bei dem eine mit Flüssigkeit zu füllende Manschette um die Harnröhre platziert wird, die dann in der Folgezeit von außen über eine Spritze mit dünner Nadel sukzessive so weit aufgefüllt wird, bis ein normaler Harnabsatz ohne Träufeln möglich ist. Es gibt also viele Möglichkeiten, das Problem in den Griff zu bekommen.

VORSICHT, GIFTIG!

Trauben sind giftig für Hunde und führen zu unwiderruflichem Nierenversagen. Daher nie Trauben zum Spielen oder als Leckerli nutzen. Gleiches gilt auch für Rosinen, Korinthen oder Sultaninen. Im Herbst ist darauf zu achten, dass der Hund keinen Trester frisst. Diese Abfallprodukte aus der Weinherstellung liegen oft in Haufen am Rand von Weinbergen.

Auch Frostschutzmittel ist giftig und aufgrund des süßen Geschmacks verlockend für Hunde. Es muss daher außerhalb von deren Reichweite aufbewahrt werden.

Birkenzucker(Xylitol) Wichtig ist zu wissen, dass auch der sehr häufig für Menschen verwendeten Birkenzucker (Xylitol) für Hunde giftig ist. Schon in recht geringen Mengen führt er beim Hund zu gefährlicher Unterzuckerung.

Schokolade Umgekehrt haben viele Tierhalter Angst vor einer Vergiftung mit Schokolade. Diese gibt es eigentlich nur bei kleinen Hunden, die dunkle Schokolade gefressen haben. Weiße Schokolade ist nie ein Problem. Im Internet gibt es sehr gute sogenannte Schokoladenrechner, die es einfach und schnell ermöglichen, abzuschätzen, ob die aufgenommene Menge überhaupt ein Problem sein könnte. Hier ein Beispiel: Schokoladenrechner – Vetklinikum.

Trauben und alle aus ihnen bestehenden Produkte sind sehr giftig für Hunde.

Frostschutzmittel bitte außer Reichweite von Hunden aufbewahren.

Je dunkler die Schokolade und je kleiner der Hund, desto eher ein Problem.

MÄNNLICHE GESCHLECHTSORGANE

Zu den männlichen Geschlechtsorganen gehören die Hoden, die Prostata und der Penis mit Vorhaut. Schon beim Welpen können verschiedene Erkrankungen auftreten.

HODENHOCHSTAND

(Kryptorchismus)

Es ist wichtig, dass beide Hoden in den Hodensack abgestiegen sind. Dies kontrolliert normalerweise schon der Züchter sowie der Tierarzt bei der ersten Impfung in der achten Lebenswoche. Die Hoden wandern im Laufe der Entwicklung des Welpen an einem Band fixiert durch das Körperlängenwachstum vom Nierenbereich in den Hodensack. Manchmal verbleiben sie allerdings im Bauchraum oder im Leistenspalt. Dies wird **abdominaler bzw. inguinaler Kryptorchismus** (Hodenhochstand) genannt. Auch bei der nächsten Impfung mit zwölf Wochen sollte der Tierarzt kontrollieren, ob beide Hoden im Hodensack tastbar sind. Manchmal wird ein Hoden beim Versuch des Abtastens reflektorisch von einem kleinen Muskel, dem Hodenheber, in den Leistenspalt oder in die Bauchhöhle gezogen, solange der Leistenring noch nicht verengt ist. Spätestens nach dem sechsten Lebensmonat kann die endgültige Diagnose eines ein- oder beidseitigen Kryptorchismus gestellt werden. Sollte ein Hoden in der Leiste deutlich tastbar sein, können Sie ihn selbst einmal pro Monat und der Tierarzt routinemäßig bei dem jährlichen Gesundheitscheck untersuchen. Diagnostisch kann mithilfe einer Ultraschalluntersuchung, selten einer CT (Computertomografie) die genaue Lage eines Hodens auch im Bauchraum vor einer OP festgestellt werden.
Es empfiehlt sich, jeden Hoden, der nicht im Hodensack liegt, nach Abschluss des Größenwachstums des Hundes spätestens in seinem dritten Lebensjahr chirurgisch zu entfernen. Ansonsten hat dieser Hoden durch die zu hohe Temperatur – im Vergleich zur Lage im Hodensack – eine sehr große Chance zur tumorösen Entartung. Die Entfernung aus dem Leistenspalt erfolgt durch einen kleinen Hautschnitt. Aus der Bauchhöhle wird er nach Eröffnung im hinteren Bauchbereich neben dem Penis oder deutlich schonender mittels Endoskopie entfernt. Dieser minimalinvasive Eingriff erfordert nur kleine Sticheröffnungen, sodass eine schnellere Wundheilung ermöglicht wird.
Eine mehrwöchige Behandlung mit einem Hormon, das den Hodenabstieg fördern soll, wird nicht empfohlen, da in Studien keine Wirksamkeit belegt ist.
Wichtig ist zu beachten, dass Rüden, bei denen ein oder beide Hoden nicht in den Hodensack abgestiegen sind, keine Nachkommen zeugen dürfen, da der Kryptorchismus genetisch bedingt ist.

VORFALL DER PENISSCHLEIMHAUT

Manchmal quillt beim Junghund die dunkelrote Harnröhrenschleimhaut deutlich sichtbar aus der Penisspitze vor.
Diese muss umgehend mit einer Wund- und Heilsalbe (Bepanthen®) befeuchtet werden, da die Schleimhaut sehr schnell austrocknet und schweren Schaden nehmen kann. Ein Tierarzt sollte zeitnah aufgesucht werden, der die Möglichkeiten eines kleinen chirurgischen Eingriffs erörtern wird.

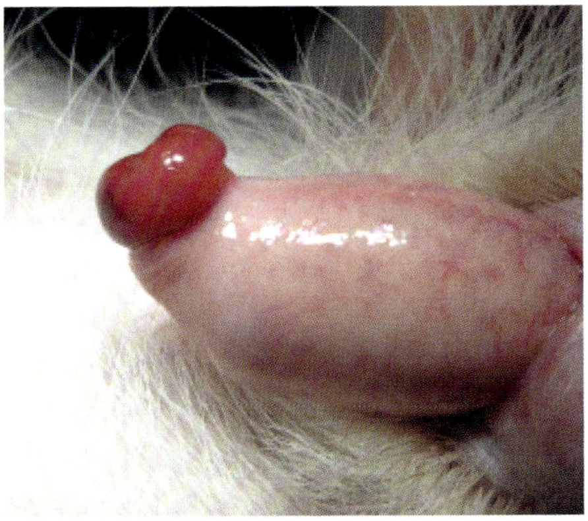

Pilzförmiger Vorfall der Penisschleimhaut.

VORHAUTVERENGUNG
(Phimose, Paraphimose)

Nicht leicht erkennbar ist eine zu klein gebildete Vorhautöffnung, eine **Phimose**. Durch diese Engstelle kann der Penis beim Harnabsatz nicht vorgelagert werden, und die Vorhaut füllt sich beim Urinieren mit Harn. Davon zu unterscheiden ist das Einklemmen eines erigierten Penis durch eine zu enge Vorhautöffnung (**Paraphimose**). Erste Hilfe kann durch Auflegen eines mit kaltem Wasser getränkten Handtuchs (nicht mit Eis!) geleistet werden. Mithilfe von Öl können Sie dann versuchen, die Vorhaut über den Penis zu heben. Gelingt dies nicht, muss der Hund umgehend einem Tierarzt vorgestellt werden. Ein Wiederauftreten kann durch die chirurgische Erweiterung der Vorhautöffnung verhindert werden. Dies ist auch die Therapie der zuvor genannten Phimose.

VORHAUTAUSFLUSS
(Präputialkatarrh)

Regelmäßig tropft es weißlich, gelblich oder grünlich aus der Vorhaut von unkastrierten Rüden. Die Ursache hierfür sind Bakterien, die sich in der Vorhaut vermehren, da Urinreste und Hautschuppen ein sehr guter Nährboden für sie sind. Bei guter Pflege ist dies weder für Ihren Vierbeiner noch für Sie ein Gesundheitsproblem. Als Therapie für immer wiederkehrenden Vorhautausfluss wird eine spezielle mild desinfizierende Vorhautspüllösung wie z. B. Caniprevent® verwendet. Fassen Sie die Vorhaut mit einer Hand und bringen Sie die Lösung ein. Verschließen Sie sofort die Vorhaut mit Daumen und Zeigefinger, bevor die Flüssigkeit herausfließt, und massieren mit der anderen Hand die Flüssigkeit in der Vorhaut mehrmals nach hinten. Danach lassen Sie die Spüllösung aus der Vorhaut auf Küchenpapier fließen oder machen es im Freien. Der Vorhautausfluss tritt oft nach einigen Tagen wieder auf und muss meist lebenslang behandelt werden.

KASTRATION UND SUPRELORIN-CHIP

Bei pubertierenden Rüden wird oft schon im jungen Alter die Kastration diskutiert. Eine Kastration sollte, wenn überhaupt, erst nach Beenden des Wachstums, also mit ein bis zwei Jahren erwogen werden.
Sinnvoll ist immer, vorher probeweise eine kurzwirksame „Kastration“ mittels Suprelorin-Chip zu testen. So lassen sich inakzeptable Nebenwirkungen wie Urinverlust,

Antriebslosigkeit oder verstärkte Aggression nach einigen Monaten mit hoher Wahrscheinlichkeit rückgängig machen.

WIRKUNG DES SUPRELORIN-CHIPS

Der Suprelorin-Chip ist eine sehr gute Möglichkeit, die Bildung von Testosteron zu unterdrücken. Er ist in zwei verschiedenen Stärken erhältlich. Es werden entweder eine sechs -oder zwölfmonatige Wirkdauer angegeben. Die tatsächliche Wirkdauer ist von Tier zu Tier sehr unterschiedlich. Bei Tieren mit weniger als zehn Kilogramm Gewicht ist sie oft deutlich länger. Zu beachten ist, dass eine Unfruchtbarkeit erst nach ca. sechs Wochen zu erwarten ist und in den ersten zwei bis vier Wochen oft ein gesteigertes sexuelles Interesse und damit oft verbunden unerwünschtes Verhalten auftritt. Ein Therapieversagen kommt selten vor und kann anhand der Testosteronkonzentration im Blut überprüft werden.

Sinnvoll ist es, dass Sie einmal pro Woche vorsichtig beide Hoden abtasten. So können Sie die Wirkung des Suprelorin-Chips sehr gut nachvollziehen, da die Hoden viel weicher und kleiner werden. Genauso ertasten Sie, wenn seine Wirkung wieder nachlässt. Bei längerfristiger Verabreichung empfiehlt es sich, den Chip dann zu setzen, wenn die Hoden beginnen, wieder praller und größer zu werden, nicht erst, wenn der Rüde wieder ungeliebte Symptome zeigt.

Der Suprelorin-Chip sollte nur nach intensiver Beratung und Vorstellung bei einem Verhaltensmediziner oder erfahrenen und zertifizierten Hundetrainer bei Hunden mit Verhaltensproblemen wie Aggression gegen Artgenossen oder Menschen eingesetzt werden. Er ist hier nie das alleinige Heilmittel. Das Erlernen nachhaltiger erzieherischer Maßnahmen ist für Zwei- und Vierbeiner zusätzlich nötig.

Der Suprelorin-Chip hilft auch, rechtzeitig appliziert, kurze Zeiträume, z. B. Pensionsaufenthalte, zu überbrücken. Auch ist es immer empfehlenswert, einen Suprelorin-Chip zu setzen, bevor die Hoden mittels chirurgischer Kastration entfernt werden. Dadurch lässt sich abschätzen, ob negative Auswirkungen wie starke Gewichtszunahme, Trägheit oder charakterliche Veränderungen auftreten.

Junge Rüden kämpfen während der Pubertät manchmal mit ihrem Hormonhaushalt.

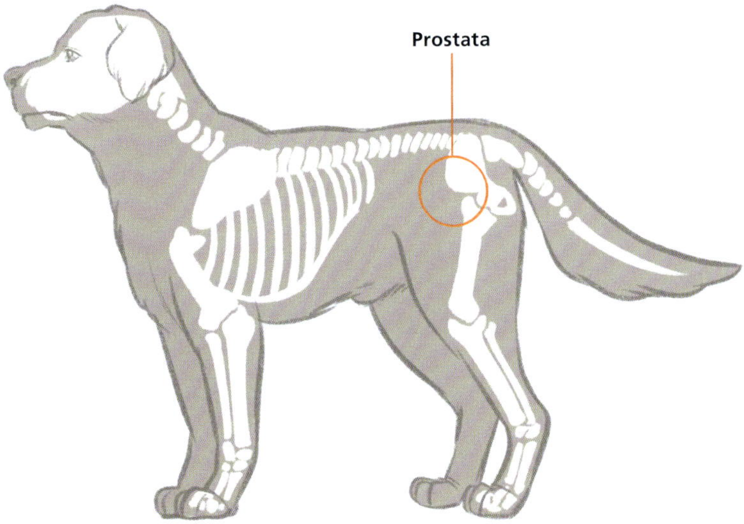

Hier befindet sich die Prostata.

PROSTATA-VERÄNDERUNGEN

Die Prostata unterliegt schon ab dem dritten Lebensjahr einer zunehmenden Strukturveränderung ihrer Drüsenzellen. Sie nimmt im Laufe der Jahre an Größe zu und es können kleine Hohlräume, sogenannte Zysten, entstehen.

PROSTATAVERGRÖSSERUNG (BENIGNE PROSTATAHYPERPLASIE)

Diese gutartige Prostatavergrößerung wird benigne Prostatahyperplasie genannt. Ab dem neunten Lebensjahr ist fast jeder Hund in unterschiedlichem Ausmaß davon betroffen. Es ist oft schwierig, die Größe der Prostata mithilfe einer rektalen Untersuchung abzuschätzen. Die Ultraschalluntersuchung liefert

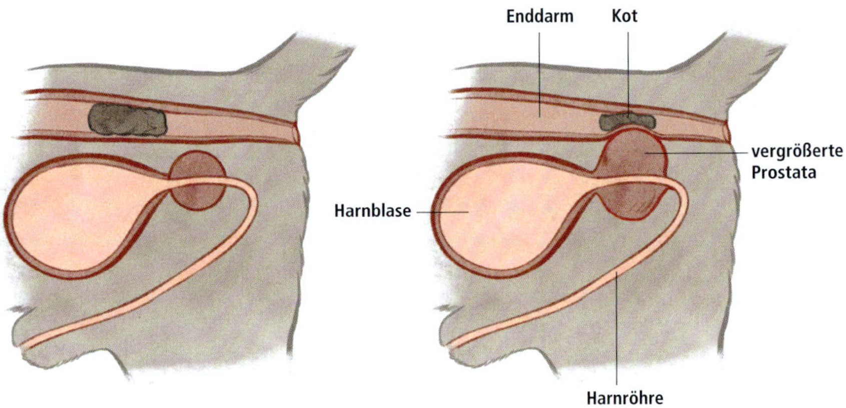

Eine vergrößerte Prostata kann zu Kotabsatzproblemen führen.

So entspannt, ganz ohne Schmerzen.

> Beobachten Sie, ob der Kotabsatz Ihres Hundes unbeschwert erfolgt. Achten Sie bitte auf die Form des abgesetzten Kotes.

deutlich exaktere Ergebnisse und kann vor allem auch die Struktur der Prostata erfassen. Von außen ist eine Prostataerkrankung nicht erkennbar, daher ist es umso wichtiger, dass ab dem mittleren bis höheren Lebensalter jährlich eine rektale Untersuchung oder, noch besser, eine Ultraschalluntersuchung durchgeführt wird. Manchmal ist die Größenzunahme so beträchtlich, dass der Enddarm eingeengt wird. Der Kot hat dann keinen runden Durchmesser mehr, sondern ist abgeflacht. Es kann zu Kotabsatzstörungen kommen.

PROSTATAVERGRÖSSERUNG (TUMOR, ABSZESS, ENTZÜNDUNG/ PROSTATITIS)

Eine **tumoröse Entartung** der Prostata tritt bei kastrierten Rüden etwa fünfmal häufiger auf als bei unkastrierten Rüden. Erste Hinweise erhält man bei der Ultraschalluntersuchung. Eine genaue Diagnose ist nur durch Gewinnung von kleinsten Proben mithilfe einer Feinnadelpunktion in Kurznarkose unter Ultraschallkontrolle möglich.

Aus einer nicht entzündlichen Veränderung kann auch vor allem durch eine aufsteigende Infektion mit Bakterien aus dem Urin eine **Entzündung**, eine **Prostatitis**, bis hin zum **Prostataabszess** entstehen. In diesem Fall liegt eine ernsthafte Erkrankung vor. Der Patient zeigt meist eine deutliche Beeinträchtigung des Allgemeinbefindens, wie Abgeschlagenheit, Inappetenz und Fieber. Wenn dieses Stadium überwunden ist, kann anstatt der Ausheilung auch eine chronische Entzündung entstehen. Die dort vorhandenen Bakterien sind regelmäßig die Ursache für wiederkehrenden Harnblasenentzündungen. Eine konsequente Therapie mit abschließender tierärztlicher Untersuchung ist unerlässlich. Unterstützend wird hier häufig langfristig alle fünf Monate eine medikamentöse Unterdrückung des Einflusses von Testosteron auf die Prostata mit einer siebentägigen Gabe des Medikaments Osateron (Ypozane®) eingesetzt.

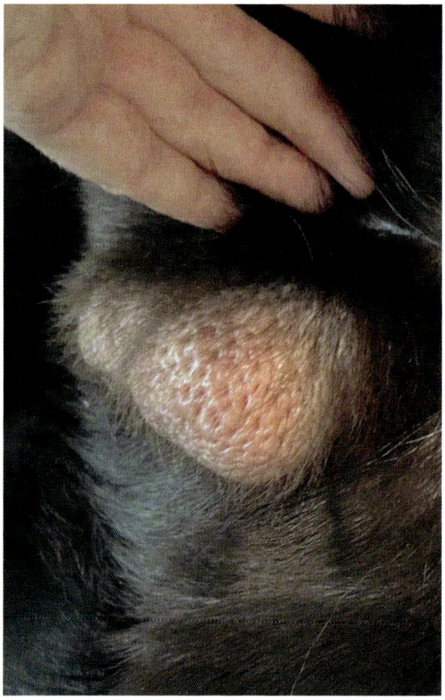

Entzündung der Hodensackhaut.

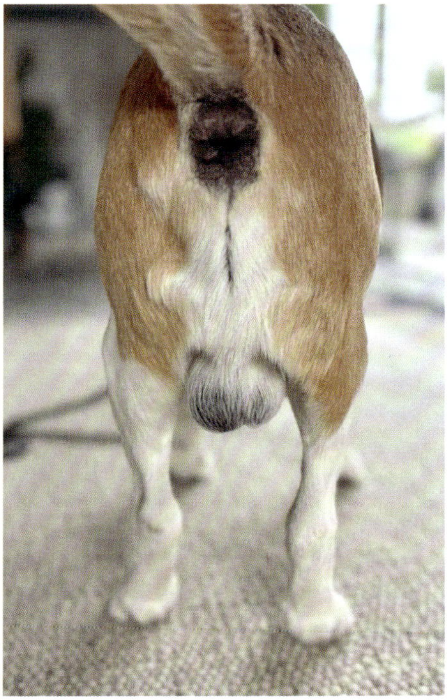

Der linke Hoden ist sichtbar vergrößert.

VERÄNDERUNGEN DER HODENSACKHAUT

(Skrotaldermatitis)

Entzündungen der Haut des Hodensackes entstehen meist aufgrund einer allergischen Ursache oder kleinen Verletzungen. Eine Hautentzündung durch direkten Kontakt mit einer reizenden Substanz kommt seltener vor, muss aber bedacht werden. Ein Beispiel war eine defekte Autobatterie, die im Kofferraum transportiert wurde und der Hund später durch ausgelaufene Säure eine Hodensackentzündung bekam.
Juckreiz oder Schmerz veranlassen den Hund, die betroffene Stelle zu belecken. Dies muss unbedingt durch einen Halskragen oder ein über die Hinterbeine angezogenes Langarm T-Shirt verhindert werden. Die Salbenbehandlung mit beispielsweise Bepanthen® Antiseptischer Wundcreme schafft schnell Linderung.

VERÄNDERUNGEN DER HODENGRÖSSE

Kontrollieren Sie die Hoden Ihres Hundes einmal im Monat. Wichtig ist, dass sie beide Hoden vorsichtig komplett durchtasten. Wenn Sie dies bei beiden Hoden im Seitenvergleich machen, fallen Ihnen Veränderungen leichter auf. Dies sind z. B. Größenveränderungen oder Verhärtungen. Dies ist die einzige Methode für Sie, Hodentumore frühzeitig zu erkennen. Mithilfe einer Ultraschalluntersuchung kann dann geschaut werden, ob eine Veränderung der Hodenstruktur vorliegt. Wird eine Veränderung des Hodens bestätigt, empfiehlt sich die chirurgische Entfernung des Hodens. Der zweite Hoden darf belassen werden, wenn er nicht auch betroffen ist. Die Prognose ist meist sehr gut, da selbst bei einem bösartigen Hodentumor eine Metastasierung erst sehr spät erfolgt. Bei dem jährlichen Gesundheitscheck sollte immer auch eine Hodenuntersuchung durch Ihren Tierarzt erfolgen.

HODENTUMORE

Hodentumore sind beim Hund zum größten Teil gutartig. Leider gibt es auch bösartige, die zur Metastasierung neigen. Manche dieser Tumore produzieren das Hormon Östrogen. Dies führt zu dem sogenannte Feminisierungssyndrom mit Vergrößerung der Milchdrüsen, manchmal sogar mit Milchbildung, Fellverlust mit Dunkelfärbung der Haut, symmetrisch im Flankenbereich und neben dem Anus.

Es gibt auch Hodentumore, die das Hormon Testosteron produzieren. Sie lassen den gesamten Analbereich durch Vergrößerung der Perianaldrüsen anschwellen. Zusätzlich wird der Bereich der Violschen Drüse, der Drüse oben auf dem Schwanz nahe dem Ansatz, haarlos, fleckig verfärbt und kann sich entzünden. In der Prostata verändert sich das Gewebe sehr stark. Kleinste Drüsenausführungsgänge werden verlegt und das produzierte Sekret sammelt sich in Hohlräumen an. Die so gebildeten Zysten können bis zu Handballgröße wachsen.

HODENENTZÜNDUNG (ORCHITIS, ABSZESS)

Eine Hodenvergrößerung kann auch durch eine Entzündung entstehen. Dies wird als Orchitis bezeichnet. Hierbei zeigt der Patient aufgrund der Schmerzhaftigkeit deutliche Veränderungen im Allgemeinbefinden wie Lahmheiten, Lethargie und Fieber. Es versteht sich von selbst, dass eine zeitnahe Untersuchung beim Tierarzt vonnöten ist. Eine Ultraschalluntersuchung der Hoden im Verlauf der Erkrankung kann eine eventuell entstehende Abszessbildung sichtbar machen. Die Therapie ist oft langwierig.

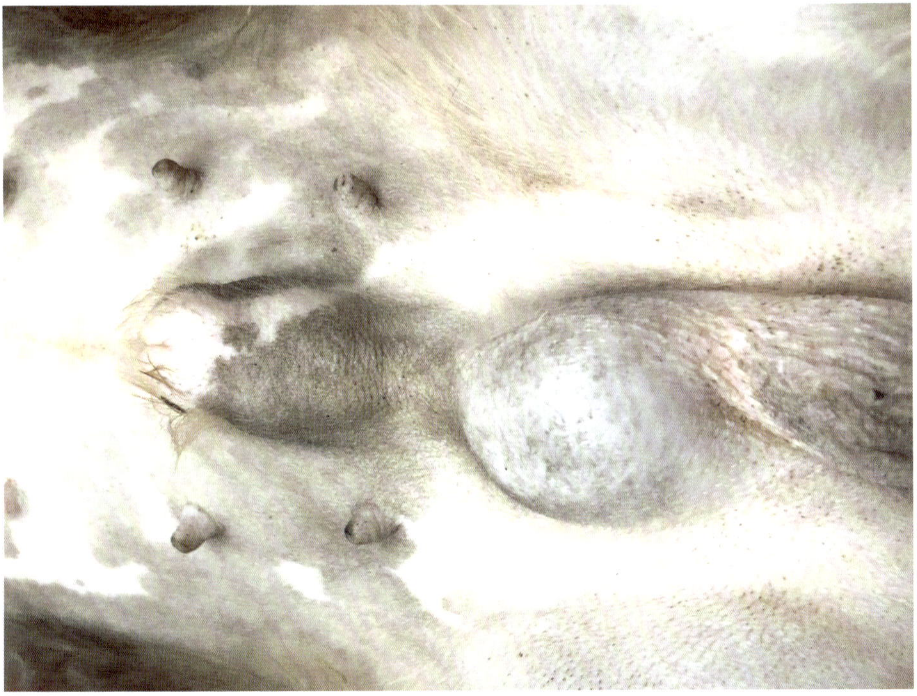

Der rechte Hoden ist tumorös verändert.

WEIBLICHE GESCHLECHTSORGANE

Die erste Läufigkeit tritt mit ca. einem halben Jahr auf, bei manchen Tieren aber auch erst mit zwölf bis 14 Monaten. Im Normalfall folgen die weiteren Läufigkeiten meist regelmäßig im Abstand von fünf bis acht Monaten. Im Seniorenalter kommt es häufiger zu Verschiebungen.

Wichtig ist, dass Sie den Beginn und das Ende der Läufigkeit notieren. Es hilft außerdem, wenn Sie beim Junghund und bei Senioren die Scheide einmal pro Woche kontrollieren. So fallen Ihnen z. B. Größenveränderungen durch einen Hormonanstieg schnell auf. Es gibt nämlich vor allem beim Junghund regelmäßig **„weiße Läufigkeiten“**, d. h. die Hündin ist läufig, obwohl Sie keine Blutung sehen. Hormonbehandlungen zur Läufigkeitsunterdrückung mit dafür zugelassenen Präparaten sind aufgrund der vielfältigen Nebenwirkungen nicht empfehlenswert. Die mildesten unerwünschten Folgen sind Fellveränderungen. Es besteht aber auch die Gefahr einer Gebärmutterentzündung, der Blutzuckererkrankung und vermehrter Gesäugetumorbildung.

GEDANKEN ZUR KASTRATION

Eine Kastration zur Verhinderung der Läufigkeit darf in Deutschland nach dem Tierschutzgesetz nicht routinemäßig oder prophylaktisch durchgeführt werden, sondern nur, wenn ein Tierarzt die Notwendigkeit feststellt. Der optimale Zeitpunkt zur Kastration ist in der Phase der hormonellen Ruhe ca. dreieinhalb Monate nach Beginn der letzten Läufigkeit. Dieser ist entscheidend, da dann mit größerer Wahrscheinlichkeit weniger negative Kastrationsfolgen auftreten. Die Vor- und Nachteile einer Kastration sollten immer gut abgewogen und besprochen werden. Ob und wenn ja, in welchem Alter die Hündin am besten kastriert wird, ist von vielen verschiedenen Faktoren abhängig. Hierzu gehören rassespezifische Neigungen zu bestimmten Erkrankungen bzw. der Häufigkeit von Nebenwirkungen, aber auch die Lebensumstände der Hündin und des Tierhalters. Wichtig ist auch, das Verhalten der Hündin sorgsam zu analysieren. Es ist ein Unterschied, ob eine eher ängstliche oder eher aggressive, eine unkonzentrierte oder eine überlegt handelnde Hündin kastriert werden soll.

Sie sollten beachten, dass Hunde mit rotem Fell häufig nach der Kastration wieder ein flauschiges Babyfell bekommen, was ungewöhnlich aussieht. Außerdem kann dessen Pflege sehr aufwendig sein.

Manche Tiere werden direkt nach der Kastration inkontinent, d. h. sie verlieren im Liegen bei voller Blase häufig Urin. Die Wahrscheinlichkeit, mit zunehmendem Alter inkontinent zu werden, ist bei kastrierten Hunden auch höher.

PFLEGE IM BEREICH DER SCHEIDE

Haare, die sich an dem unteren Scheidenwinkel befinden, sollten Sie immer mit einer Schere so kürzen, dass sie nicht verkleben. So sammelt sich hier kein Scheidensekret, Urin oder Schmutz.
Abwischen von Sekret an der Scheide darf nur mit trockenen Taschentüchern erfolgen, nicht mit nassen Läppchen, da sonst durch die sogenannte Kapillarsogwirkung die verschmutzte Flüssigkeit in die Scheide gezogen wird. Das würde die Entzündung verstärken, da noch mehr bakteriell besiedeltes Material in die Scheide gelangt.

FEHLGEDECKT?

Wurde Ihre Hündin während der Läufigkeit unabsichtlich von einem Rüden gedeckt oder Sie sind sich unsicher, da die Hündin z. B. eine Zeit allein unterwegs war, gibt es die Möglichkeit, diese eventuelle Schwangerschaft abzubrechen. Dies hat immer bis zur nächsten Sprechstunde Zeit.

Die einzige medikamentöse Behandlung besteht aus zwei Injektionen von Aglepriston im Abstand von 24 Stunden. Wenn Sie keine Abschätzung des tatsächlich bestehenden Risikos der Bedeckung mittels Messung des Progesteronblutspiegels möchten, ist es am sinnvollsten, mit der Behandlung bis zum Ende der Blutung zu warten. Die Wahrscheinlichkeit, eine Trächtigkeit damit zu verhindern, ist sehr hoch. Nichtsdestotrotz sollte eine Ultraschallunteruchung nach 14 Tagen Gewissheit verschaffen.

VERÄNDERUNGEN IM BEREICH DER SCHEIDE

ENTZÜNDUNG IM SCHEIDENBEREICH (JUNGHUNDVAGINITIS, PERIVULVÄRE DERMATITIS)

Jungtiere haben häufig im Alter von wenigen Monaten einen weißlichen oder gelblichen Ausfluss aus der Scheide, der manchmal nur an den verklebten Haaren an der Scheide zu erkennen ist. Es handelt sich um die sogenannte Junghundvaginitis, eine Entzündung der Schleimhaut nahe des Schei-

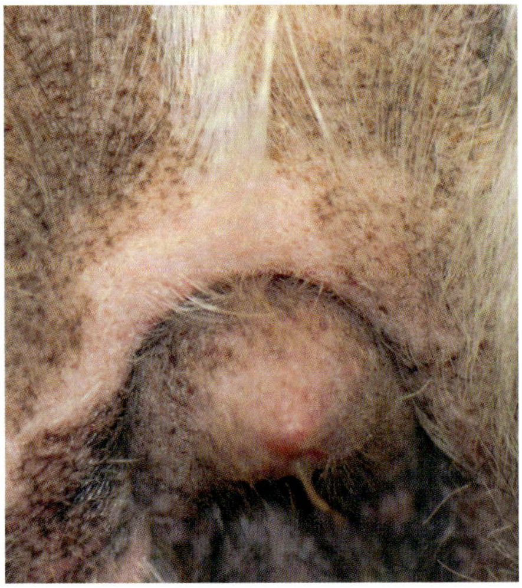

Oft sehr schmerzhafte Entzündung in der Scheidenfalte

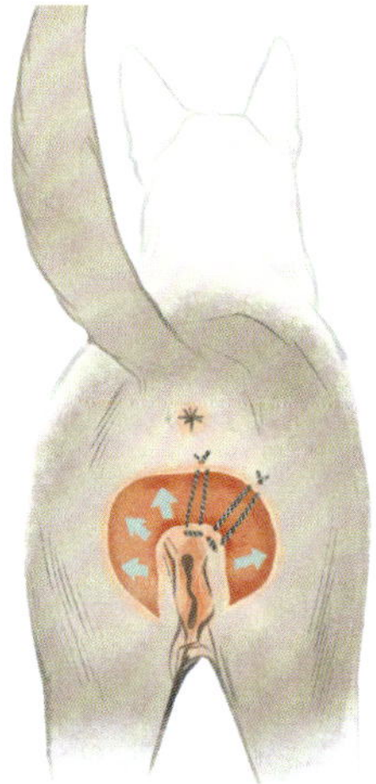

Schematisch dargestellte OP zur Entfernung der Scheidenfalte.

Keinesfalls darf ein Tier mit Junghundvaginitis vor der ersten Läufigkeit kastriert werden, da sonst die Gefahr einer fortbestehenden chronischen Vaginitis besteht.
Manche Hündinnen haben sehr tief liegende äußere Schamlippen, die kaum zu sehen sind. Achten Sie dann v. a. in den warmen Monaten darauf, dass sich in den dadurch gebildeten vertieften Scheidenfalten keine Entzündung bildet.

deneingangs. Bakterien der normalen Schleimhautflora vermehren sich hierbei aufgrund noch nicht voll ausgebildeter Immunabwehr und führen zu einer Entzündung mit Ausfluss. Bei guter Pflege bleibt diese lokal begrenzt. Es genügt, das Sekret am besten nach dem Spaziergang vorsichtig trocken abzuwischen und zu schauen, dass der Hund nicht ständig schleckt. Mit dem Einsetzen der ersten Läufigkeit hört der Vaginalausfluss normalerweise vollständig auf.
Sie können nach dem Spaziergang tiefe Scheidenfalten mit einem trockenen Schminkpad vorsichtig reinigen und zeitgleich trocknen.
Wenn allerdings schmieriges, übel riechendes Sekret vorhanden ist, können Sie die Falte vorsichtig mit nicht reizenden Desinfektionsmitteln wie Prontosan® oder Mittel auf der Basis von hypochloriger Säure, das Sie auf das Schminkpad aufbringen, reinigen. Dann bietet sich auch an, vor dem Spaziergang eine Panthenol haltige Hautsalbe wie Bepanthen® Wund- und Heilsalbe aufzutragen. Diese fetthaltige Salbe verhindert, dass der Urin in die Falte eindringt und die Heilung wird beschleunigt.
Hat Ihre Hündin durch eine extreme Hautfalte immer wieder Probleme an dieser Stelle, lassen Sie dies in einem kleinen chirurgischen Eingriff korrigieren.

VORFALL DER SCHEIDENSCHLEIMHAUT (VAGINALPROLAPS)

Die Ursache für einen Schleimhautvorfall aus der Scheide ist der Anstieg des Östrogenspiegels in der Läufigkeit (Läufigkeitsprolaps) oder selten am Ende der Trächtigkeit. Die Schleimhaut schwillt so stark an, dass sie in unterschiedlichem Ausmaß hervorquillt. Um die Schleimhaut vor Austrocknung zu schützen, sollte sofort eine befeuchtende Wund- und Heilsalbe aufgetragen und der Vorfall z. B. durch eine Unterhose geschützt werden. Zudem muss ein Halskragen angelegt werden, um das Belecken oder Benagen des vorgefallenen Materials zu verhindern. Das weitere Vorgehen hängt davon ab, wie viel Schleimhaut vorgefallen ist, ob die Blase involviert ist und in welchem Stadium der Läufigkeit sich die Hündin befindet. Ist dies unbekannt, kann der Progesteronspiegel im Blut Auskunft darüber geben, ob der Gipfel der Östrogenproduktion überschritten ist. Oft ist die Kastration der Hündin die sinnvollste Lösung. Wenn nur die vorgefallene Schleimhaut entfernt wird, besteht die Gefahr, dass bei weiterem Vorhandensein eines hohen Östrogenspiegels nochmals Gewebe vorfällt.

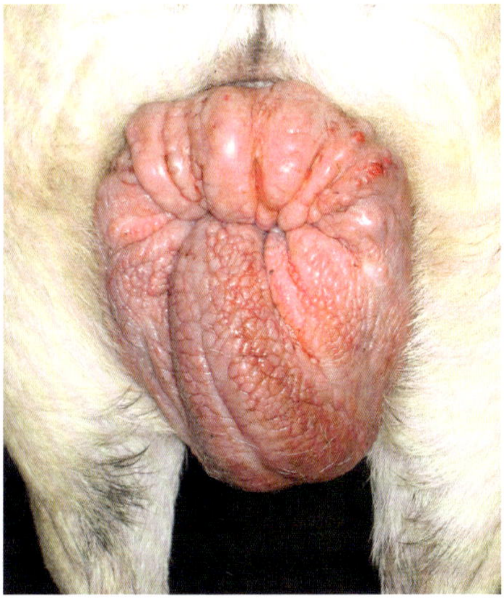
Vorgefallene Scheidenschleimhaut

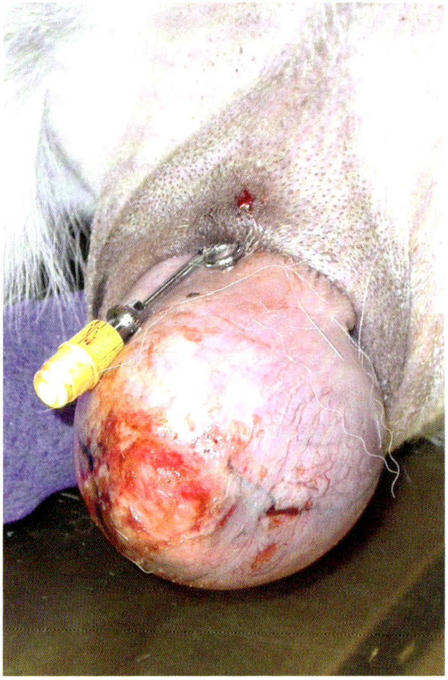

Gutartiger Scheidentumor kurz vor der operativen Entfernungmit eingelegtem Harnkatheter.

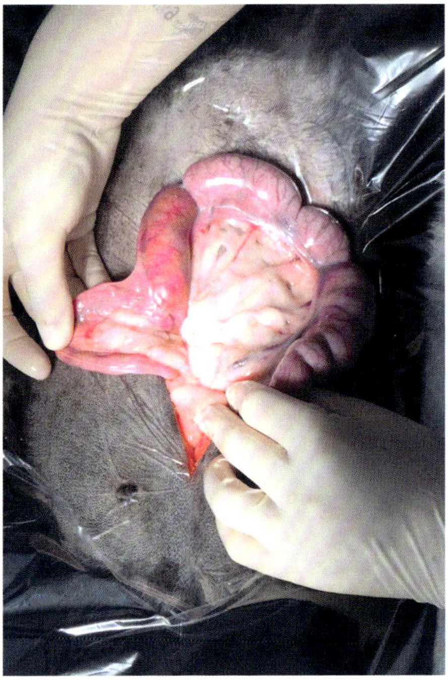

Eine mit Eiter gefüllte Gebärmutter während einer Pyometraoperation.

SCHEIDENTUMOR

(Vaginaltumor)

Vaginaltumore treten gelegentlich auf. Sie sind oft gutartig und können in einer Operation entfernt werden.

GEBÄRMUTTER-PROBLEME

(Endometritis, Pyometra)

Im Vergleich zum Junghund ist ein Scheidenausfluss bei älteren Hündinnen ganz anders zu beurteilen. Zunächst soll hier eine Ultraschalluntersuchung ausschließen, dass das eitrige Sekret aus der Gebärmutter kommt, denn eine Entzündung der Gebärmutter, eine Endometritis, ist häufig. Diese macht sich meist ca. sechs bis zwölf Wochen nach der Läufigkeit bemerkbar. Sie entsteht oft durch Bakterien, die während der Läufigkeit durch den in dieser Zeit leicht geöffneten Muttermund in die Gebärmutter gelangt sind. Dort ist die Schleimhaut ein sehr guter Nährboden und sie können sich vermehren, wenn die körpereigene Abwehr nicht ausreichend ist. Wenn sich nachfolgend die Gebärmutter mit Eiter füllt, spricht man von der Gebärmuttervereiterung oder Pyometra. Erkrankte Tiere zeigen häufig vor dem Sichtbarwerden von eitrigem Vaginalausfluss allgemeine Symptome wie Mattigkeit, vermehrtes Trinken und weniger Appetit. Leider gibt es Fälle, in denen der Muttermund geschlossen ist und kein Eiter abfließen kann, sodass ein wichtiges Symptom zur frühzeitigen Erkennung für Tierhalter entfällt. Die Gebärmutter kann enorme Eitermengen aufnehmen und dann bis fast zehn Prozent des Körpergewichts ausmachen. Die Hündin wird durch die Bakterien und ihre Giftstoffe schwer belastet. Wenn sich diese über die Blut- oder Lymphbahnen im Körper ausbrei-

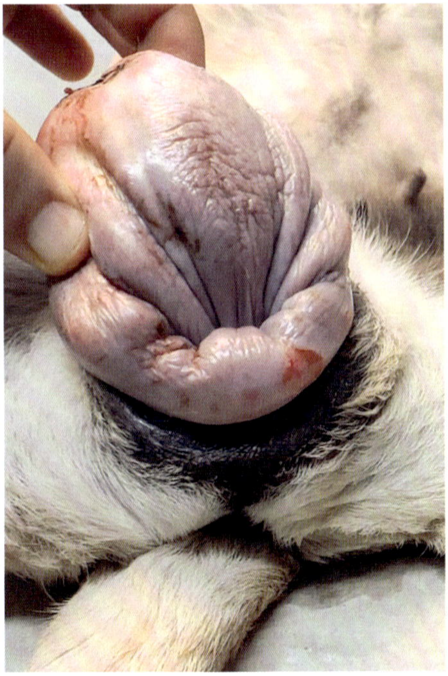

Eine vorgefallene Gebärmutterschleimhaut – ein seltenes Bild.

ten, können verschiedene Organe befallen werden. So kann ein akut lebensbedrohlicher Zustand entstehen. Dann ist eine Intensivbehandlung einschließlich der operativen Entfernung der Gebärmutter unumgänglich. Eine konservative Therapie mit einem Antibiotikum und einer Hormonbehandlung steht normalerweise nur dann zur Diskussion, wenn es sich entweder um eine Zuchthündin handelt oder gesundheitliche Gründe gegen eine OP sprechen.
Die Gebärmutter kann sich auch mit Blut oder Schleim füllen. Dies wird als **Hämo-** bzw. **Mukometra** bezeichnet. Symptomatik, Diagnostik und Therapie entsprechen in großen Teilen denen der Pyometra.

GEBÄRMUTTERVORFALL (UTERUSPROLAPS)

Ein kompletter Vorfall der Gebärmutter kommt nur sehr selten als Geburtsfolge vor. Er benötigt sofortige tierärztliche Hilfe.

VERÄNDERUNGEN DES GESÄUGES

GESÄUGETUMOR (MAMMA-TUMOR)

In der Hälfte der Fälle entstehen mehrere Knoten gleichzeitig in verschiedenen Gesäugeabschnitten. Dabei sind ca. 50 % der Tumore bösartig, mit einem höheren Anteil bei bestimmten Rassen wie Rottweiler, Schäferhund, Boxer und Dobermann. Grundsätzlich gilt: Je früher ein Tumor erkannt wird, desto höher sind die Heilungschancen durch eine OP. Deshalb sollten die Tierhalter jeden Monat das Gesäuge intensiv und geduldig durchtasten. Fällt eine Veränderung auf, sollten Sie die Hündin dem Tierarzt vorstellen und mit ihm den weiteren Plan besprechen. Ab einer Größe von fünf Millimetern Durchmesser wird zu einer OP geraten. Eine Punktion der betroffenen Knoten ergibt hier keinen Sinn. Hingegen

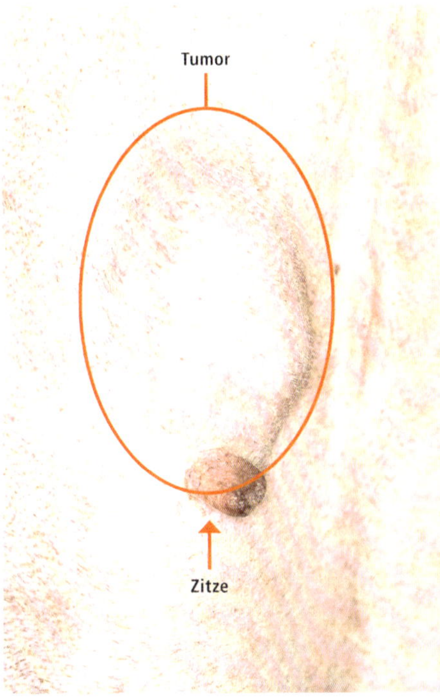

Recht großer Milchleistentumor neben der Zitze.

ist bei einer tastbaren Vergrößerung eines Lymphknotens eine Feinnadelaspiration des veränderten Lymphknotens unbedingt durchzuführen, um die eventuell schon vorliegende Ausbreitung des Tumors zu diagnostizieren. Ob nur der Knoten, ein Teil oder die komplette Gesäugeleiste entfernt werden, muss von Fall zu Fall entschieden werden. Eine gleichzeitige Kastration mit dem Ziel, zukünftige hormonelle Einflüsse auszuschließen, ist gemäß einiger Studien sinnvoll. Die Kastration vor der ersten Läufigkeit soll die Wahrscheinlichkeit für Gesäugetumore deutlich senken. Ob dies jedoch ein Argument zur Durchführung einer Kastration ist, bleibt auch hinsichtlich des Tierschutzgesetzes zu diskutieren.
Größere Anteile der Gesäugeleiste sollten nie gleichzeitig auf beiden Seiten entfernt werden. Der Substanzverlust bei korrekter Entfernung wäre so groß, dass bei dem

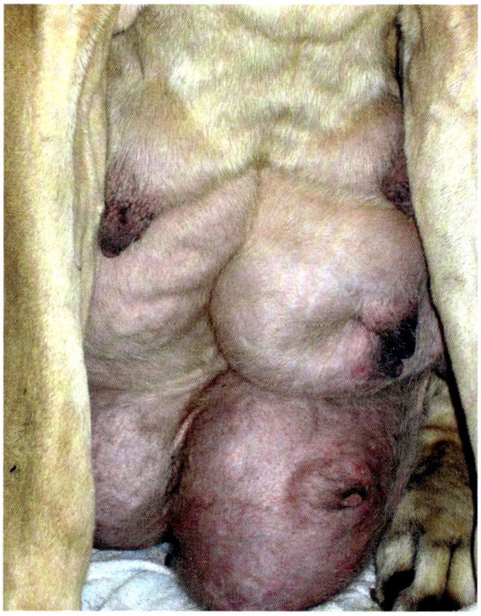

Massive Schwellung und farbliche Veränderung des Gesäuges bei einer Milchdrüsenentzündung.

Verschluss der Wunde so viel Spannung im Gewebe entsteht und Wundheilungsstörungen auftreten. Die OP-Wunde muss mit einem Body, in den im Bereich der Wunde eine dicke Damenbinde eigeklebt ist, geschützt werden. Diese wechseln sie bitte täglich. Sie verhindert, dass Reizungen durch Schlecken auf dem Body entstehen.

GESÄUGEENTZÜNDUNG (MASTITIS)

Im Gegensatz zu Milchdrüsentumoren, die anfänglich immer schmerzlos und als Knoten abgrenzbar sind, zeigt sich eine Entzündung im Gesäugebereich, eine Mastitis, eher durch flächige Schwellung und Verhärtung meist eines einzelnen Gesäugekomplexes.
In der Hälfte der Fälle entsteht solch eine Entzündung nach der Geburt durch kleinste Verletzungen beim Saugen der Welpen und aufsteigender Infektion. Die restlichen Fälle ereignen sich entweder im späten Stadium der Trächtigkeit oder im Rahmen einer Scheinträchtigkeit.
Betroffene Gesäugebereiche sind vermehrt warm, geschwollen, gerötet und vor allem schmerzhaft. Es ist sowohl ein milder Verlauf mit Abschwellung innerhalb weniger Tage bis hin zu hochfieberhaften Allgemeinerkrankungen mit eitriger Einschmelzung von Milchdrüsengewebe möglich.
Die Welpen müssen sofort separiert und mit Muttermilchersatz gefüttert werden. Dies einerseits, um die Schmerzen der Mutterhündin zu lindern und andererseits, um zum Teil tödliche Infektionen der Welpen durch die bakteriell besiedelte Milch zu verhindern. Quarkwickel und Kühlung mit einem nassen Waschlappen bringen Linderung. Ein gut sitzender Body verhindert das Schlecken und ermöglicht einfach das Kühlen. Auch hier hilft es, eine dicke Damenbinde an der passenden Stelle einzukleben.

Diese Hündin behandelt ein Stofftier wie ihren Welpen während der Scheinschwangerschaft.

Der Tierarzt wird nach steriler Milchprobenentnahme zusätzlich erforderliche Medikamente wie Antibiotikum, Entzündungshemmer und/oder Schmerzmittel einsetzen. Zusätzlich wird ein Prolaktinhemmer wie Galastop® oder Laktostop® gezielt zur Reduktion der Milchproduktion eingesetzt. Sollte trotzdem ein Abszess entstehen, muss dieser eröffnet werden. Er heilt dann meist unter Einsatz einer Drainage und sauberen Verbänden ab. In sehr seltenen Fällen muss bei schwerwiegenden Heilungsstörungen eine Entfernung der Gesäugeleiste vorgenommen werden.

SCHEINTRÄCHTIGKEIT (LAKTATIO FALSA)

Ein Anschwellen des Gesäuges ohne entzündliche Begleiterscheinungen kann ca. drei bis zwölf Wochen nach einer Läufigkeit auftreten. Das wird als Scheinträchtigkeit bezeichnet. Diese Besonderheit erklärt sich durch das Rudelverhalten bei Wölfen und Hunden. Die rangniederen, nie vom Rudelführer gedeckten Hündinnen helfen bei der Aufzucht und Versorgung der Welpen, sozusagen als Ammen. Auch ohne Trächtigkeit ermöglicht ein Abfall des Hormons Progesteron einen Anstieg von Prolaktin und damit die Milchbildung. Scheinschwangere Hündinnen verhalten sich oft anders. Sie zeigen Nestbauverhalten, in dem sie Spielsachen oder andere Dinge als Welpen sammeln und nicht so gerne Gassi gehen wollen. Wenn die physischen und psychischen Auswirkungen mild sind, reicht es, den Nestbau zu verhindern, den Welpenersatz zu entfernen und die Hündin durch Spielen und ausgedehnte Spaziergänge abzulenken. Ergänzend können Sie homöopathische Präparate wie z. B. Hormeel® von Heel verabreichen. Bei deutlichen Störungen kann der Tierarzt den Prolaktinhemmer Cabergolin (Galastop®, Laktostop®) für ein bis zwei Wochen einsetzen, der die Milchbildung zuverlässig reduziert. Dies erfolgt natürlich nur, wenn eine Trächtigkeit sicher ausgeschlossen ist.

Mutterhündin und Welpe direkt nach der Geburt.

TRÄCHTIGKEIT UND GEBURT

Die Trächtigkeitsdauer beträgt durchschnittlich 63 Tage. Sie variiert allerdings zwischen 54 und 72 Tagen, je nachdem, wann die Bedeckung in Bezug auf die Befruchtung erfolgt ist. Erfolgt die Bedeckung nach der Bestimmung des Progesteronwertes im Blut, kann dieser Zeitraum genauer bestimmt werden.

Die Geburt kündigt sich 24 bis 36 Stunden vorher durch einen Abfall der rektal gemessenen Körpertemperatur um mindestens 1 °C an. Dies wird durch einen abrupten Abfall des Hormons Progesteron verursacht. Daher ist es empfehlenswert, spätestens ab dem 50. Tag der Trächtigkeit die Körpertemperatur morgens und abends zu messen. Sinnvoll ist es, die Mutterhündin zwischen dem 57. und 60. Tag zu röntgen, um die genaue Welpenzahl zu bestimmen. Dies hilft zu besprechen, auf was bei der Geburt geachtet und mit welchen Problemen gerechnet werden sollte.

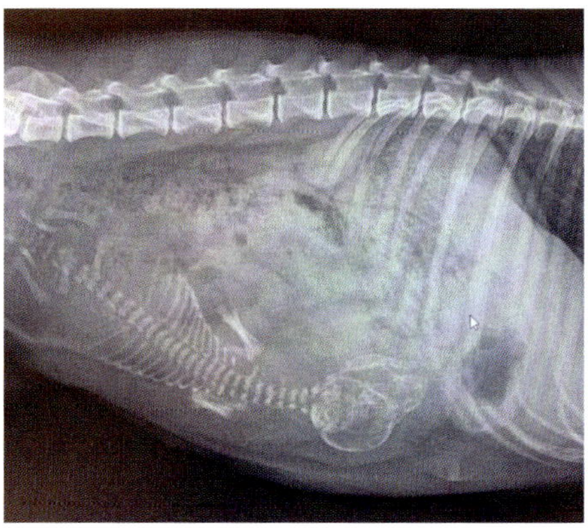

Röntgenbild eines Welpen kurz vor der Geburt.

GEBURTSUNTERSTÜTZUNG

Werden auf dem Röntgenbild nur ein oder zwei Welpen dargestellt, sollten Sie nachfragen, wann und ob ein Kaiserschnitt erfolgen muss, bei mehr als fünf Welpen, wann Wehen evtl. unterstützt werden sollten. Auch hilft es Ihnen zu wissen, ob alle Welpen geboren wurden, und Sie können eine Geburtsstörung schnell feststellen. Dies ist dann der Fall, wenn nach einer unterschiedlichen Anzahl von Welpen länger als zwei Stunden keine Wehentätigkeit mehr erkennbar ist, obwohl noch nicht alle Welpen geboren wurden. Die Röntgenuntersuchung ist aufgrund der minimalen Strahlung keine Gefahr für Mutterhündin und Welpen. Eine Ultraschalluntersuchung kann hier das Röntgen nicht ersetzen, da die genaue Anzahl damit nur selten zu ermitteln ist. Die Ultraschalluntersuchung gibt allerdings sehr gut Auskunft über den Entwicklungszustand und die Herztätigkeit der Föten. Es ist ratsam, sich im Vorfeld über den Ablauf einer Geburt und mögliche Komplikationen beim Tierarzt beraten zu lassen und zu klären, welche Praxis oder Klinik gesichert Tag und Nacht erreichbar ist.

DIE WELPEN

Die Welpen sollten Sie gleich nach der Geburt genau anschauen. Im Bereich des Bauchnabels sollte ein ca. ein Zentimeter langes Stück Nabelschnur bei geschlossener Bauchwand zu sehen sein.
Im Mäulchen muss unter hellem Licht geschaut werden, ob das Gaumendach geschlossen ist. Es darf keine Gaumenspalte, auch Wolfsrachen genannt, vorliegen. Das Problem zeigt sich ansonsten erst beim Saugakt, wenn durch die Öffnung zur Nasenhöhle Milch aus der Nase tritt. Je nach Grad der Missbildung kann ein spezialisierter Tierarzt einen Verschluss dieser Spalte herstellen. Allerdings muss der Welpe die kritische Zeit bis zur OP durch mühsame Handfütterung überleben können. Es besteht nämlich das Risiko, durch Verschlucken eine tödliche Lungenentzündung zu bekommen.

EKLAMPSIE

Mutterhündinnen einer großen Anzahl von Welpen und damit viel Milchbildung können zum Zeitpunkt der maximalen Milchproduktion, meist zwei bis drei Wochen nach der Geburt, einen Mangel an Kalzium aufweisen. Dies sieht man insbesondere bei Kleinrassen. Betroffene Hündinnen sind sehr unruhig, oft ängstlich und zeigen eine schnelle Atmung oder Hecheln. Ein steifer Gang bis hin zur Unfähigkeit zu stehen, gefolgt von Kollaps und Muskelkrämpfen, lassen die Ernsthaftigkeit dieses Zustandes erkennen und zwingen zu schneller tierärztlicher Hilfe. Der Symptomkomplex wird Eklampsie oder Schwangerschaftsvergiftung genannt.
Wenn dies nach der notfallmäßigen Infusion von Kalzium und trotz nachfolgender oraler Gabe von Kalzium wieder vorkommt, müssen die Welpen abgesetzt und von Hand versorgt werden. Die Mutterhündin bekommt dann ein Medikament, das die Milchbildung unterbindet.
Sinnvoll ist es, die Mutterhündin schon im letzten Drittel der Trächtigkeit auf ein geeignetes Welpenfutter umzustellen, um eine Unterversorgung mit Kalzium zu vermeiden. Prophylaktische Kalziumgaben können zu einer Überversorgung und damit verbundenen anderen Problemen einhergehen.

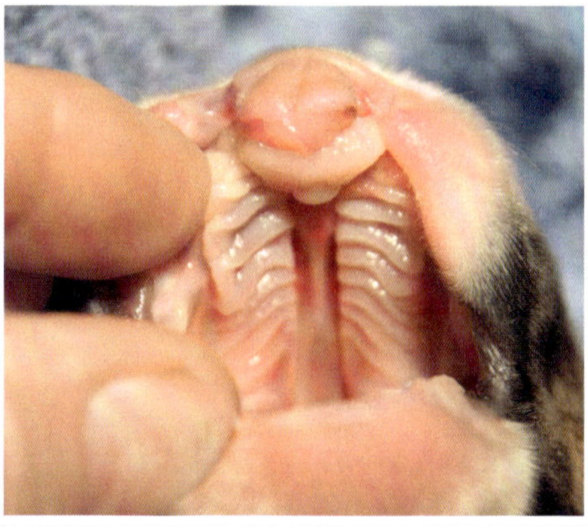

Große Gaumenspalte bei einem Neugeborenen.

Ein gesunder Welpe wird gewogen.

TUMORE – ALLGEMEINE INFOS

Ein Tumor wird definiert als eine Neubildung, Neoplasie, von Körpergewebe durch unkontrolliertes Zellwachstum. Sein Auftreten macht Angst. Frühzeitig entdeckt, sind die Heilungschancen oft sehr gut.

Gutartige (benigne) Tumore wachsen nur verdrängend an der Stelle der Entstehung, **bösartige (maligne) Tumore** hingegen können in das umliegende Gewebe einwachsen und Absiedelungen, Metastasen genannt, an anderen Stellen im Körper hervorbringen. Eine Zwischenform stellen **halb bösartige (semimaligne) Tumore** dar, da sie zwar in Gewebe einwachsen, sich jedoch nicht im Körper ausbreiten.

Eine **Sonderform** von Tumoren gibt es bei den Blutzellen oder ihren Vorläufern. Hier gibt es ein ungeordnetes Zellwachstum ohne Bildung einer Geschwulst, beispielsweise die **Leukämie**.

Tumore schmerzen erst nach fortgeschrittenem Größenwachstum oder Zerstörung von Gewebe. Daher werden die Symptome oft sehr spät bemerkt. Bei einigen Tumorarten können Auswirkungen im Körper erzeugt werden, die nicht direkt die unmittelbare Folge des lokalen Tumorwachstums oder der Absiedelung der Tumorzellen sind. Dies wird als **paraneoplastisches Syndrom** bezeichnet, das sich durch Fieber, Abgeschlagenheit, Schwäche sowie Haut- und Fellveränderungen zeigt. Je nach Lokalisation des Tumors treten eine Vielzahl von spezifischen Funktionsstörungen meist sehr spät passend zu dem betroffenen Organ auf.

TUMORART BESTIMMEN

Beim Auftreten einer Umfangsvermehrung ist immer wichtig, möglichst genau zu bestimmen, welche Tumorart es ist, ob es sich um ein gut- oder bösartiges Wachstum handelt und ob Metastasen vorhanden sind. Dies geschieht in der Regel entweder durch Gewinnung von Tumor- und/oder Lymphknotengewebe mit dünnen Nadeln (Feinnadeldiagnostik) oder durch die Entnahme von größeren Gewebeproben. Meist sind bildgebende Maßnahmen wie Ultraschall, Röntgen, Computertomografie (CT) und/oder Magnetresonanztomografie (MRT) nötig.

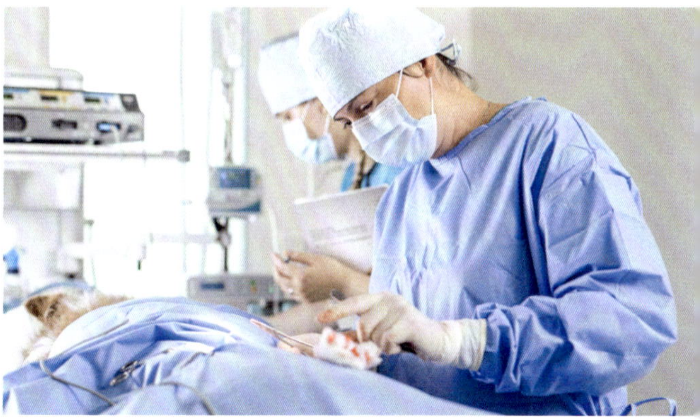

Das OP-Team aus Anästhesist und Chirurg in Aktion.

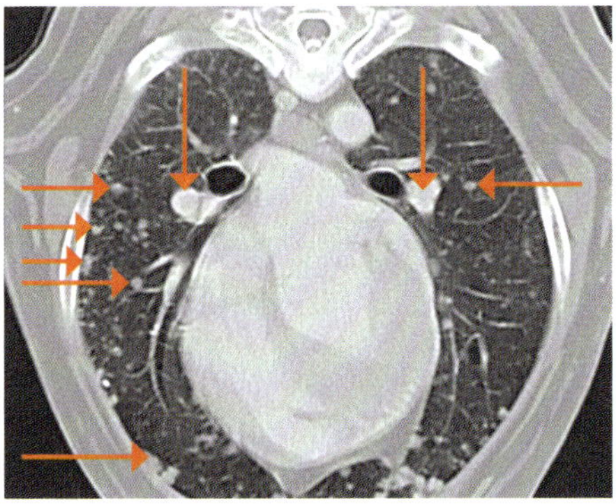

Lungenmetastasen, sichtbar im CT.

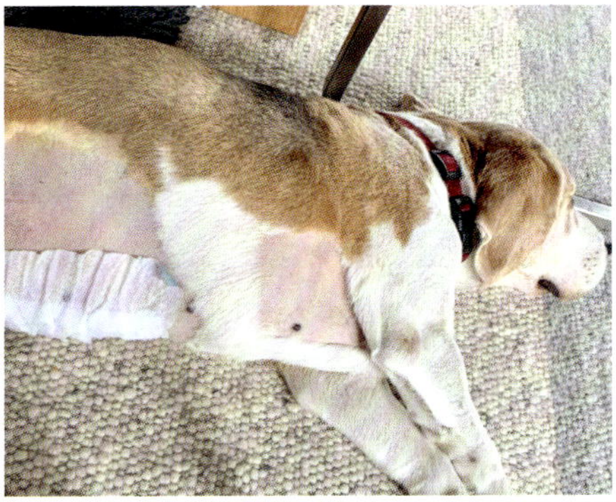

Ein Wundverband nach einer Milz-OP.

Nur wenn das Wissen um den genauen Tumortyp keine Änderung der Therapie bedeutet, z. B. beim Gesäugetumor, kann darauf verzichtet werden.
Dieses Beschreiben und Einteilen der Tumorerkrankung wird als **Staging** bezeichnet und ist die Voraussetzung für eine möglichst genaue Prognose und bestmögliche Therapie. Eine Behandlung erzielt optimalerweise eine Heilung. Dies ist leider oft nicht erreichbar. So kann nur der Zustand gelindert und Lebenszeit geschenkt werden.

THERAPIEMÖGLICHKEITEN

Operation Bei Tumorerkrankungen ist häufig der erste therapeutische Schritt die Chirurgie. Die erste OP bietet die größte Heilungschance. Nachfolgend oder vorbereitend werden oft Chemotherapie oder Bestrahlungsbehandlung kombiniert. Manchmal ist ein chirurgisches Verfahren nicht möglich, sodass nur die beiden anderen genannten Therapien eine Option sind.
Kryotherapie Bei manchen Tumorarten stellt die **Kryotherapie** eine komplikationsarme Behandlungsmethode dar. Sie vereist Tumore zielgenau mit einer speziellen Sonde, indem sie das Gewebe auf −40 °C bis −200 °C je nach Gerätetyp und Indikation abkühlt. Diese Behandlung muss im Abstand von wenigen Tagen mehrfach durchgeführt werden, bis die Tumore deutlich geschrumpft sind. Eine Narkose ist hierfür nicht erforderlich. Der behandelte Bereich muss vor Schmutz und Belecken geschützt werden. Empfehlenswert ist das zwei- bis dreimalige tägliche Auftragen eines chlorhexidinhaltigen Gels. Ein entzündungshemmendes Präparat über die Behandlungsdauer hinweg ist hilfreich.
Die Immuntherapie zur Krebsbehandlung basiert auf der Aktivierung des eigenen Immunsystems, um Krebszellen zu erkennen und unschädlich zu machen.
Ob alles, was möglich ist, auch sinnvoll für ein Tier ist, muss individuell abgewogen werden. Mit zunehmendem Alter steigt die Häufigkeit einer Tumorerkrankung. Es ist daher sinnvoll, ein frühzeitiges Tumorscreening durchzuführen. Entgegen der Hoffnung vieler Tierhalter gibt es bei Hunden nur sehr wenige spezifische Tumormarker im Blut. Trotzdem gehört eine Blutuntersuchung immer zu einem Tumorstaging, da insbesondere ältere Tumorpatienten häufig Begleiterkrankungen aufweisen, die unbedingt bei einer Therapie und der Prognose berücksichtigt werden müssen. Ein Screening ist bei großen Rassen schon ab fünf, bis sechs Jahren, bei mittleren und kleinen Rassen ab sieben bis acht Jahren sinnvoll.

Dieses beinhaltet eine gründliche Allgemeinuntersuchung, einen Blut- und Urincheck und bildgebende Verfahren wie Ultraschall und gelegentlich auch Röntgen. All dies ist ohne Narkose durchzuführen, was bei den weitaus genaueren Verfahren wie CT und MRT nicht möglich ist.
Die Vielzahl der unterschiedlichen Tumorarten würde den Rahmen dieses Buches sprengen. Konsultieren Sie daher bitte bei einer Umfangsvermehrung, die wächst, zeitnah Ihren Tierarzt.

ERNÄHRUNG VON TUMORPATIENTEN

Entgegen der weitverbreiteten Laienmeinung, dass eine kohlenhydratfreie Ernährung die beste Form der Ernährung bei Tumorpatienten sei, gibt es keinerlei belegte Studien hierfür. Eine Diät bei Krebspatienten ist meist sehr energiedicht, da der Tumor „mitfrisst". Ansonsten muss die Diät auf das jeweilig betroffene Organsystem, das Alter des Patienten und das Stadium der Erkrankung abgestimmt sein. Tierernährungsspezialisten sind hier der richtige Ansprechpartner, da häufig gut gemeintes Selbstzubereiten ohne Fachwissen den gegenteiligen Effekt haben kann.

MILZTUMOR

Bei dem häufig auftretenden Milztumor ist eine Ultraschalluntersuchung als Screeningmethode absolut ausreichend. Vor allem bei größeren Rassen mittleren Alters sind ca. 40 % aller Tumore im Bauchbereich Milztumore.
Davon sind ungefähr zwei Drittel bösartig. Diese neigen sehr zur Metastasierung. Wird abgewartet, bis Symptome sichtbar sind, liegen zum Zeitpunkt der Diagnosestellung schon bei 75 % der Patienten Metastasen vor. Milztumore bluten sehr schnell. So gelangen Krebszellen in die Bauchhöhle. Bei massiven Blutungen versterben die Hunde innerhalb weniger Stunden. In Frühstadien werden keinerlei Symptome gesehen, die Umfangsvermehrungen können aber im Ultraschall entdeckt werden. Allerdings sind nicht alle im Ultraschall gefundenen Veränderungen bösartige Tumore. Daher sind bei unklaren Veränderungen Ultraschallkontrolluntersuchungen im Abstand von ca. drei Monaten sinnvoll. Bei Wachstum oder Strukturveränderung sollte man die Milz in einer unkomplizierten OP entfernen, da die Milz als Blutspeicherorgan bei unseren Hunden keine unverzichtbare Funktion hat.

BEI SCHWÄCHE AN EINEN MILZTUMOR DENKEN

Bei einem mittelalten Hund einer großen Rasse sollte bei einer plötzlich auftretenden Schwäche immer an einen blutenden Milztumor gedacht werden. Kontrollieren Sie die Maulschleimhaut Ihres Hundes wie im Medical Training auf Seite 11 ff. beschrieben. Ist die Schleimhaut blass oder sogar weiß oder die Füllungszeit dauert länger als drei Sekunden (bitte Sekunden korrekt auszählen, da unser Zeitgefühl falsch sein kann) ist Eile geboten, einen Tierarzt zu konsultieren.

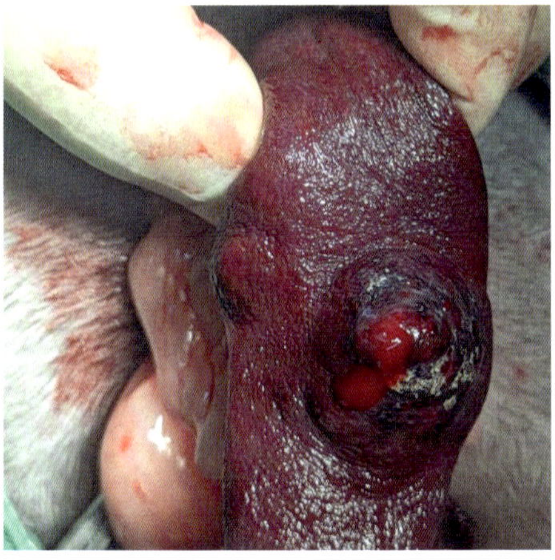

Blutender Milztumor nach operativer Entfernung der Milz.

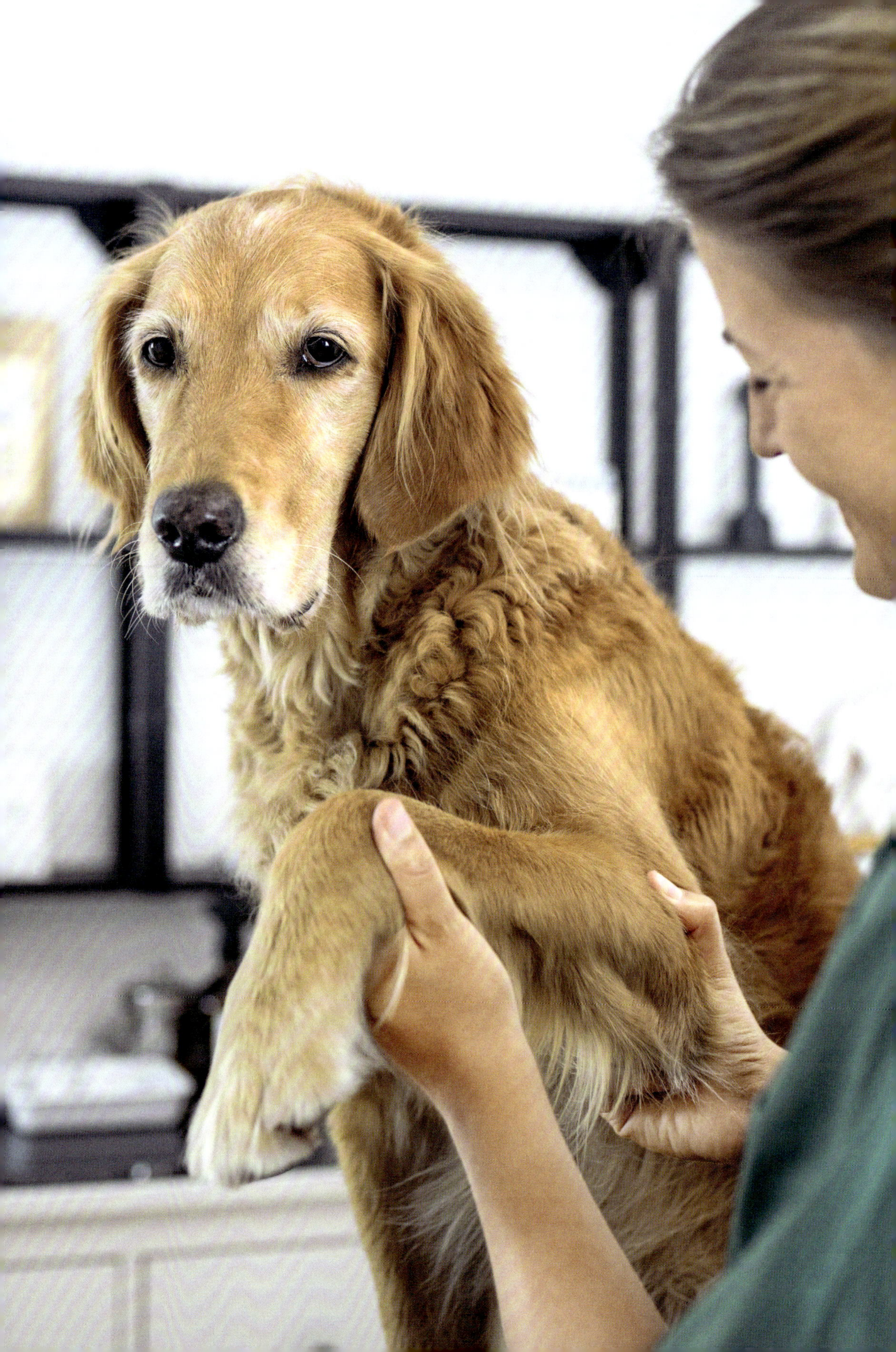

ERKRANKUNGEN DES BEWEGUNGSAPPARATES

Hierunter fallen ganz verschiedene Probleme. Sie können eindeutig nur die Knochen, Bänder, Faszien, Muskeln oder Nerven betreffen. Oft betrifft das Problem allerdings mehrere dieser Strukturen.

LAHMHEIT ODER LÄHMUNG?

Eines gleich vorweg: **Lahmheiten** sind eigentlich nie Notfälle, **Lähmungen** schon. Doch wie unterscheidet man diese? Bei Lahmheiten belastet der Hund das betroffene Bein nur kurz, da es ihm wehtut, oder er hebt es komplett in die Höhe. Bei Lähmungen kann er das Bein nicht korrekt belasten, er schlurft oder zieht das Bein nach.
Zeigt Ihr Hund Unregelmäßigkeiten im Gang, ist es wichtig zu wissen, dass es zwei Arten von Lahmheit gibt: die Stützbein- und die Hangbeinlahmheit. Bei der **Stützbeinlahmheit** sind Knochen und Gelenke betroffen, sodass dieses Bein eine normale Schrittlänge, aber kurze Belastung zeigt, d. h. der Hund fällt beim Laufen auf die andere, gesunde Seite. Bei der **Hangbeinlahmheit** ist meist die Muskulatur oder das Nervensystem betroffen, d. h. der Hund kann das Bein nicht gut nach vorne führen, die Schrittlänge ist kürzer, der Hund belastet aber normal. Diese Art der Lahmheit ist allerdings viel seltener. Häufig treten gemischte Formen auf.

GELENKPROBLEME VERMEIDEN

Schon im Welpenalter gilt es Grundsätzliches zu beachten, um Erkrankungen der Gelenke zu verhindern.

Die Fütterung von Welpen und Junghunden muss hinsichtlich der Menge und Art den Bedürfnissen entsprechen. Im Klartext bedeutet dies, dass Welpen langsam die endgültige Größe erreichen sollen. Bei zu schnellem Größenwachstum nehmen die Gelenke häufig Schaden.

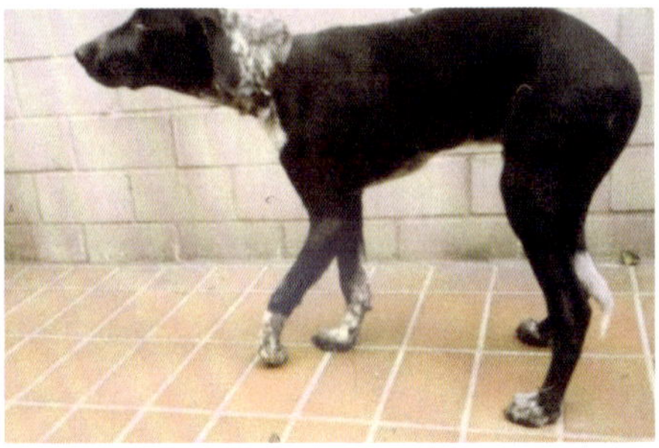

Die Kusshandstellung ist Zeichen einer Lähmung der Vorderpfote.

Futtermittelexperte ist keine geschützte Berufsausbildung. Achten Sie daher sehr genau darauf, wie der Berater ausgebildet ist. Lassen Sie sich von einem Fachmann eine Wachstumskurve für Ihren Welpen erstellen und wiegen Sie ihn wöchentlich. So haben Sie die größte Chance, diesen gesund großwerden zu lassen.

Die endgültige Körpergröße wird außer bei Mangelernährung immer erreicht, nur die Wachstumsgeschwindigkeit wird durch ein übermäßiges Futterangebot beschleunigt und führt dann sehr häufig zu Wachstumsstörungen. Eine Faustregel rät zum Erreichen von ca. 30 % des Endgewichts nach vier Monaten, 60 % nach sechs Monaten und 80 % nach zwölf Monaten.
Es gilt die folgende „Goldene Regel": Hunde sollen schlank großgezogen werden.
Es sollte ein qualitativ hochwertiges Welpen- bzw. Junghundefutter passend zur Endgröße des Hundes verwendet werden. Hierin sind alle nötigen Vitamine, Mineralstoffe und Spurenelemente enthalten. Besprechen Sie die Gabe von Zusatzpräparaten unbedingt mit Ihrem Tierarzt. Da der Futtermittelmarkt in den letzten Jahren stetig anwächst, ist es für Sie als Tierhalter sehr schwer, das richtige Futter zu finden. Es ist unbedingt anzuraten, sich umfassend bei spezialisierten Tierärzten zu informieren. Barfen oder Selbstkochen für Hunde in der Wachstumsphase ist eine Herausforderung, da die Ration in regelmäßigen Abständen angepasst werden muss. Von Fertig-Barf-Mischung ohne exakte Deklaration sollten Sie immer Abstand nehmen, da so keine optimale Versorgung des Hundes gewährleistet ist.

Übergewicht Bei allen bestehenden Gelenkproblemen ist es auch sehr wichtig, das optimale Gewicht zu halten. Übergewicht bedeutet nicht nur mehr Belastung für die Gelenke. Zusätzlich bildet das Fettgewebe selbst entzündungsfördernde

Wie der rechte Hund sollte Ihr Vierbeiner bitte nie aussehen.

Nutrazeutika unterstützen die Gelenkgesundheit.

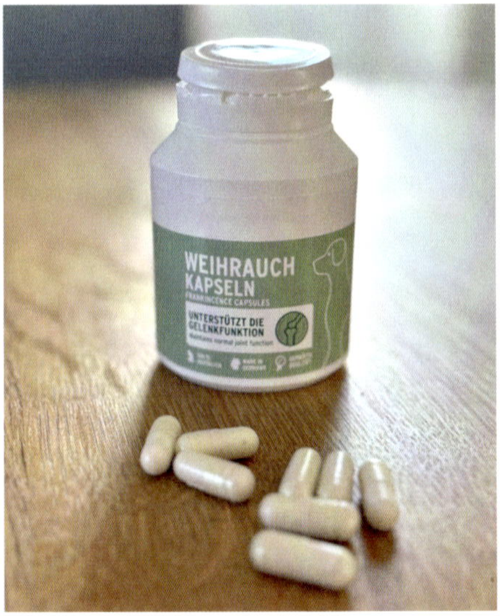

Lassen Sie sich beraten.

Stoffe. Manche Lahmheiten verschwinden allein durch Gewichtsreduktion. Spezielle Abnehmfuttermittel helfen, dass Ihr Hund satt wird, ausreichend mit allen wichtigen Nährstoffen versorgt ist und schonend abnimmt.

Futterzusätze, die den Gelenkstoffwechsel positiv beeinflussen können, sind z. B. Glykosaminoglykane (GAGs). Diese sind wichtige Bausteine im Gelenkknorpel und tragen aufgrund ihrer Fähigkeit, große Mengen Wasser zu binden, zur Elastizität der Gelenkknorpel bei. Da diese GAGs ein Naturstoff aus Grünlippmuscheln oder Schalentieren sind, können sie unbedenklich schon im Wachstum eingesetzt werden. Wenn Entzündungen entstanden sind, bei angeborenen Gelenkerkrankungen, manchmal schon im Alter von wenigen Monaten, kann ein Präparat mit dem Wirkstoff UC II der Entzündung auf natürliche Weise entgegenwirken. Es ist unter dem Namen Flexadin® zu kaufen. Das Zufüttern verhindert schon nach kurzer Zeit, dass krankhafte Gelenkknorpelanteile vom Immunsystem des Hundes als Fremdkörper bekämpft werden. Das Immunsystem „lernt“, dass es nicht mit einer überschießenden Entzündungsreaktion antwortet. Dem Präparat Flexadin® ist zusätzlich ein bei Entzündung wirksamer Pflanzenextrakt aus Weihrauch zugesetzt.

Pflanzenpräparate Auch pflanzliche Präparate wie Teufelskralle, Weidenrinde und Gelbwurz sind hilfreich. Ebenfalls hemmen Omega 3-Fettsäuren und das Schwefelpräparat MSM® die Entzündungsprozesse in Gelenken und können mit oben genannten Präparaten kombiniert werden, wenn sie nicht bereits enthalten sind. Empfehlenswerte Kombipräparate sind Dexboron forte® und ArthroDog4+®.

Bewegung und Physiotherapie Neben der passenden Ernährung ist auch die **angepasste Bewegung** Ihres Hundes sehr wichtig. Da der Gelenkknorpel von der Gelenkflüssigkeit nur bei Bewegung durch Druckbelastung und Druckentlastung ernährt wird, sind angepasste Spaziergänge und **physiotherapeutische Maßnahmen** bei jeder Art von Erkrankungen im Bereich des Bewegungsapparates sinnvoll.

Spielen macht Spaß und fördert das Sozialverhalten.

☞ EXKURS:

PASSENDE WELPENGRUPPE

Natürlich ist bei Welpen und Junghunden der frühzeitige soziale Kontakt mit anderen Hunden wichtig. In einer gut und verantwortlich moderierten Welpengruppe lernen Hunde unterschiedlicher Rassen und Größe und deren Tierhalter die verschiedenen Arten zu spielen kennen und damit umzugehen. Dies ist sehr wichtig, um Beißereien zu vermeiden. Sprünge und Treppenlaufen sollten bis zum Abschluss des Knochenwachstum mit ca. zwölf Monaten nicht gefördert werden. Eine dem Alter des Welpen angepasste Bewegung unter Vermeidung einer Überlastung ist wichtig.

Bei jeder Beschäftigung sollten Sie aufmerksam auf Ermüdungserscheinungen Ihres Hundes wie Hinterhertrotten oder häufiges Hinsetzen achten. Tobende Hunde zeigen oft keine Müdigkeit, weshalb Sie hier als Tierhalter gefordert sind, die Spielzeit passend zu begrenzen. Diese Eingrenzung ist bei bestimmten Rassen wie z. B. dem Malinois bei fast jedem Welpen zwingend nötig. Ein griffiger Untergrund hilft, Ausrutschen auf glatten Böden zu vermeiden. Feste Zeiten können nicht angegeben werden, da diese stark von Hund zu Hund je nach Körperbau und Trainingszustand variieren.

DIAGNOSTIK

Leider treten verschiedene Erkrankungen trotz Einhaltung aller Regeln und Vorsichtsmaßnahmen schon im Junghundealter auf. Davon sind einige durch deutliches Hinken recht einfach zu erkennen, andere zeigen nur dezente oder noch keine Symptome und können nur durch bildgebende Verfahren wie Röntgen und Computertomografie (CT) entdeckt werden.

RÖNTGEN, COMPUTERTOMOGRAFIE (CT) ODER MAGNETRESONANZTOMOGRAFIE (MRT)

Beim Röntgen und bei der Computertomografie (CT) werden Röntgenstrahlen eingesetzt. Beim Röntgen wird nur ein Summationsbild aller Schichten abgebildet, in der Computertomografie (CT) können sehr dünne Schichten von bis zu einem halben Millimeter auch in 3 D dargestellt werden. **Röntgenbilder** können oft ohne Narkose und von allen diensthabenden Tierärzten angefertigt werden. Sie geben sehr oft wichtige Hinweise, manchmal ergibt sich auch sofort die Diagnose.
Meist nur größere oder spezialisierte Tierarztpraxen verfügen über einen Computertomografen. Für die **Computertomografie (CT)** ist eine Kurznarkose nötig. Sie wird daher häufig bei weiterem Abklärungsbedarf eingesetzt. Eine Computertomografie (CT) und **Magnetresonanztomografie (MRT)** sind nicht gleichwertig in der Darstellung verschiedener Gewebe. So ist die Computertomografie (CT) in knöchernem Gewebe viel aussagekräftiger und reicht z. B. auch in den meisten Fällen zur Lokalisation des Bandscheibenvorfalls für die OP aus. Allerdings sind die Weichteilgewebe wie Rückenmark, Gehirn und die davon ausgehenden Nerven wie auch das Ausmaß entzündlicher Folgen nur in der Magnetresonanztomografie (MRT) beurteilbar.
Eine Magnetresonanztomografie (MRT) ist bei den orthopädischen Junghunderkrankungen selten erforderlich.

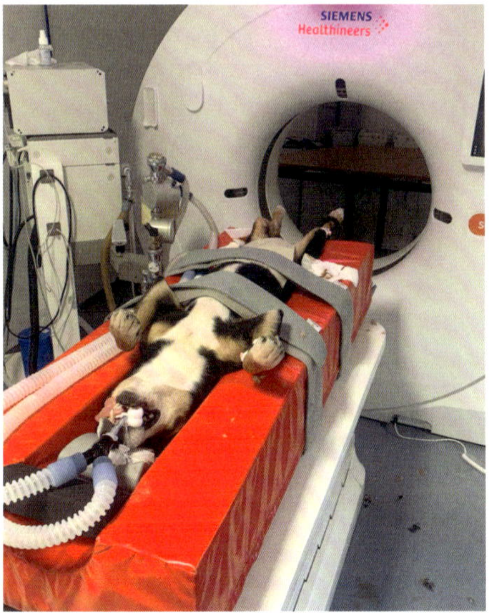

CT-Untersuchung bei einem Hund in Narkose.

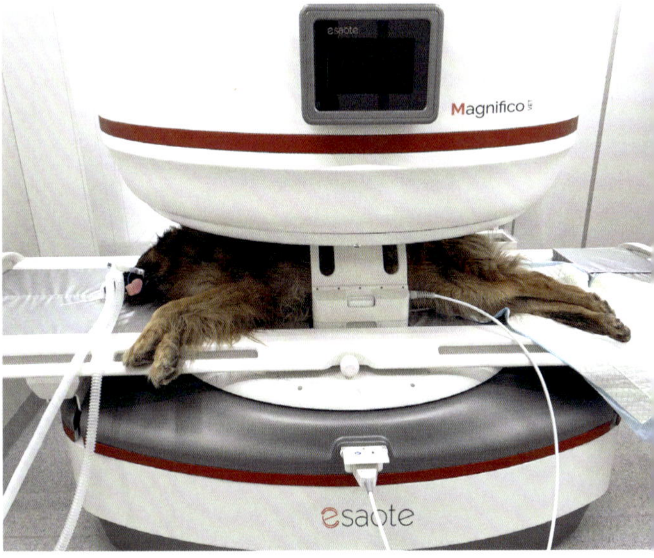

MRT-Untersuchung bei einem Hund in Narkose.

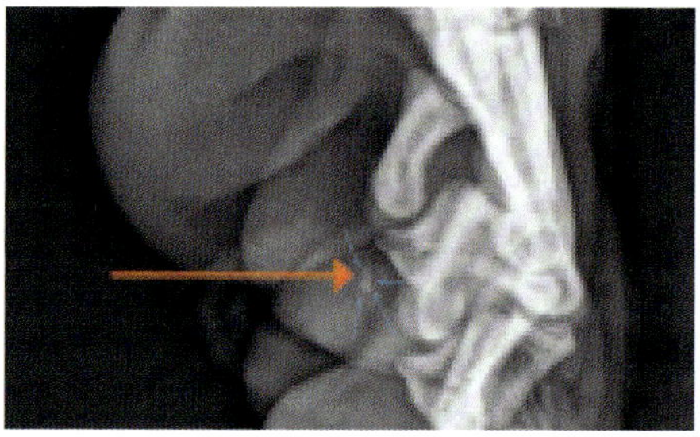

Glassplitter nach der Entfernung: Er ist nur bei genauem Hinsehen im Röntgenbild erkennbar.

WAS TUN BEI SCHMERZEN?

Manche Hunde schreien plötzlich auf und stehen dann nicht mehr auf dem Bein. Dies ist häufig bei Welpen während des Spiels der Fall und macht daher Angst. Warten Sie gerne erst einmal ab und beruhigen den Hund. Dies gelingt oft, indem man ihn mit Leckerli ablenkt.
Untersuchen Sie dann alle vier Beine immer im Seitenvergleich. Beginnen Sie bei den Pfoten. Untersuchen Sie die Krallen, indem Sie jede einzelne mit mäßigem Druck abtasten und bewegen. Wichtig ist, dass Sie versuchen, immer nur ein Gelenk zu bewegen. Dies gelingt, indem Sie mit einer Hand z. B. das unterste Zehenglied mit der Kralle untersuchen und mit der anderen Hand den oberen Zehenanteil festhalten. So tasten Sie sich dann von Gelenk zu Gelenk nach oben. Wichtig ist, das Gelenk langsam maximal zu beugen und maximal zu strecken. Stellen Sie eine Schmerzhaftigkeit fest, prüfen Sie dies erneut ca. eine Stunde später. Dies kann dem Tierarzt wichtige Hinweise geben, da der Hund in der Praxis oft aufgrund von Stress keinen oder weniger Schmerz zeigt.
Bei allen Erkrankungen des Bewegungsapparates ist es für den behandelnden Tierarzt hilfreich, die Symptome, die der Hund zu Hause oder im Freien zeigt, per Video begutachten zu können. Manche Hunde zeigen nämlich beim Tierarzttermin aufgrund der Aufregung keine Symptome mehr.

VIDEOAUFNAHMEN ZUR DIAGNOSESTELLUNG

Versuchen Sie, die auffälligen Veränderungen mit Ihrem Handy aufzunehmen, am besten an verschiedenen Tagen oder mehrfach zu verschiedenen Uhrzeiten. Viele Handys verfügen über eine Zeitlupenfunktion, die bei einer schwer erkennbaren Lahmheit zusätzlich helfen kann.

Wichtig sind folgende Aufnahmen:

- Wie steht Ihr Hund nach einer längeren Ruhephase auf?
- Wie legt er sich ab?
- exakt von hinten im Schritt und Trab
- exakt von vorne im Schritt und Trab
- wenn möglich, von der Seite im Schritt und Trab

Heben Hunde das Bein und Lecken daran, ist es notwendig, sofort das Lecken zu unterbinden und gezielt nach Fremdkörpern, manchmal ganz winzigen Stacheln von Bienen, Dornen oder Glassplittern, zu suchen. Diese können Sie mit kontinuierlichem Zug in die entgegengesetzte Richtung des Eindringens entfernen. Die Stelle können Sie danach kühlen. Glassplitter können leider tiefer in einen Zehenballen eindringen und nur durch eine Röntgenaufnahme entdeckt werden. Wenn Sie es nicht schaffen, einen sichtbaren Fremdkörper zu entfernen, ohne diesen z. B. abzubrechen, belassen Sie ihn an Ort und Stelle und legen einen Pfotenverband an. Danach konsultieren Sie bitte Ihren Tierarzt.

EXKURS

PFOTENVERBAND ANLEGEN

Beim Anlegen eines Verbandes ist es wichtig, dass dieser nicht zu fest ist und so Gefäße staut. Wattestreifen als Polsterung zwischen die einzelnen Zehen zu legen ist optimal. Wenn Sie dies nicht schaffen, kein Problem, solange Sie den Verband jeden Tag wechseln und locker wickeln. Rollen Sie die Watte und vor allem die elastische Binde immer zuerst ab und legen sie dann mit wenig Zug in Achtertouren um die Pfote. Achten Sie bitte darauf, dass der Verband nie direkt in einem Gelenk zu Ende ist, sodass er beim Stehen oder Laufen dort nicht reibt oder staut. Wird ein Verband nass, muss er zeitnah gewechselt werden. Fixieren können Sie den Verband mit Klebestreifen im Fell. Sollte Ihr Hund einen Verband plötzlich Benagen/Abschlecken oder verstärkt lahmen, wechseln Sie diesen bitte, da es sein kann, dass z. B. die Watte gerutscht ist und den Hund somit stört, weil sie drückt.

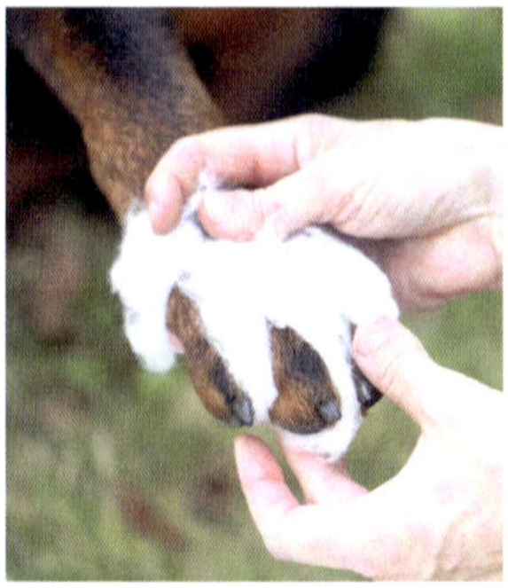

*Zuerst polstert man mit **Baumwoll**watte zwischen allen Zehen.*

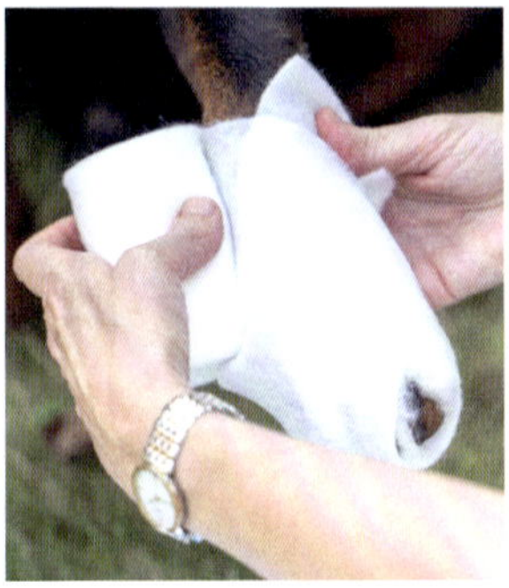

*Nun wird die **Verbands**watte in Achtern um die Pfote gelegt.*

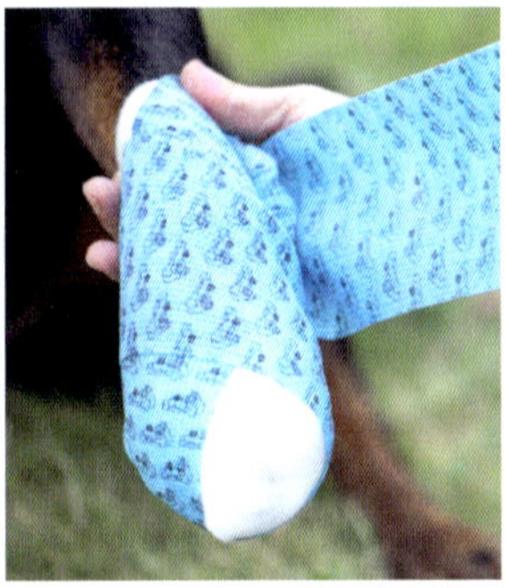

Dann wird die elastische Binde ohne Zug in Achtern angelegt.

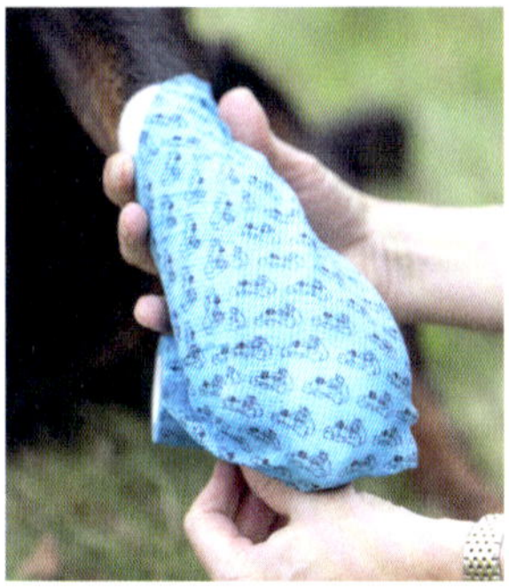

Die Watte darf an der Krallenspitze nicht herausschauen.

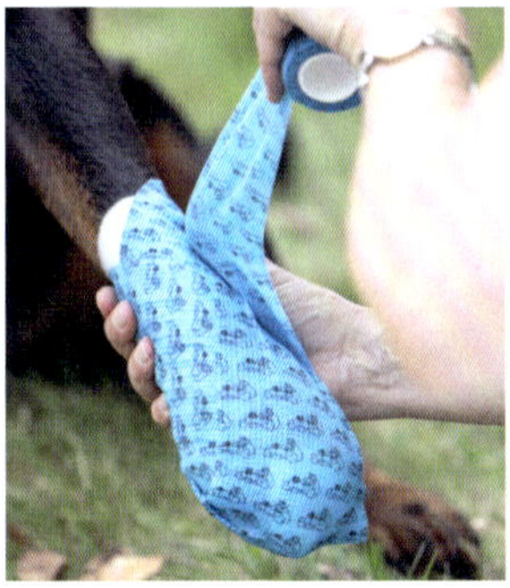

Das Gleiche zum Bein hin, die Watte soll verdeckt sein.

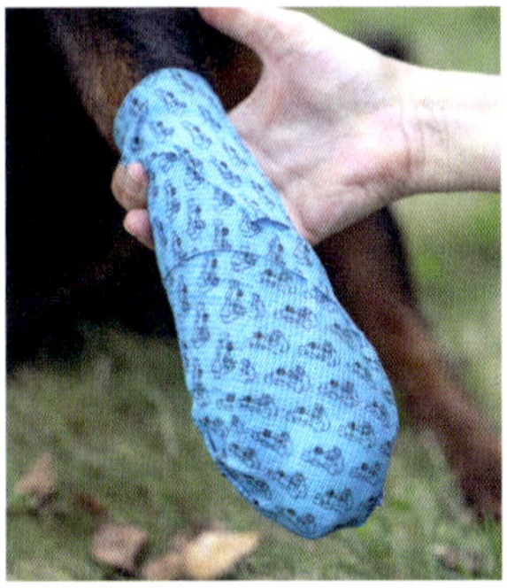

So sieht der perfekte Pfotenverband aus.

THERAPIE

Die **Therapie von Störungen des Bewegungsapparates** erfolgt im ersten Schritt immer, wenn hier nicht anders beschrieben, mit entzündungs- und schmerzlindernden Medikamenten. Bei chronischen Problemen am besten multimodal, was klar macht, dass verschiedene Maßnahmen wichtig sind, die sich zu einer optimalen Therapie ergänzen und so die bestmögliche Lebensqualität Ihres Hundes sicherstellen.

Die multimodale Therapie ist ein Zusammenspiel aus

— Ernährung (siehe Seite 137)
— Optimalem Gewicht
— Physiotherapie
— Umgebungsoptimierung
— Medikation

Empfehlenswert ist ein angepasstes Fütterungs- und Bewegungsmanagement, um **Übergewicht zu vermeiden.**

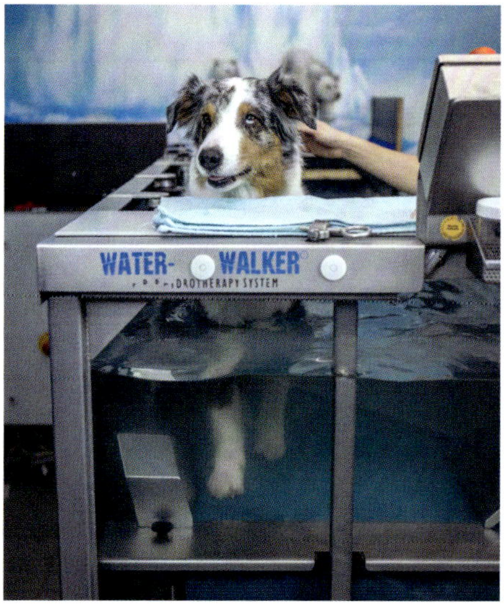

Das Unterwasserlaufband – vielseitig und effektiv, nicht nur bei Problemen des Bewegungsapparates.

PHYSIOTHERAPIE

Zusätzlich hilft die **Physiotherapie** gezielt, stabilisierende Muskulatur aufzubauen. Eine physiotherapeutische Behandlung ist auch nach Operationen unbedingt anzuraten. Hervorzuheben ist die Therapie mittels **Unterwasserlaufband**, welche die Genesung bei allen langwierigen Problemen des Bewegungsapparates am besten unterstützt. Der Auftrieb im Wasser mindert die Gewichtsbelastung der Gelenke abhängig von der eingefüllten Wassermenge. So kann zu Beginn einer postoperativen Therapie eine sehr schonende Bewegungstherapie angefangen werden und mit Nachlassen der Schmerzen durch kontinuierliche Verringerung der Wassertiefe die angepasste Gewichtsbelastung gesteigert werden. Die Laufbänder sind sowohl in der Geschwindigkeit als auch in den Steigungswinkeln variierbar und stellen somit die idealen Trainingsbedingungen in der Rehabilitation dar.
Bei großen Hunden sollten **Einstiegshilfen** in das Auto eingesetzt werden. Es hilft, die Nutzung frühzeitig zu trainieren.
Gehhilfen unterstützen die Hunde beim Treppensteigen.

MEDIKAMENTÖSE THERAPIE

Bei fortgeschrittenen schmerzhaften Gelenkentzündungen empfiehlt Ihr Tierarzt eine **medikamentöse Therapie**. Inzwischen gibt es sehr gute, zur Daueranwendung zugelassene Präparate auf dem Markt. Bei deren Anwendung ist es sinnvoll, in regelmäßigen Blutuntersuchungen das Blutbild und die Nieren- und Leberwerte zu kontrollieren. So kann aus der Vielzahl der zur Verfügung stehenden Entzündungshemmer, der für Ihren Hund geeignete ausgewählt werden. Eine Alternative zu entzündungshemmenden Tabletten stellt oft ein schmerzlinderndes Medikament namens Librela dar. Es handelt sich um

Die Einstiegshilfe unterstützt Tierhalter und Hunde im Alter und bei Gelenkproblemen.

eine Injektionslösung mit ca. vier Wochen wirksamen Antikörpern, die das für die Schmerzübertragung verantwortliche Protein binden und so eine sehr nebenwirkungsarme Alternative darstellen. Beurteilen Sie die Effektivität dieses Präparates bitte immer erst, nachdem die zweite Injektion verabreicht wurde.

Solche Gehhilfen gibt es online in verschiedenen Formen zu kaufen.

ANGEBORENE GELENK-ERKRANKUNGEN

Speziell bei den angeborenen Gelenkerkrankungen liegt die Hauptursache in der Vererbung. Wichtig ist daher, beim Kauf des Hundes einen zuverlässigen Züchter zu wählen. Am besten lassen Sie sich die Zuchtpapiere, in denen viele dieser Krankheiten notiert sind, in Kopie geben und besprechen diese mit Ihrem Tierarzt, bevor Sie sich für einen Hund entscheiden.
Einen nicht zu vernachlässigenden Anteil hat auch die Überlastung der Gelenke im Wachstum durch nicht dem Alter und der Größe des Hundes angepasste Belastung und Fütterung.

HÜFTGELENKDYSPLASIE (HD)

Der Begriff Dysplasie kommt aus dem Griechischen von „dys“ schlecht und „plasia“ Form. Dies meint bei der HD, dass der Oberschenkelkopf nicht korrekt in der Gelenkpfanne des Beckens liegt. Betroffen sind vor allem mittelgroße und große Rassen sowie deren Mischlinge. Da die Veranlagung, an HD zu erkranken, zu ca. 60 % erblich ist, müssen Zuchthunde verschiedenster Rassen

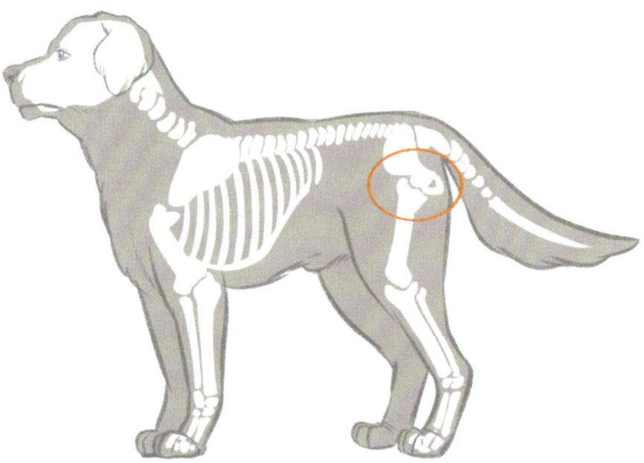

Dort ist die Hüftproblematik zu finden.

immer den Nachweis erbringen, dass sie HD-frei sind oder nur geringe Veränderungen aufweisen. Falsche Fütterung (Menge, Qualität, Futterzusätze) und Fehlbelastungen im Wachstum tragen ebenso zur Fehlentwicklung der Hüftgelenke bei.

Symptome dieser Erkrankung sind sehr variabel und können schon im Alter von vier Monaten durch einen instabilen Gang auffallen. Häufig wird dies dem noch tapsigen Gangbild eines Welpen zugeschrieben. Mittels des Ortolani-Tests kann die vermehrte Beweglichkeit durch ein fühlbares Schnappen und oft auch hörbares Klicken im Hüftgelenk von einem erfahrenen Tierarzt diagnostiziert werden. Abhängig vom Schweregrad der HD und der Statik des Hundes treten die Schmerzen bei manchen Hunden bereits im Alter von wenigen Monaten auf, bei anderen erst im Seniorenalter. Diese sind bei erschwertem Aufstehen oder durch Lahmheiten der Hinterbeine erkennbar. Sind solche Symptome sichtbar, kann ein Tierarzt schon im wachen Zustand die Beweglichkeit der Hüftgelenke prüfen und dadurch eine schmerzhafte Reaktion auslösen. Zusätzlich wird der Schweregrad der Erkrankung durch verschiedene Hüftgelenksaufnahmen dokumentiert.
Da nur das frühzeitige Erkennen einer HD die große Palette der vielfältigen Therapien ermöglicht, sollte jede gefährdete Rasse und deren Mischlinge einer HD-Untersuchung im Alter von bereits sieben bis acht Monaten durch einen spezialisierten Tierarzt unterzogen werden.

PennHip-Röntgen Ein besonderes Früherkennungsverfahren ist das PennHip-Röntgen. Der Name stammt von der Universität Pennsylvania, die dieses Verfahren erforscht und etabliert hat. Schon ab dem Alter von vier Monaten kann damit eine Aussage über die Wahrscheinlichkeit der Entstehung einer HD getroffen werden. Ziel ist es, anhand dieser speziellen Aufnahmen und verschiedener klinischer Tests in der für

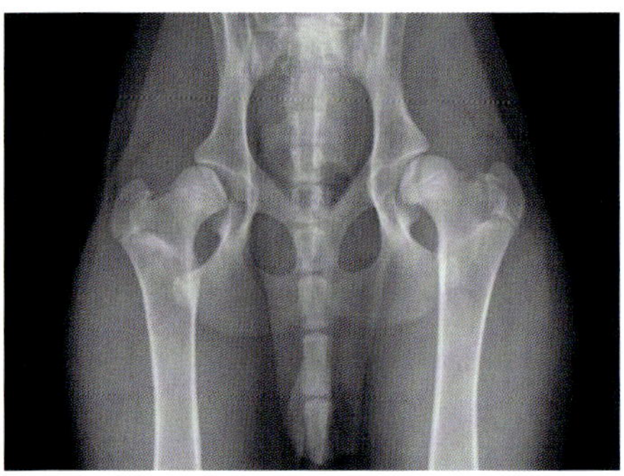

Mittelgradige HD.

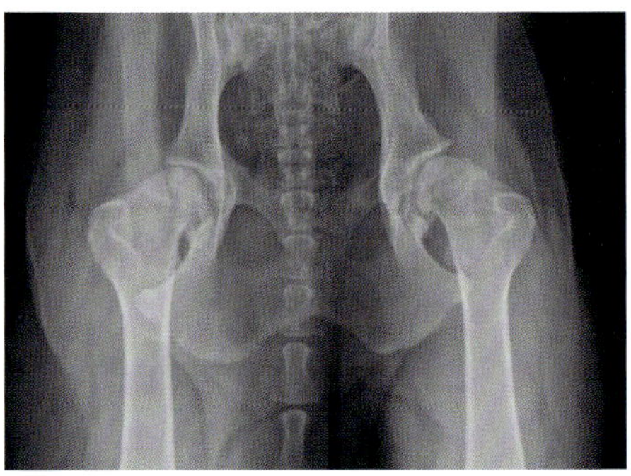

Hochgradige Veränderung beider Hüftgelenke.

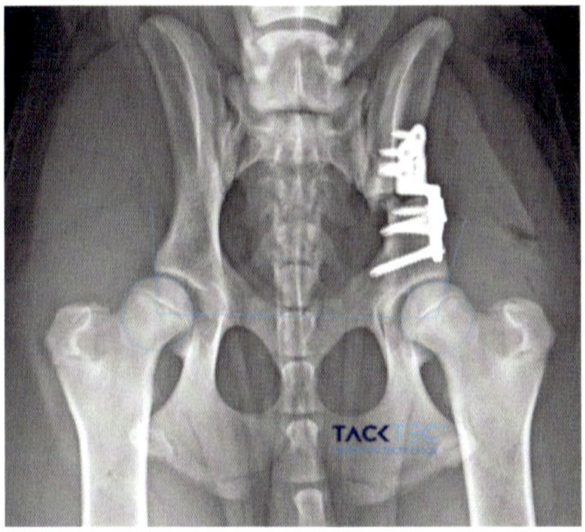

Röntgenbild einer Beckenumstellungsosteotomie.

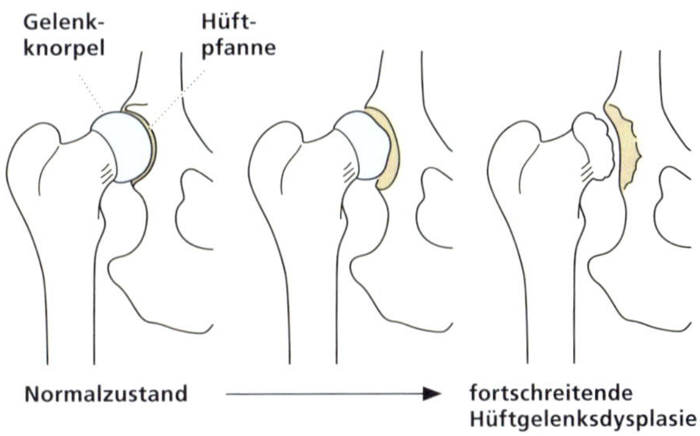

Diese Veränderungen an Oberschenkelkopf und Beckenpfanne sieht man bei dem Fortschreiten der HD.

dieses Röntgen notwendigen Sedation einen individuellen Behandlungsplan aufzustellen. Dieser reicht von Physiotherapie und spezifischem Bewegungsmanagement bis hin zu sinnvollen frühzeitigen chirurgischen Eingriffen. Es sind in Deutschland nur einige Tierärzte zertifiziert und alle Aufnahmen müssen zentral bei der Universität von Pennsylvania ausgewertet werden. Die Tierhalter bekommen ein Zertifikat über das Ergebnis.

Die Therapiemöglichkeiten sind abhängig vom Schweregrad der HD, dem Gewicht, Alter und dem möglichen Einsatz des Hundes, z. B. als Jagd- oder Therapiehund.

Die vielfältigen chirurgischen Maßnahmen müssen mit einem spezialisierten Chirurgen besprochen und abgewogen werden. Es sei darauf hingewiesen, dass bestimmte Methoden, wie die Umstellungsosteotomie des Beckens, nur bis zum Lebensalter von knapp über einem Jahr durchführbar sind. Danach ist das Spektrum der Möglichkeiten deutlich eingeschränkt.
Beim ausgewachsenen Hund kann z. B. nur der Oberschenkelkopf entfernt (Oberschenkelkopfresektion) oder ein künstliches Gelenk (Endoprothese) eingesetzt werden. Ganz besonders wichtig ist hier, alle Facetten der oben beschriebenen multimodalen Therapie zu nutzen.

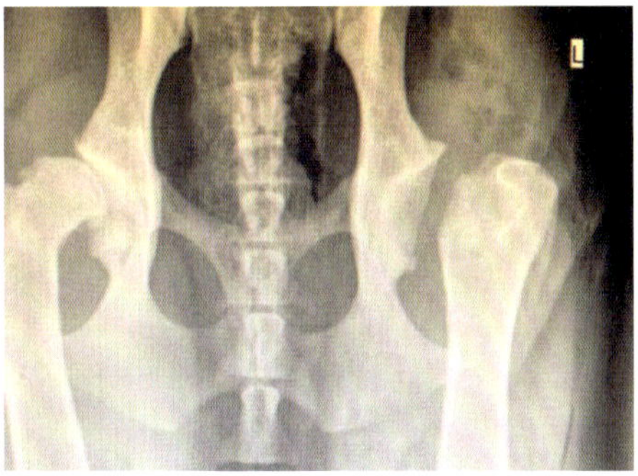

Oberschenkelkopfresektion: Sie sieht dramatisch aus, ist aber oft eine gute kostengünstige Lösung.

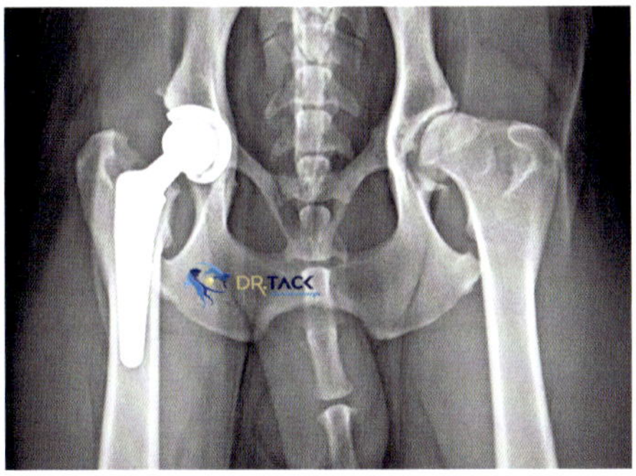

Das Implantat einer künstlichen Hüfte ist auch beim Hund etabliert.

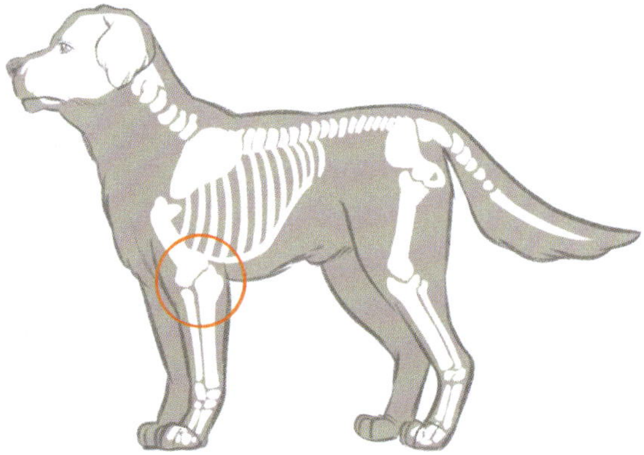

Hier finden Sie das Ellbogengelenk.

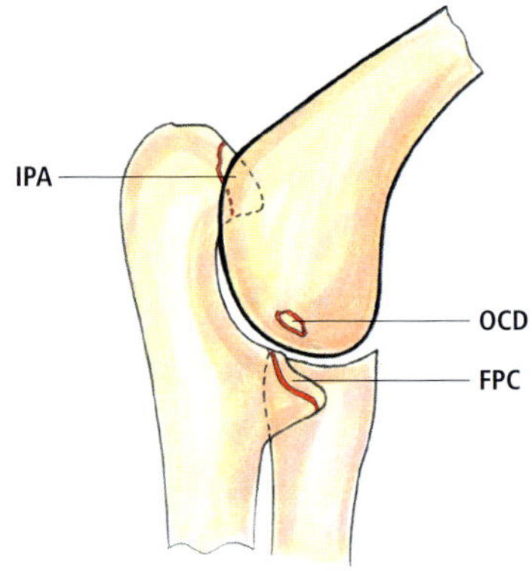

ED ist der Überbegriff für verschiedene Probleme.

ELLBOGENDYSPLASIE (ED)

Die ED ist der Sammelbegriff für mehrere wachstumsbedingte Erkrankungen des Ellbogengelenkes. Sie ist wie die HD auch erblich und führt leider immer wieder zu einer Knochen-Gelenkentzündung (Osteoarthritis) in unterschiedlichem Ausmaß. Auch hier gilt: Je früher die Erkrankung erkannt und sowohl chirurgisch als auch multimodal wie die HD behandelt wird, desto langsamer schreitet die Erkrankung fort.
Im Gegensatz zum Hüftgelenk, bei dem nur zwei Knochen, nämlich der Oberschenkel und das Becken, das Gelenk bilden, machen hier drei Knochen, der Oberarmknochen, die Elle und die Speiche, das Gelenk noch komplexer. Wenn diese nicht perfekt zueinander passen, entsteht Reibung mit Abnutzung von zunächst Knorpel und dann Knochen mit der Folge einer Knochen-Gelenkentzündung.

Die häufigsten Erscheinungsformen sind

1. das mediale Kompartmentsyndrom (MCD)
2. der isolierte Processus anconaeus (IPA)
3. die Osteochondrosis dissecans (OCD)
4. die Stufenbildung im Ellbogengelenk (Gelenkinkongruenz).

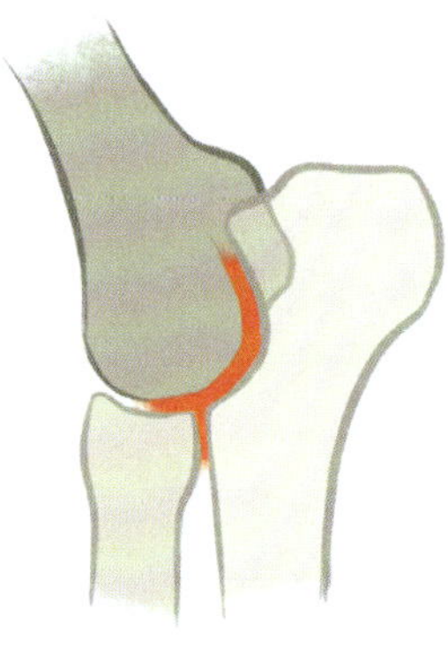

Ein gesunder Ellbogen, das heißt alle beteiligten Knochen passen zueinander.

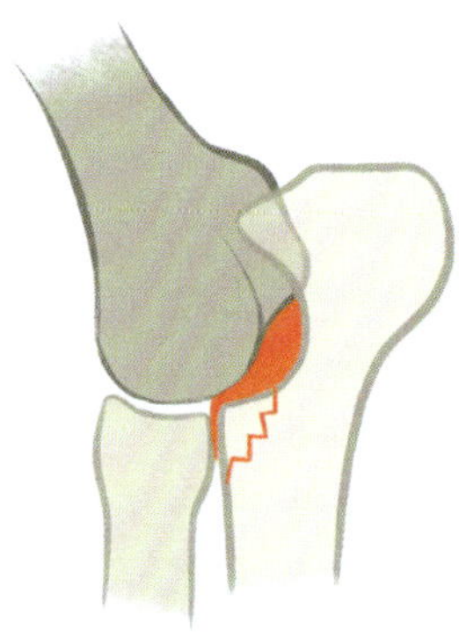

FPC: Der Oberarm passt nicht zur Elle, man sieht die Risslinie am Processus coronoideus.

Die Ellbogendysplasie tritt in mehr als 88 % beidseitig auf. Meistens sind männliche Hunde unter zwei Jahren (ca. 70 %) betroffen. Das mediale Kompartmentsyndrom und die Stufenbildung im Ellbogengelenk sind die häufigsten Erscheinungsformen.

Mediales Kompartmentsyndrom (MCD)

Unter das mediale Kompartmentsyndrom fallen alle Erkrankungen des Processus coronoideus. Nicht immer liegt eine Risslinie bzw. Fragmentierung vor, auch wenn im Allgemeinen von Fragmentiertem Processus coronoideus (FPC) gesprochen wird.

Die Ursachen für die Entstehung sind nicht eindeutig. Möglich ist sowohl ein asynchrones Wachstum von Elle und Speiche als auch eine zu enge Aussparung für den Oberarm mit der Folge der Überlastung eines kleinen Knochenfortsatzes an der Elle, dem sogenannten Processus coronoideus (Coronoid). Es kommt zu einer fortschreitenden Schädigung von Knorpel und Knochen. Teilweise besteht keine knöcherne Verbindung des Knochenfortsatzes mehr zur Elle, sodass von dem „abgebrochenen" oder frakturierten Processus coronoideus gesprochen wird. Besonders betroffen sind größere Rassen wie Berner Sennenhunde, Retriever, Rottweiler sowie die Mischlinge dieser Rassen.
Die betroffenen Tiere zeigen schon mit fünf bis sechs Monaten eine meist nur kurzzeitige, aber immer wiederkehrende Lahmheit nach Belastung. Leider ist dies bei beidseitiger Erkrankung oft nicht erkennbar.

Diagnostik Der Verdacht auf die Erkrankung wird durch eine Schmerzreaktion bei der Untersuchung mittels Überstreckung des Ellbogengelenkes und Fingerdruck auf den Coronoidbereich bestärkt. Eine exakte Röntgenuntersuchung ist häufig nur in einer kurzen Sedation möglich und kann eine Bestätigung oder den Hinweis auf eine Coronoiderkrankung liefern.
Beim Junghund ist das Ergebnis einer **Röntgenuntersuchung unzuverlässig**, sodass diese Diagnostikmethode als fragwürdig anzusehen ist. Wenn der Verdacht auf einen FPC besteht und keine eindeutige Diagnose im Röntgen gestellt werden kann, sollte zwischen dem siebten und spätestens neunten Lebensmonat je nach Schwere der Symptomatik eine **Computertomografie** (CT) durchgeführt werden. Diese Untersuchung ist zwar weitaus aufwendiger, bietet aber eine **sehr hohe Diagnosesicherheit**, die nur von der Arthroskopie übertroffen wird.

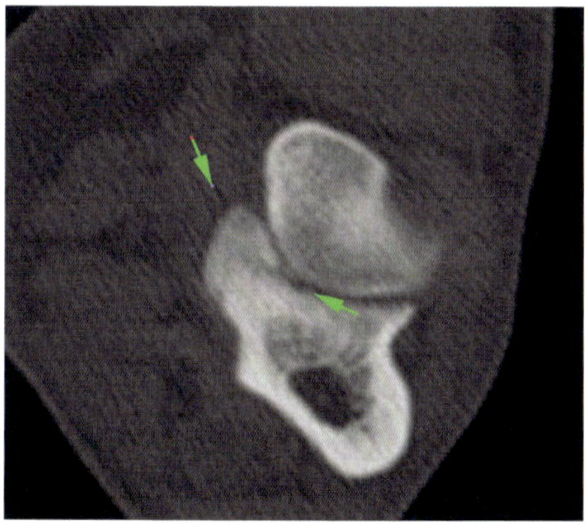

Risslinie am Processus coronoideus im CT.

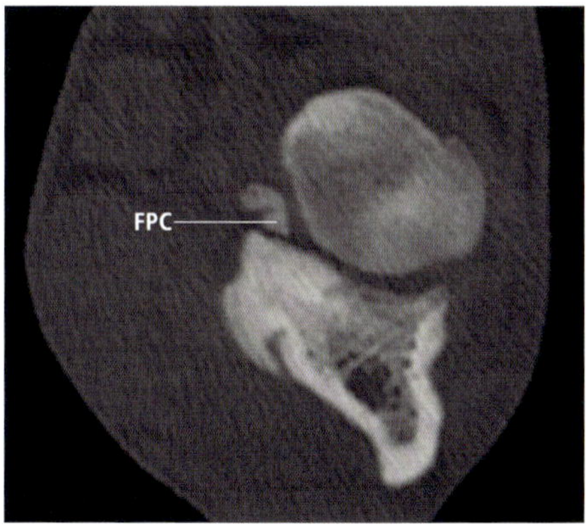

Abgebrochener Processus coronoideus im CT.

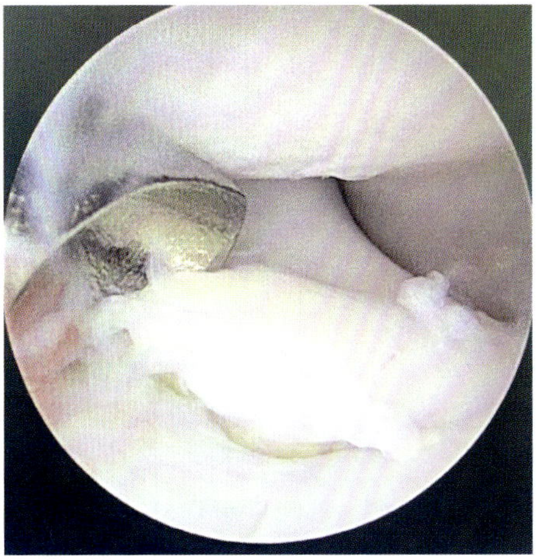

Arthroskopie bei abgebrochenem Proc. coronoideus im Ellbogen.

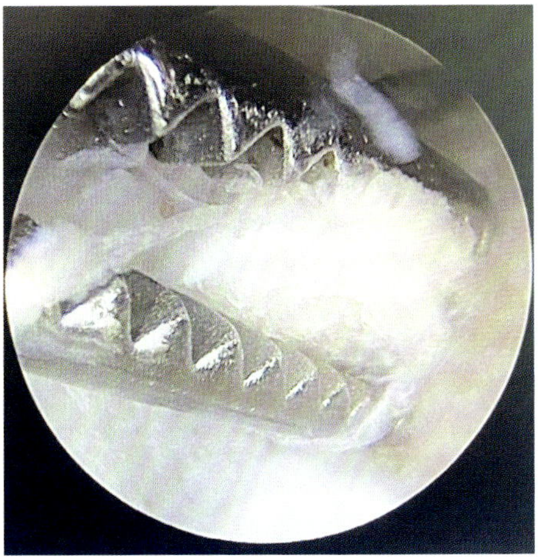

Arthroskopische Entfernung des Bruchstückes.

Keinesfalls dürfen Sie aufgrund beruhigender Äußerungen und überdeckender Schmerztherapie das frühestmögliche chirurgische Eingreifen verpassen. Sehr häufig wird nämlich fälschlicherweise von banalen Schmerzen durch Wachstumsschübe ähnlich wie bei Kindern ausgegangen. Die Computertomografie (CT) hat die Möglichkeit, feinste krankhafte Risslinien zwischen dem Coronoid und der Elle darzustellen. Zusätzliche Information über eine krankhafte Entwicklung des Coronoids bietet die Messung der Knochendichte. So kann die Diagnose einer Coronoiderkrankung auch bei Nichtdarstellbarkeit einer Risslinie gestellt werden.
Leider werden Hunde oft erst im Alter von einem Jahr oder noch viel später vorgestellt, weil sich die Symptomatik bei kaum einer anderen Erkrankung so unterschiedlich zeigt und oft nicht mit der Schwere der Erkrankung korreliert. Häufig wird dann geschildert, dass zwar ab dem Alter von ungefähr sechs Monaten kurzzeitige Lahmheiten in wochenlangem Abstand aufgetreten sind, der Tierarzt allerdings aufgrund der angeblich erfolgreichen medikamentösen Behandlung nicht die Notwendigkeit einer bildgebenden Diagnostik wie Röntgen oder Computertomografie (CT) gesehen hat.

Arthroskopie Die für das Gelenk am wenigsten belastende Operationsmethode ist die Arthroskopie, die Gelenkspiegelung. Sie stellt auch die empfohlene Methode im Gegensatz zur Arthrotomie, der Schnitteröffnung des Gelenks, dar.
Eine zusätzliche OP an der Elle selbst, also außerhalb des Gelenks, ist in einigen Fällen nötig. Bei dieser sogenannten Ulnaosteotomie wird eine kleine Knochenscheibe aus der Elle entfernt. Diese Operationsmethoden müssen von einem spezialisierten Chirurgen individuell besprochen werden.

Isolierter Processus anconaeus (IPA)

Bei dem IPA (isolierter Processus anconaeus) ist ein anderer größerer Knochenfortsatz der Elle betroffen. Sehr selten wächst dieser im Verlauf des normalen Knochenwachstums nicht an, meist bei Deutschen Schäferhunden oder Doggen.
Die Beweglichkeit dieses relativ großen Knochenvorsprungs im Ellbogengelenk führt zu einer höheren Schmerzhaftigkeit und damit deutlicheren Lahmheit als bei vielen an FPC erkrankten Tieren. Das Ausmaß der entstehenden Osteoarthritis ist auch erheblich. Chirurgisch wird hier, wenn die Größe des Knochenstücks es erlaubt, das lose Knochen-

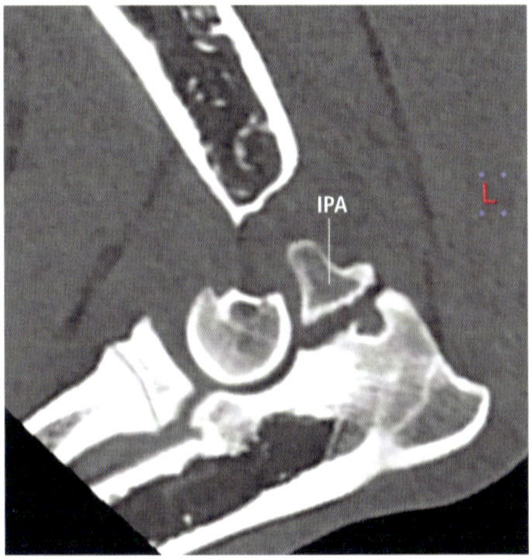

Isolierter Proc. anconaeus im CT.

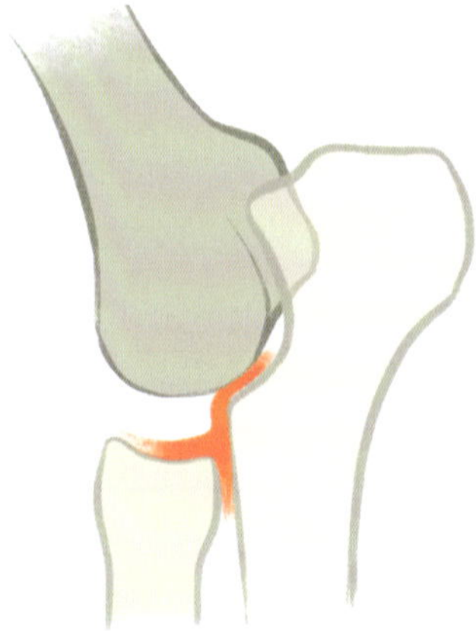

Stufenbildung durch zu kurze Speiche.

stück mit einer Schraube fixiert. So entsteht die Möglichkeit, dass es eine feste Verbindung mit der Elle eingeht. Wenn der IPA dazu allerdings zu klein ist, kann er nur entfernt werden. Zur Entlastung des betroffenen Bereichs wird meist eine wenige Millimeter dicke Knochenscheibe aus der Elle entfernt, wie bei dem FPC. Die Prognose bei dieser Erkrankung ist leider trotz OP nicht sehr gut, weil nachfolgend fast immer eine hochgradige Gelenkveränderung entsteht.

Stufenbildung im Ellbogengelenk

Bei der Ellbogeninkongruenz passen die beteiligten Knochen nicht perfekt zueinander, häufig besteht eine Stufe zwischen Elle und Speiche.
Dies führt zu einer ungleichmäßigen Belastung der Gelenkflächen. So entstehen Überlastungszonen, an denen der Knorpel und der darunterliegende Knochen erheblich geschädigt werden. Die Folge ist eine fortschreitende Entzündung. Auch hier wird meist sinnvollerweise eine Ulnaosteotomie durchgeführt.
Insgesamt sind die Behandlungsoptionen bei einer Ellbogengelenkdysplasie leider sehr begrenzt. Daher ist es am wichtigsten, durch züchterische Auslese diese Erkrankung einzudämmen. Es sollten auch Hunde mit dem leichtesten Grad 1 ED ausgeschlossen werden. Dies ist leider nicht immer der Fall.

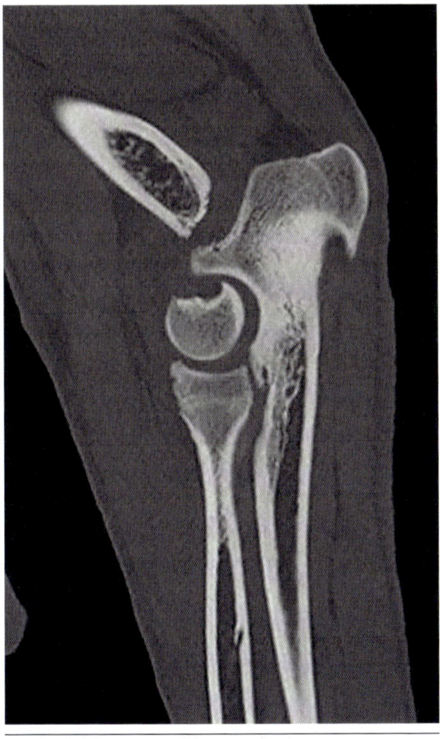

Stufenbildung im Ellbogengelenk im CT.

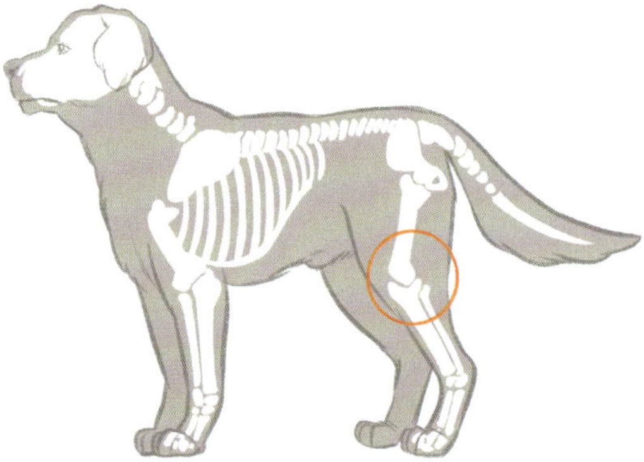

Hier befindet sich das Kniegelenk.

KNIESCHEIBENLUXATION (PATELLALUXATION)

Unter einer Patella- oder Kniescheibenluxation versteht man, dass sich die Kniescheibe oder Patella nicht ordnungsgemäß in der Führungsrinne des Oberschenkels bewegt. Das wiederholte Herausrutschen der Kniescheibe verursacht schwerwiegendere Knorpelschäden mit nachfolgender Entstehung einer Osteoarthritis.

Dies tritt sehr häufig bei Kleinrassen auf, weil es dort erblich bedingt ist. Zu beachten ist, dass auch Mischlingshunde der Kleinrassen diese Erkrankung aufweisen. Diese Problematik zeigt sich häufig schon im Alter von drei bis sechs Monaten. Die betroffenen Hunde ziehen das Bein beim Laufen immer wieder kurzzeitig hoch. Manchmal lassen sie es für wenige Schritte angehoben und strecken es dann nach hinten aus, um die Kniescheibe wieder in ihre Rinne zu befördern. Manchmal muss schon in diesem frühen Alter ein chirurgischer Eingriff durchgeführt werden, um eine folgeschwere Verkrümmung der Hinterbeine im Sinne der Ausbildung von O-Beinen zu verhindern. Bei den weniger schwerwiegenden Formen wird erst mit ca. einem dreiviertel Jahr operiert, weil dann die obere Wachstumsfuge am Schienbein geschlossen ist und so das Versetzen eines kleinen Knochenstücks mit der ansetzenden Kniescheibensehne und nachfolgender Neubefestigung möglich ist. Der jeweils beste Zeitpunkt und die optimale Methode müssen mit einem spezialisierten Chirurgen abgesprochen werden.

Größere Hunde leiden fast nie an einer vererbten Patellaluxation. Selten entsteht dieses Problem aber bei allen Rassen durch einen Unfall. Dann ist natürlich eine sofortig chirurgische Versorgung die beste Option.

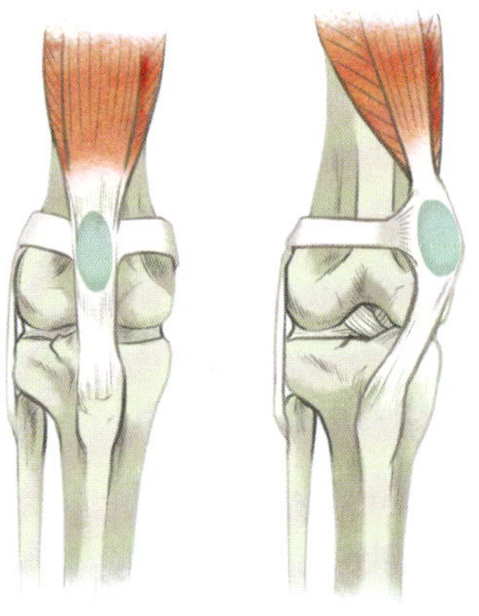

Links: Die Kniescheibe (Patella) in korrekter Lage und rechts: krankhaft luxiert.

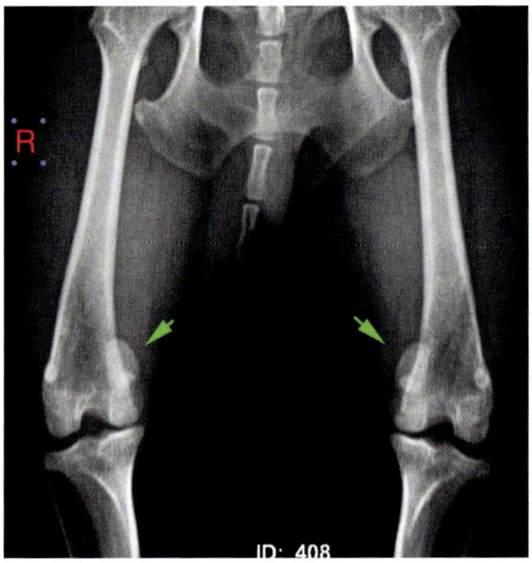

Röntgenbild mit beidseits nach innen luxierten Kniescheiben.

TYPISCHE JUNGHUND-ERKRANKUNGEN DES BEWEGUNGSAPPARATES

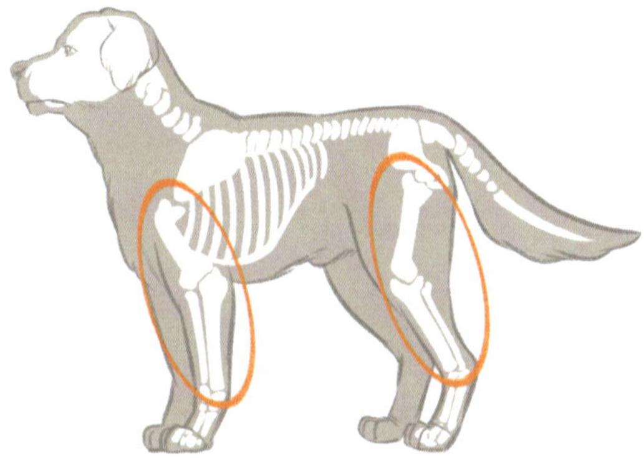

An diesen Knochen findet sich die Panostitis am häufigsten.

KNOCHENHAUTENTZÜNDUNG (PANOSTITIS)

Die Panostitis ist eine schmerzhafte Erkrankung der langen Röhrenknochen bei mittel- bis großwüchsigen Rassen im Alter von ca. fünf bis 24 Lebensmonaten. Es liegt eine Entzündung der Fettzellen im Inneren des Knochens, dem Knochenmark, zugrunde. Diese heilt normalerweise innerhalb einiger Wochen wieder völlig aus. Entzündungshemmende und zum Teil auch zusätzlich schmerzlindernde Medikamente helfen, diese Zeit gut zu überstehen.

Klinisch fallen betroffene Tiere durch Lahmheiten der betroffenen Gliedmaßen auf. Da regelmäßig mehrere Beine betroffen sind, zeigt sich ein insgesamter steifer Gang oder wechselnde Lahmheiten. Beim Drücken auf die langen Röhrenknochen wie z. B. den Oberschenkelknochen zeigen die betroffenen Hunde oft eine deutliche Schmerzreaktion. Ein Röntgenbild lässt meist typische fleckige Veränderungen erkennen.

WACHSTUMSFUGENVERLETZUNGEN (EPIPHYSENFUGEN-)

Die Wachstumsfugen, Epiphysenfugen genannt, sind die Zonen, in denen das Wachstum des Knochens stattfindet. Sie sind je nach Lokalisation im Körper zwischen dem vierten und zwölften Lebensmonat, bei sehr großen Rassen erst bis zum 18. Lebensmonat vollständig geschlossen.

Durch Stauchung eines Beines oder bei einem Knochenbruch kommt es häufig zu Verletzungen dieser Fugen. Mit einem Röntgenbild ist eine akute Stauchung nicht erkennbar im

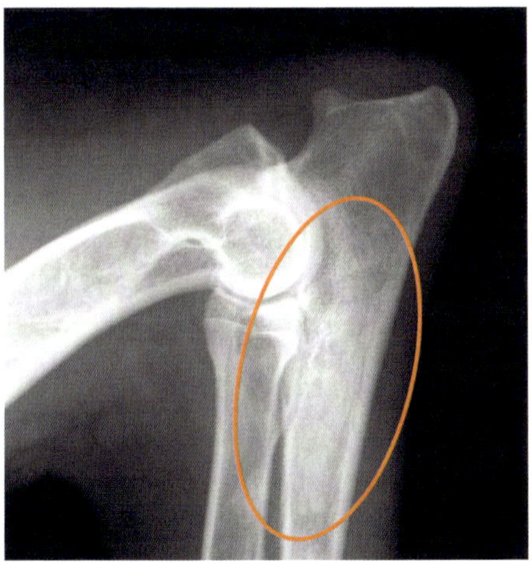

Die fleckige Knochenstruktur im Röntgenbild gibt Hinweis auf eine Knochenhautentzündung.

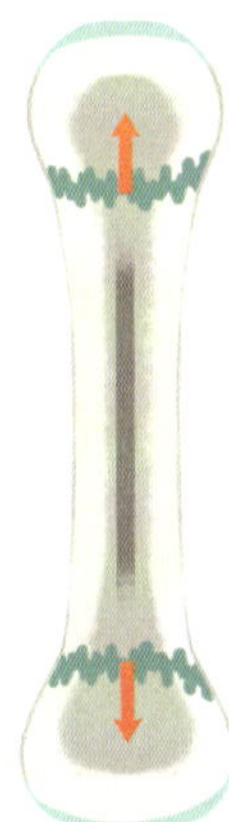

Ein Knochen im Wachstum mit sichtbar gemachten Wachstumsfugen.

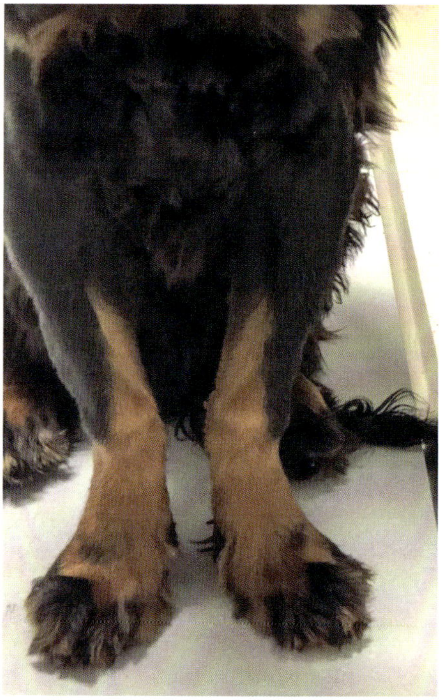

Fehlstellung im Karpalgelenk (links stärker als rechts)

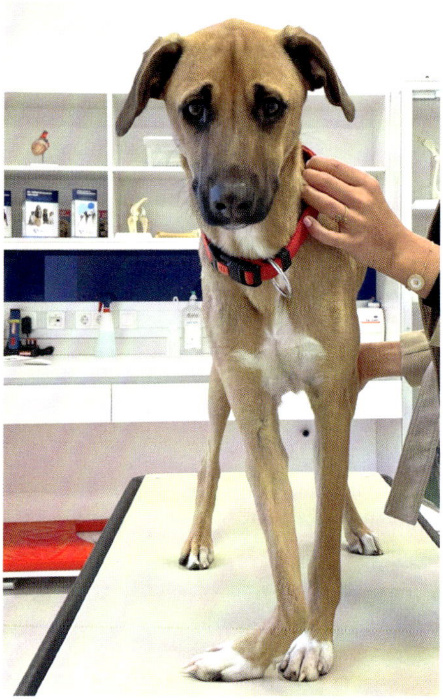

Hochgradige Fehlstellung im rechten Karpalgelenk.

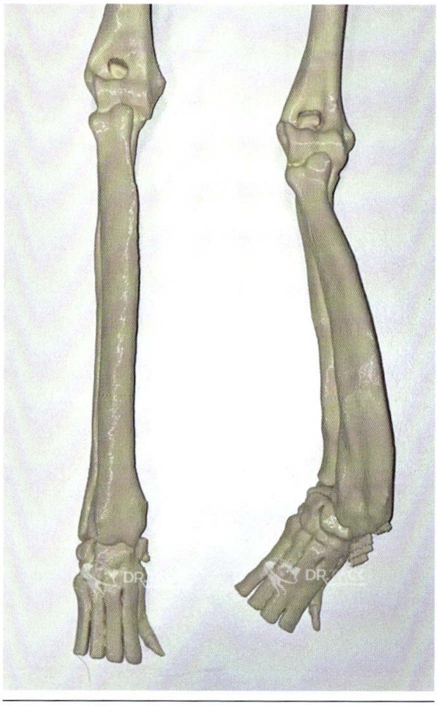

3-D-Modell der Fehlstellung.

Gegensatz zum Knochenbruch. Kontrollröntgenaufnahmen nach ca. 14 Tagen zeigen Veränderungen, bevor viel später eine mehr oder weniger starke abnormale Gliedmaßenstellung durch den ausgelösten vorzeitigen Fugenschluss sichtbar wird. Am häufigsten tritt eine bogenartige Verkrümmung des Vorderbeins mit in unterschiedlichem Ausmaß nach außen gedrehter Pfote auf (Carpus valgus). Auch zu schnelles Wachstum in Folge falscher Fütterung sowie unkontrollierte und übermäßige Aktivität in der sensiblen Wachstumsphase können zu einem frühzeitigen Wachstumsfugenschluss führen. Genetische Ursachen sind seltener. Die deutlich sichtbaren Veränderungen im Handwurzelgelenk haben Auswirkungen auf die Stellung im Ellbogengelenk. Von Fall zu Fall muss entschieden werden, ob eine Operation nötig ist. Die operative Versorgung erfolgt durch Entfernung einer Knochenscheibe aus der Elle und eventuell zusätzlicher Korrektur der Speiche.

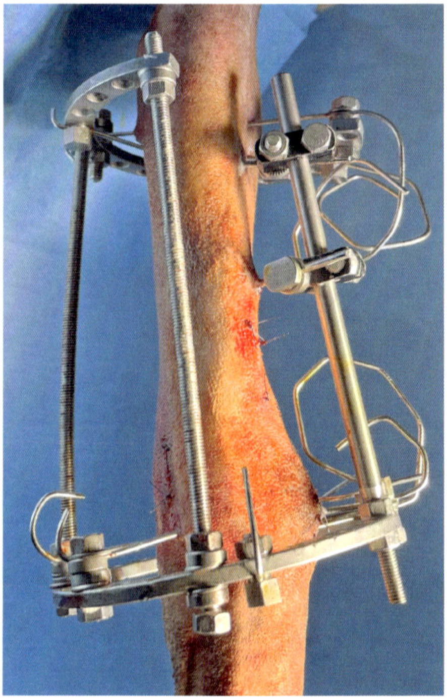

Ringfixateur zur Korrektur der Fehlstellung.

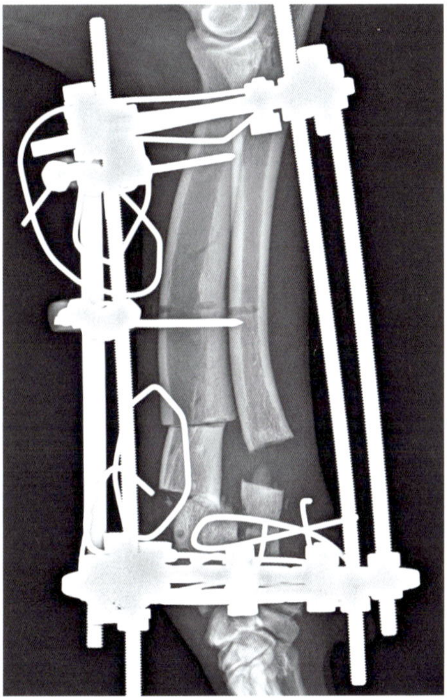

Röntgenbild nach chirurgischer Korrektur.

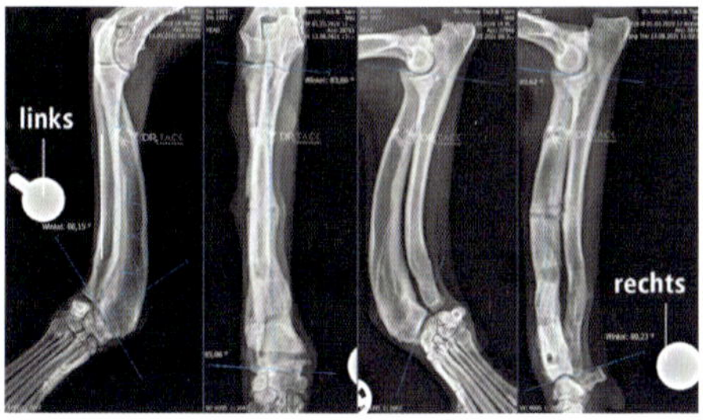

Korrektur der Verkrümmung jeweils vor und nach der OP an beiden Vorderbeinen.

Der Hund nach erfolgreiche Korrektur.

Eine rund um den Unterarm angebrachte Apparatur, Ringfixateur genannt, erzielt durch die erhöhte Stabilisierung sehr gute Erfolge. Für die Operationsplanung werden heutzutage nicht nur Röntgenbilder herangezogen, sondern auch 3 D-Modelle genutzt. Ähnliche Veränderungen können auch am Hinterbein entstehen. Je frühzeitiger diese Fehlstellung erkannt und chirurgisch korrigiert wird, desto besser ist die Prognose.

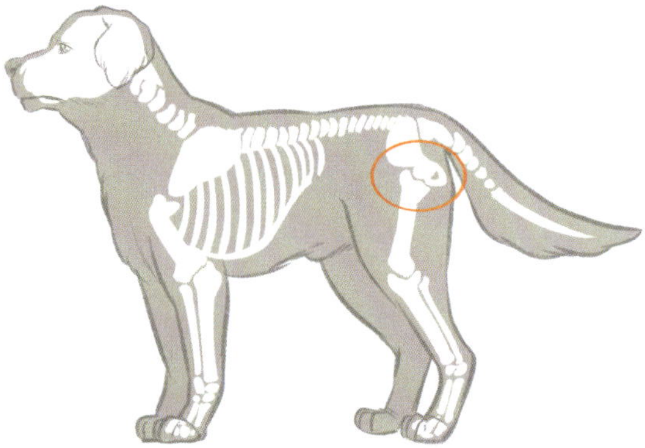

Die Hüfte ist das Problem bei Morbus Legg-Calvé-Perthes.

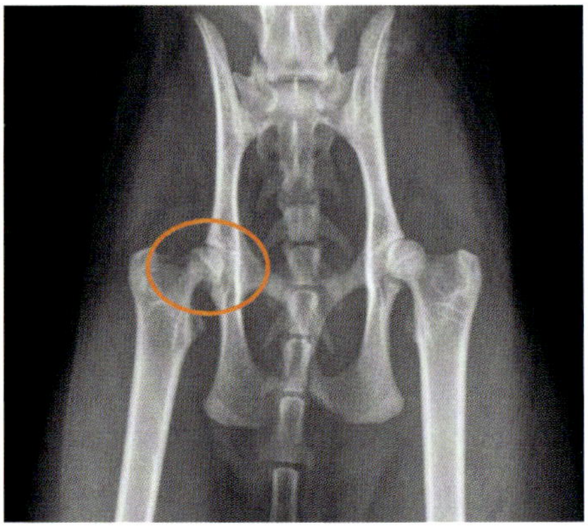

Im Sinne eines Morbus Legg-Calvé-Perthes verändertes rechtes Hüftgelenk im Röntgenbild.

MORBUS LEGG-CALVÉ-PERTHES

Die Morbus Legg-Calvé-Perthes Erkrankung wird bei Kleinstrassen meist im Alter von vier bis zwölf Monaten klinisch sichtbar. Ursache ist eine hochgradige Minderdurchblutung des Oberschenkelkopfes. Diese führt zum Absterben von Knochengewebe mit nachfolgender Missbildung des Oberschenkelkopfes.

Betroffene Tiere lahmen deutlich und äußern Schmerzen bei Untersuchung beim Strecken und Beugen der der Hüftgelenke. Ein chirurgischer Eingriff ist hier unabdingbar. Soll kein künstliches Hüftgelenk eingesetzt werden, ist es möglich, nur den deformierten Oberschenkelkopf zu entfernen. Innerhalb weniger Monate bildet sich hier ein funktionell sehr gutes bindegewebiges Ersatzgewebe, das nach wenigen Wochen zu einer schmerzfreien normalen Belastungsfähigkeit führt.

OSTEOCHONDROSIS DISSECANS (OCD)

Die OCD ist eine Erkrankung mittelgroßer bis großer Hunderassen mit einer Häufung bei Retriever, Boxer, Rhodesian Ridgeback, Deutscher Schäferhund und Dogge im Alter

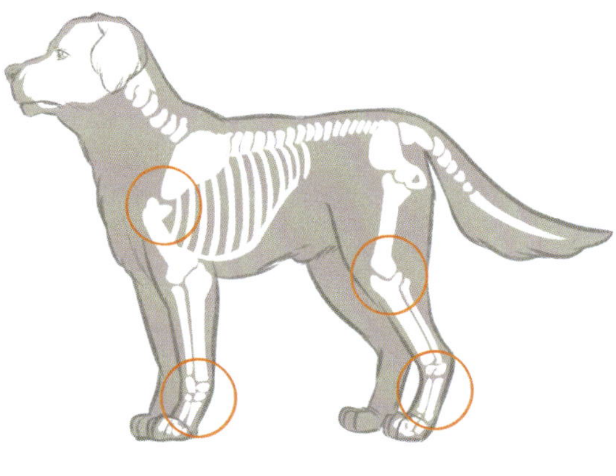

An diesen Stellen findet sich vor allem die OCD.

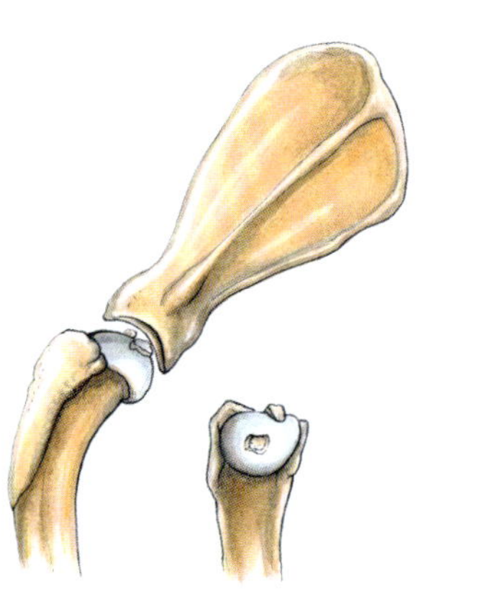

OCD am Oberarmkopf im Schultergelenk.

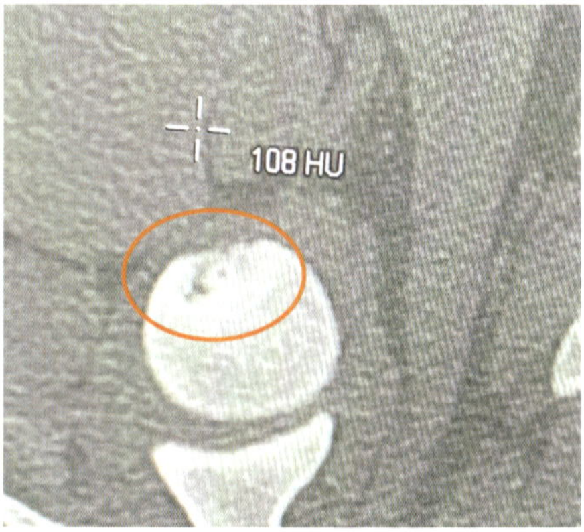

OCD Oberarm im CT.

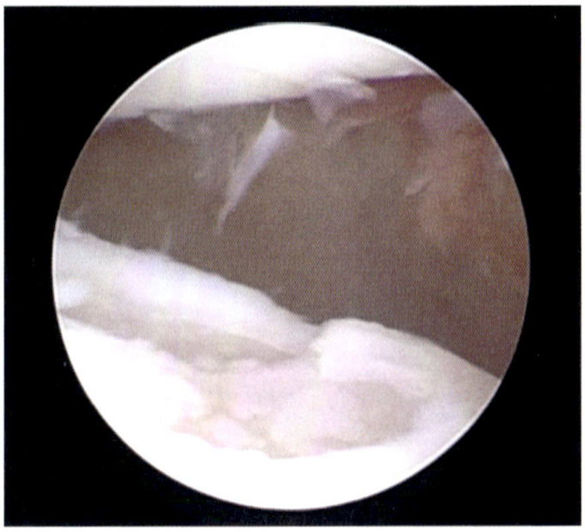

OCD im endoskopischen Bild.

von vier bis acht Monaten abhängig davon, welches Gelenk betroffen ist. Am häufigsten tritt dieser Defekt am Schulter- und Ellbogengelenk auf, aber auch im Knie oder Fußgelenk und seltener am Kreuzbein im Becken. Diese Erkrankung tritt oft beidseitig auf.
Ursächlich ist eine übermäßige Dickenzunahme eines Knorpelbereiches. Dadurch wird dieser nicht zu einer fest mit dem Knochen verwachsenen Knorpelschicht umgebaut. Wenn diese fehlerhafte Knorpelschuppe nur abgehoben, aber noch verbunden ist, spricht man von einem Flap, wenn sie komplett losgelöst ist, von einem Dissekat, der eigentlichen OCD im Sinne einer Gelenkmaus. Die Folgen sind in beiden Fällen meist eine deutliche Lahmheit.
Klinisch kann beim Untersuchen des betroffenen Gelenkes eine Schmerzreaktion ausgelöst werden. Bestätigt wird ein Verdacht in der Röntgenuntersuchung oder bei unklarem Befund in der Computertomografie (CT).
Die schonendste chirurgische Behandlung besteht in der arthroskopischen Entfernung des krankhaften Knorpelstückes mit Auffrischung des darunterliegenden Knochens. Die Prognose ist vorsichtig bis günstig zu stellen.

VERLETZUNGEN UND ENTZÜNDUNGEN VON BÄNDERN

KREUZBANDRISS (KBR)

Der Kreuzbandriss stellt eine der häufigsten orthopädischen Erkrankungen, vor allem bei mittelgroßen bis großen Hunden dar.
Im Kniegelenk stabilisieren das vordere und hintere Kreuzband zusammen mit den Seitenbändern, der Gelenkkapsel, den Menisken und der Muskulatur das Kniegelenk.
In den allermeisten Fällen reißt das vordere

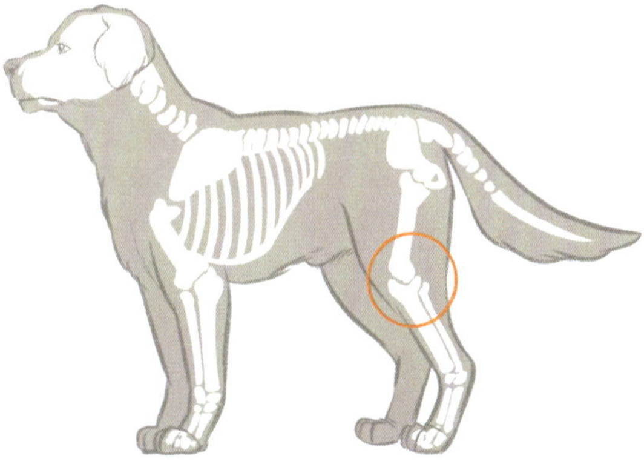

Hier finden sich die Probleme bei einem Kreuzbandriss.

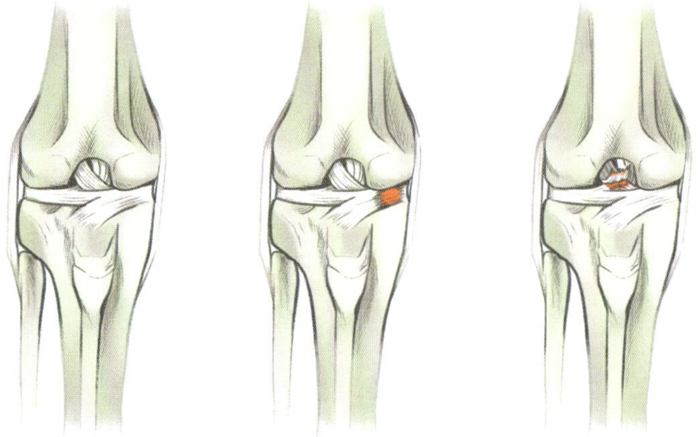

1. Gesundes Kniegelenk, 2. Meniskusläsion, 3. Kreuzbandruptur.

Kreuzband. Dies geschieht oft nach einer mehr oder weniger langen Vorgeschichte mit immer wiederkehrenden Lahmheiten. Die Ursache ist eine über Monate andauernde chronische Entzündung im Kniegelenk, die zum fortschreitenden Auffasern des Kreuzbandes führt. Dieses vorgeschädigte Band kann dann beim Spielen oder auch nur beim Springen aus dem Auto reißen und führt zu einer deutlichen Lahmheit des betroffenen Beines. Beim Absitzen wird das Kniegelenk aufgrund der Schmerzhaftigkeit zur Entlastung nach außen gedreht. Bei einem vollständigen Riss kann die entstandene Instabilität des Kniegelenks ertastet werden. Das sogenannte Schubladenphänomen ist durch die Verschieblichkeit des Ober- gegen den Unterschenkel gegeben.

Schonen

Wenn Ihr Hund eine Lahmheit des Hinterbeines zeigt, sollten Sie nur noch an der Leine mit ihm Gassi gehen und ihn einige Tage schonen. Sollte nämlich ein Kreuzbandriss vorliegen, kann es durch die Instabilität im Kniegelenk zu einer noch schwereren Schädigung der oft schon mitverletzten Menisken kommen.

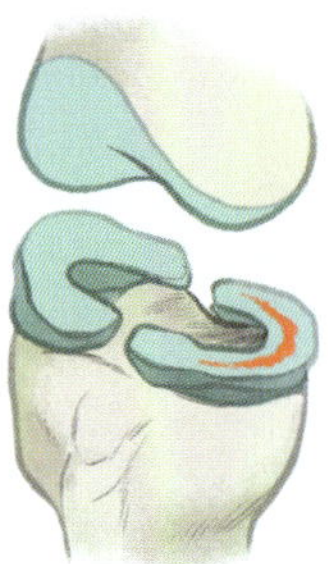

Meniskusriss.

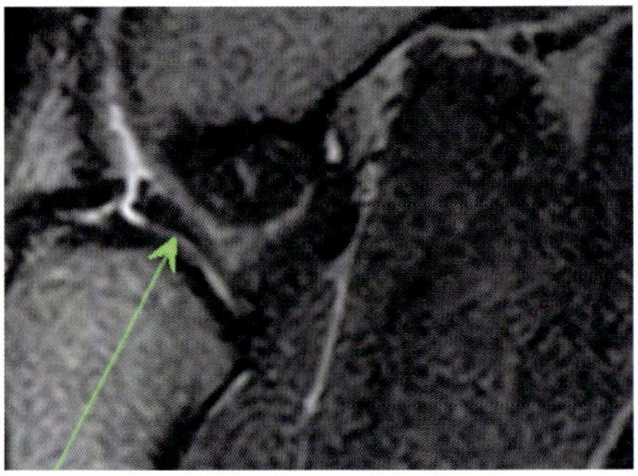

Meniskusläsion im MRT.

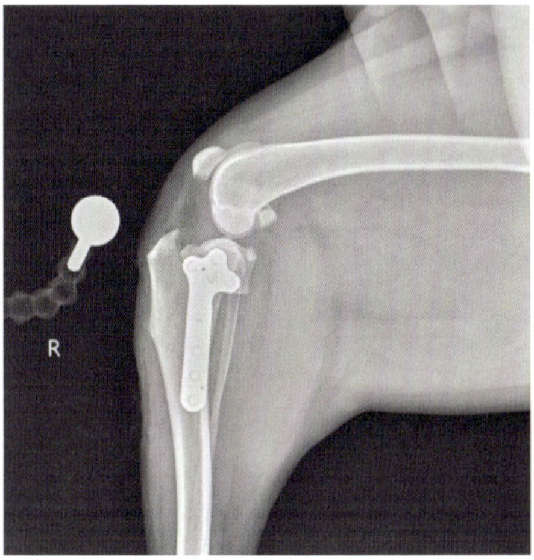

Kniegelenk nach TPLO-OP in der seitlichen Röntgenaufnahme.

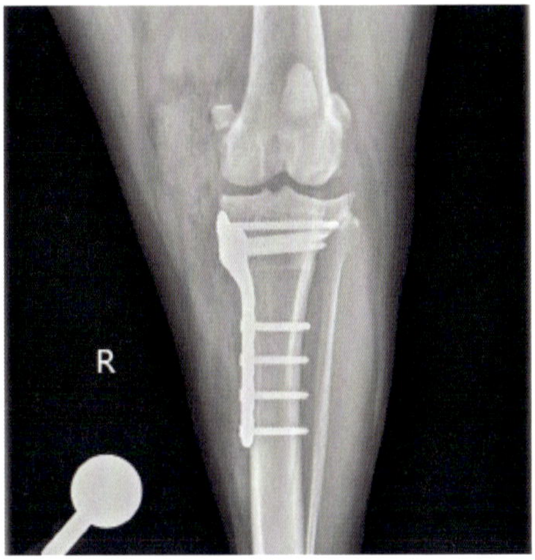

Kniegelenk nach TPLO-OP in der Röntgenaufnahme von vorne nach hinten.

Chirurgische Versorgung

Ein gerissenes Kreuzband verlangt eine chirurgische Versorgung. Abhängig von der Körpergröße des Hundes und der Spezialisierung des Chirurgen werden unterschiedliche Operationsmethoden empfohlen. Am häufigsten wird die TPLO (Tibia Plateau Leveling Osteotomy) durchgeführt, alternative Methoden sind vor allem die TTA (Tibial Tuberosity Advancement) oder ein Bandersatz, der die weitaus kostengünstigste Methode darstellt. Laut Studien ist das Ergebnis für den Hund ungefähr gleich. Leider entsteht immer eine Arthrose.

SONSTIGE BÄNDERRISSE

Bänderrisse ereignen sich im Vorderfußwurzel- oder Sprunggelenk anders als beim Kniegelenkvor allem beim Hundesport nach Sprüngen aus größerer Höhe, aber auch bei sportlichen Aktivitäten wie Flyball oder Frisbee. Ebenso kann allerdings auch im Alltag das Treten in eine Bodenvertiefung beim Toben zu Bänderverletzungen führen. Das betroffene Bein bekommt ein abnormales Aussehen. Je nachdem, welche Bänder gerissen sind, knicken z. B. die Fußgelenke Richtung Boden ein. Dies wird **Durchtrittigkeit** genannt.

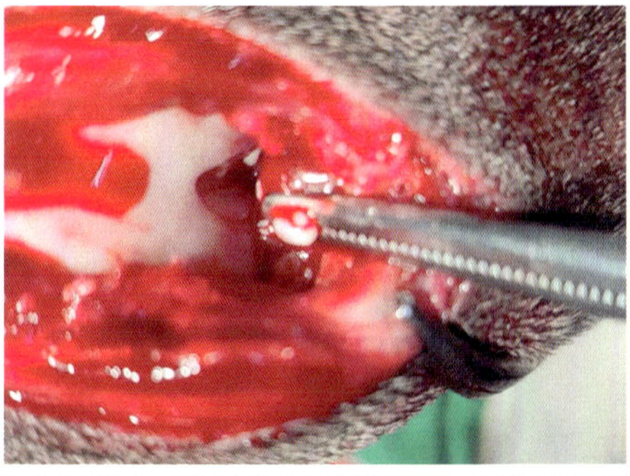

Das gerissene Kreuzband in der Klemme bei der Operation.

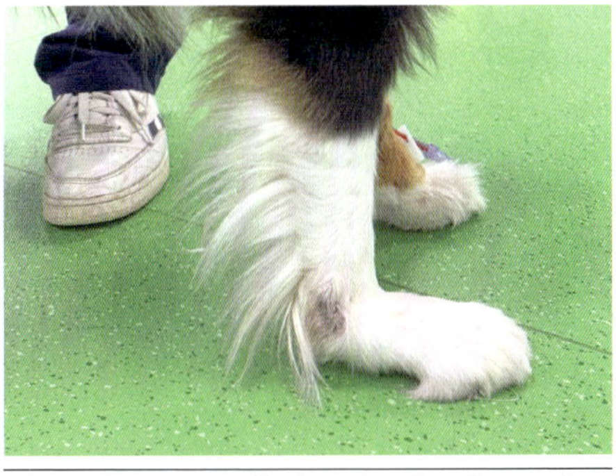

Hier sieht man eine hochgradige Durchtrittigkeit des rechten Vorderbeines.

Hundesport mit Sprüngen und Wendungen kann zu Rissen und Entzündungen an Sehnen und Bändern führen.

Wichtig ist eine schnellstmögliche Stabilisierung des betroffenen Gelenks. Dies ist kurzfristig bis zu einer OP mit festen Verbänden möglich. In der recht lange dauernden Heilungsphase erreichen Sie dies besser mittels angefertigter Bandagen oder individuell angepassten Orthesen.

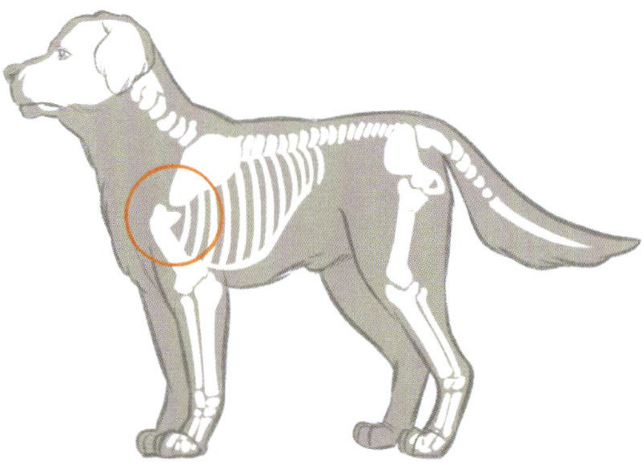

Das Problem macht sich in der Gegend des Schultergelenkes bemerkbar.

ENTZÜNDUNG VON SEHNEN UND BÄNDERN (TENDINITIS)

Sportverletzungen führen nicht nur zu Rissen von Sehnen und Bändern, sondern auch zu Entzündungen durch Überbelastung. Häufig betroffen ist die **Sehne des Biceps**, des Oberarmbeugers, durch Slalomtraining. Im akuten Stadium wird das betroffene Bein nicht voll belastet und das Abtasten der Sehne am Schultergelenk ist schmerzhaft. Bei etwas länger andauernder Erkrankung ist diagnostisch zunächst eine Ultraschalluntersuchung oder Magnetresonanztomografie (MRT) und bei chronischem Verlauf eine Röntgenuntersuchung hilfreich. Therapeutisch ist wie bei allen Lahmheiten eine sofortige Bewegungseinschränkung notwendig, begleitet von einer kurzzeitigen Entzündungshemmung und so lange wie nötig einer Schmerztherapie. Nach einer Ruhepause von 14 Tagen sollte die Physiotherapie einsetzen. In nicht ausheilenden Fällen muss ein chirurgischer Eingriff erfolgen.

MUSKULÄRE PROBLEME

Muskuläre Probleme werden oft nicht erkannt, da die Diagnose meist schwierig ist. Auf Röntgenbildern sind diese Veränderungen meist nicht erkennbar. Eine Computertomographie (CT) ist beweisend.
Es können verschiedene Muskeln, sowohl an Vorder- als auch an Hintergliedmaßen betroffen sein. Verletzungen entstehen bei rasanten Wendungen, schnellen Antritten und häufigem Springen wie z. B. bei Agility. Sportlich aktive Hunde sind daher besonders betroffen, aber auch übergewichtige oder schlecht trainierte Hunde, die der Belastung nicht gewachsen sind. Hier werden nur zwei Probleme exemplarisch beschrieben.

REIZUNG DES M. ILIOPSOAS

Eine Sportverletzung des Hinterbeins, die auch zu einer Lahmheit führt, kann durch die Reizung des sogenannten **Musculus iliopsoas** entstehen. Dieser Muskel entspringt an der hinteren Lendenwirbelsäule und führt entlang der Beckenschaufel bis zum Oberschenkel.
Das Bein kann dann nicht mehr voll belastet werden, eine Streckung des Hüftgelenks ist schmerzhaft. Da dies ein unspezifisches Symptom für verschiedene Ursachen sein kann, wird in akuten Fällen nach Röntgen von Lendenwirbelsäule und Hüftgelenken ohne beweisenden Befund wie oben beschrieben symptomatisch behandelt. Nur bei wochenlanger Erkrankung trotz intensiver Physiotherapie sollte weitergehend ein bildgebendes Verfahren, vor allem die Magnetresonanztomografie (MRT) durchgeführt werden. Sie ist hier aufgrund der optimalen Darstellung von Weichteilen wie Muskeln der Computertomografie (CT) weit überlegen.

SPORTVERLETZUNGEN VERMEIDEN

Um Sportverletzungen vorzubeugen, sollten Aufwärmübungen durchgeführt werden. Zehnminütiges Traben an der Leine gefolgt von nicht maximalen Dehn- und Streckübungen der einzelnen Gelenke sowie der Wirbelsäule sind empfehlenswert. Auch nach der sportlichen Belastung ist eine Abkühlungsphase von zehn Minuten Leinelaufen gefolgt von einer Massage der Rücken- und Beinmuskulatur sinnvoll. Bedenken Sie, dass ein Hund vor allem bei kalter Witterung nach körperlicher Anstrengung nicht sofort, also ohne oben beschriebene Maßnahmen, und nicht für einen längeren Zeitraum in ein ungeheiztes Fahrzeug verbracht werden sollte.

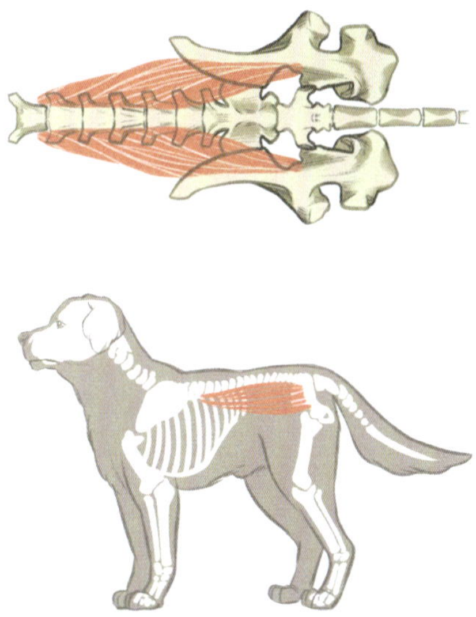

Die Lage des Musculus iliopsoas auf beiden Seiten der Wirbelsäule.

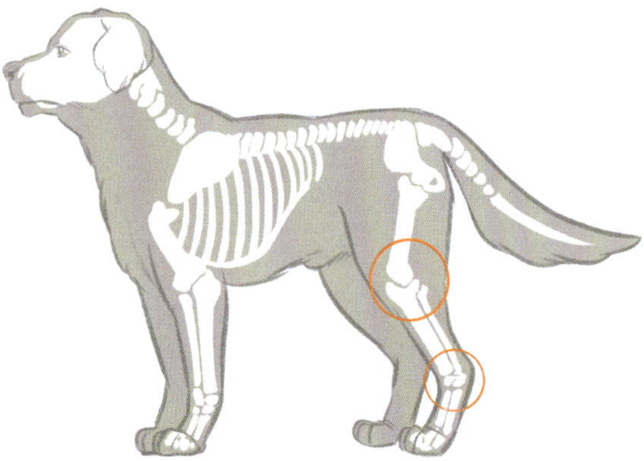

Ansatzstellen des Musculus gastrocnemius.

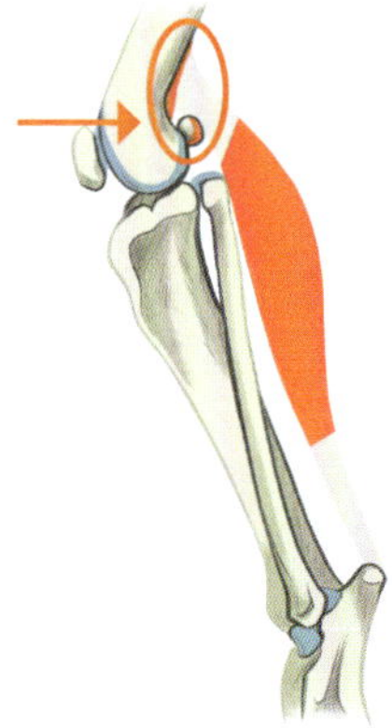

Schmerzhafte Ansatzstelle.

ÜBERLASTUNG DES WADENMUSKELS

Eine weitere häufige Ursache für Lahmheiten eines Hinterbeines bei sportlich aktiven Hunden liegt in einer chronischen Überbelastung des Wadenmuskels, des **Musculus gastrocnemius**. Dessen Sehnenursprung in der Kniekehle ist dann sehr schmerzhaft. Dies führt bei der Untersuchung durch ein Abtasten der Kniekehle zu der Verdachtsdiagnose. Eine Computertomografie (CT) mit Kontrastmitteleinsatz oder am besten eine Magnetresonanztomografie (MRT) liefert bei Verdacht den Beweis.

PROBLEME IM BEREICH DER WIRBELSÄULE

In der knöchernen Wirbelsäule liegt das Rückenmark. Nervenfasern verlaufen darin vom und zum Gehirn. Diese können direkt verändert sein oder durch Erkrankungen der Knochen oder anderer Organsysteme im Körper mitbetroffen werden.
Wirbelsäulenerkrankungen können plötzlich im Rahmen von sportlichen Belastungen oder aufgrund von Entzündungen auftreten. Meist entstehen sie allerdings infolge von belastungsbedingtem Verschleiß oder altersbedingten Umbauvorgängen an Geweben. Symptome, die auf eine Erkrankung im Bereich der Wirbelsäule hinweisen, sind vielfältig. Die häufigsten sind eine abnormale Körperhaltung und Gangstörungen in Form von Lähmungen. Zusätzlich treten aber auch Verhaltensänderungen, Kopfschiefhaltung, Seh-, Hör- oder Schluckbeschwerden und krampfartige Erscheinungen auf. Häufig sind diese Symptome nur zeitweise sichtbar und können daher manchmal in der Tierarztpraxis nicht beurteilt werden. Daher ist es wichtig, dass Sie, wie auf Seite 140 beschrieben, Videoaufnahmen machen und in die Praxis mitbringen.
Zu Beginn der Diagnose steht immer ein möglichst genauer Vorbericht, den Ihr Tierarzt erfragt. Die Allgemeinuntersuchung wird durch eine spezielle neurologische Untersuchung ergänzt. Bei dieser Untersuchung werden viele verschiedene Reflexe als Zeichen der Nervenfunktion im Seitenvergleich getestet. Oft müssen diese Untersuchungen durch Laboruntersuchungen und bildgebende Verfahren ergänzt werden. Die Magnetresonanztomografie (MRT) ist aufgrund der optimalen Darstellung von Weichteilstrukturen, zu denen auch das Rückenmark und Nervengewebe zählen, die hilfreichste Methode.

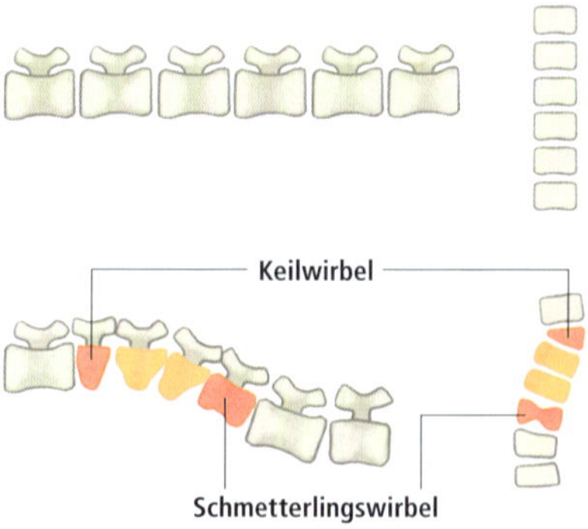

Keil-, Block- und Schmetterlingswirbel.

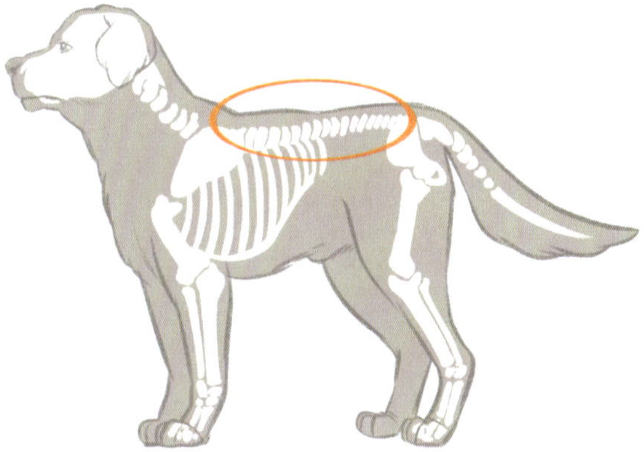

Die Brust- und Lendenwirbelsäule.

ANGEBORENE MISSBILDUNGEN DER WIRBELSÄULE

Missbildungen an der Wirbelsäule treten bei den Kurznasenrassen mit geringeltem Schwanz bei bis zu neun von zehn Hunden auf. Betroffen sind vor allem die französische und englische Bulldogge, der Mops und der Boston Terrier. Die Ursache liegt in der langen Zuchtauslese der gewünschten **„Ringelrute"**. So entstanden in der Form veränderte Wirbel, die unterschiedliche seitliche Wirbelsäulenverkrümmungen oder deren Verbiegungen nach oben bewirken können. Die verschiedenen Missbildungen werden als **Keil-, Block- und Schmetterlingswirbel** bezeichnet und finden sich vor allem an der Brustwirbelsäule.

Klinische Symptome treten nicht bei allen betroffenen Tieren auf. Teils liegt nur ein Röntgenzufallsbefund vor. Wenn aber das Rückenmark durch die Veränderungen eingeengt oder durch die instabile Wirbelsäule bei Bewegung gequetscht wird, treten unterschiedliche Symptome auf. Diese reichen von geringgradigen Schmerzen mit Bewegungsunlust, gespanntem oder gar schwankendem Gang bis hin zu Lähmungen der Hinterbeine. Bei weit fortgeschrittenen oder hochgradigen Erkrankungen kann auch der Kontrollverlust über Darm- und Blasentätigkeit auftreten.

Die Diagnose wird durch eine neurologische Untersuchung in Verbindung mit Röntgenaufnahmen in Kurznarkose gestellt. Am besten ist die dreidimensionale Darstellung der knöchernen Strukturen in der Computertomografie und, falls angezeigt, des Nervengewebes in der Magnetresonanztomografie. Die Therapie ist abhängig von den Symptomen und der exakten Diagnose. Sie variiert daher stark.

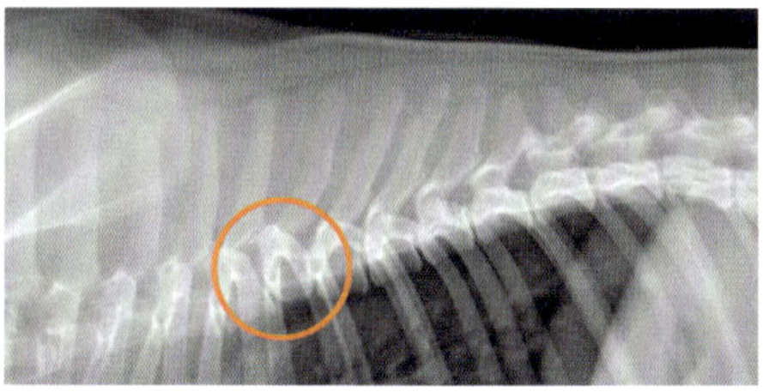

Keilwirbel in der Brustwirbelsäule.

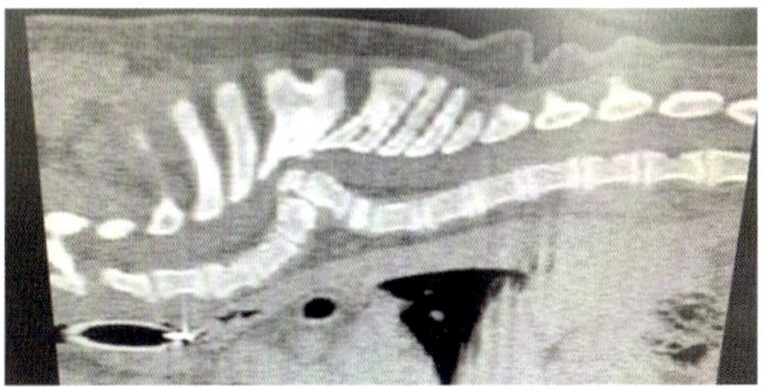

Hochgradig deformierte Brustwirbelsäule.

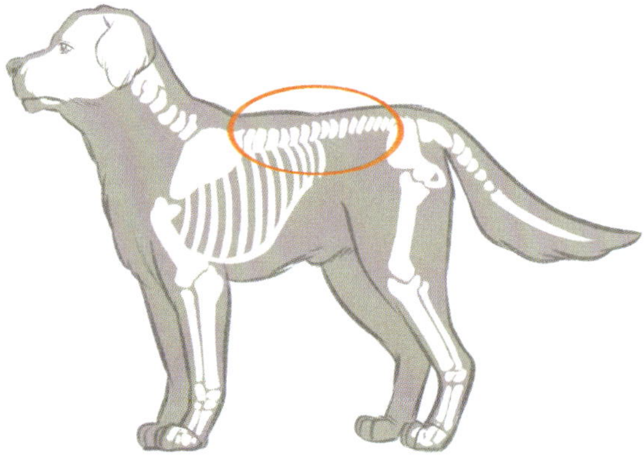

Hier finden sich oft sehr viele Spondylosen.

SPONDYLOSEN

Im Zusammenhang mit altersbedingten Bandscheibenveränderungen können auch knöcherne Umbauvorgänge an den Wirbelkörpern entstehen, sogenannte Spondylosen. Eine verstärkte Zugbelastung an der Unterseite der Wirbelsäule führt zu knöchernen Zubildung im Sinne einer Versteifung zwischen zwei oder mehreren Wirbelkörpern.

Die sporn- bis brückenartigen Veränderungen sind oft symptomlos und **Zufallsbefunde** bei der Anfertigung von Röntgenaufnahmen aufgrund einer anderen Indikation. Von Spondylosen betroffen sind vor allem größere Rassen (gehäuft **Boxer** und Deutscher Schäferhund), aber auch Kleinrassen (gehäuft Dackel, Cocker Spaniel und Beagle). Eine Sonderstellung nimmt die beim Boxer familiär stark gehäuft vorkommende Erkrankung ein, die außer der altersbedingten Spondylosis deformans wie bei anderen Rassen eine zweite Form aufweist, die entzündliche Spondylitis. Die Mehrzahl an älteren Boxern leidet unter Spondylosen.

Spondylosen können allerdings auch bei anderen Rassen der Grund für Rückenschmerzen infolge schmerzhafter Einengungen von Nerven sein. Die Palette der Symptome reicht von steifem Gang, schubweisen Schmerzen mit Bewegungsunlust, Schwierigkeiten beim Aufstehen, Hinlegen oder Treppenlaufen bis hin zu Kotabsatzproblemen und dauerhaften Lahmheiten. Davon abhängig wird entweder eine multimodale Therapie, wie auf Seite 142 beschrieben, oder ein chirurgischer Eingriff durchgeführt. Davor ist allerdings zwingend eine Magnetresonanztomographie (MRT) erforderlich.

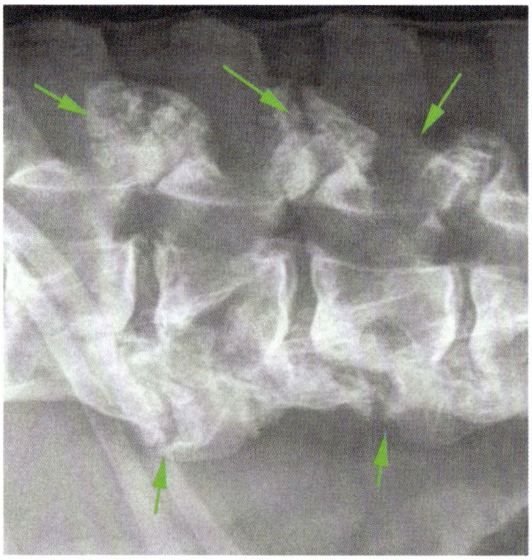

Spondylosen sowohl an den Wirbelgelenken als auch unter den Wirbelkörpern.

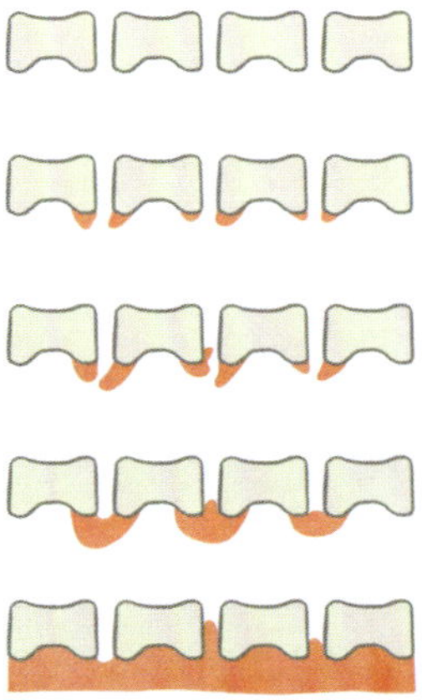

Skizzenhaft dargestellt die fortschreitende Entwicklung der Spondylosen.

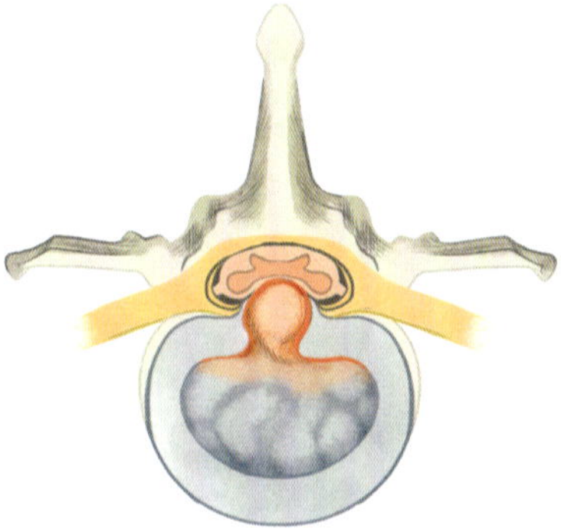

Vorfall des gallertigen Kerns durch gerissenen Faserring.

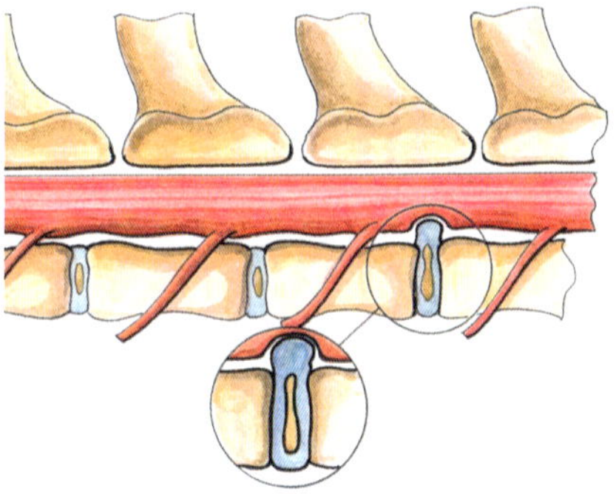

Vorgewölbter Faserring ohne Austritt des gallertigen Kerns.

VERÄNDERUNGEN AN DEN BANDSCHEIBEN

An den Bandscheiben finden Veränderungen rassebedingt in unterschiedlichen Altersstufen statt. Bei Kleinrassen beginnen solche Umbauvorgänge so früh, dass Bandscheibenvorfälle schon ab dem zweiten Lebensjahr auftreten. Die Ursache liegt in einer Umwandlung des gallertigen Zentrums der Bandscheibe in knorpeliges und anschließend verkalktes Gewebe. Gleichzeitig wird das feste, ringförmige Fasergerüst der Bandscheibe spröde, reißt und der verkalkte Kern gelangt plötzlich in den Wirbelkanal. Das Auftreten von Symptomen ist daher bei den Kleinrassen schlagartig.

Bei größeren Hunderassen entwickeln sich die Veränderungen des Kerns erst später und ohne Verkalkung. Der Faserring reißt auch seltener ein, sondern wölbt sich meistens nach und nach vor. Dies führt dann oft zu langsam zunehmenden Beschwerden ab dem Alter von durchschnittlich sieben Jahren. Die Symptome folgen aus der Art des Druckes des vorgefallenen Bandscheibenmaterials auf das Rückenmark und aus daraus resultierenden Entzündungen. Zusätzlich variieren die Symptome, je nachdem in welchem Bereich der Wirbelsäule dieses Problem auftritt.

BANDSCHEIBENVORFALL

So ist der Rückenmarkskanal im Halsbereich weiter und ein Bandscheibenvorfall führt hier weniger zu Lähmungen als zu hoch schmerzhaften Zuständen. Im hinteren Brustwirbel- und anfänglichen Lendenwirbelsäulenbereich führt ein Bandscheibenvorfall dagegen häufig zu Lähmungen unterschiedlichen Ausmaßes, ohne dass das Tier Schmerzhaftigkeit zeigt. Während manche Tiere noch gehfähig sind, können andere nicht einmal mehr stehen und zeigen teilweise

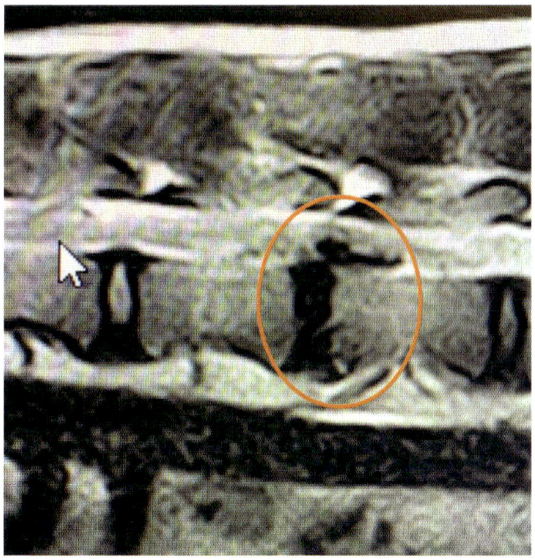

Bandscheibenkern ausgetreten in Rückenmarkskanal (MRT).

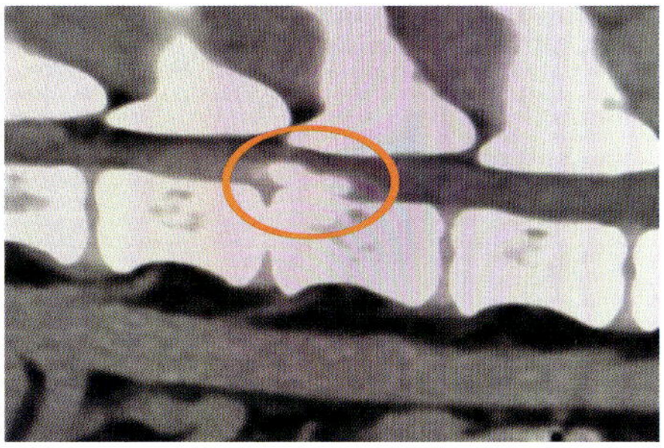

CT-Diagnostik eines verkalkten Bandscheibenvorfalls.

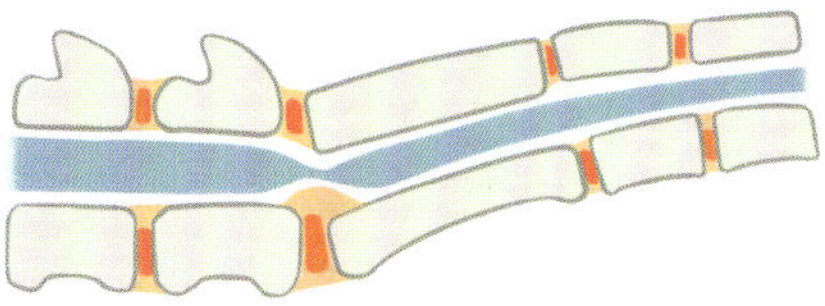

Vorwölbung des faserigen Bandscheibenrings mit Einengung des Rückenmarks.

sogar Lähmungen von Blase und Darm.
Um schnellstmöglich Schmerzen zu lindern, erfordert die exakte Diagnostik eine sorgfältig durchgeführte neurologische, als auch eine aufwendige bildgebende Untersuchung mittels Computertomografie (CT) und/oder Magnetresonanztomografie (MRT).
Je nach Befund ist eine OP unausweichlich oder sinnvoller für den Therapieerfolg. Zu bedenken ist, dass der Erfolg eines chirurgischen Eingriffs bei einem massiven Bandscheibenvorfall mit Lähmungen umso größer ist, je schneller die OP erfolgt. Eine OP mehr als zwei Tage nach dem Vorfall hat eine zunehmend schlechtere Prognose. Nach der OP ist Geduld und eine gute physiotherapeutische Betreuung gefragt.

CAUDA-EQUINA-KOMPRESSIONS-SYNDROM ODER DEGENERATIVE LUMBO-SAKRALE STENOSE (DLSS)

Eine Instabilität der Wirbelsäule am Übergang von Lendenwirbelsäule zum Kreuzbein ist bei großen Hunden immer wieder die Ursache für Bewegungsunlust, Schmerzen oder Lahmheiten. Die Erkrankung wird als Cauda-Equina-Kompressionssyndrom oder degenerative lumbo-sakrale Stenose (DLSS) bezeichnet. Cauda Equina bedeutet lateinisch „Pferdeschweif", weil das Rückenmark im hinteren Bereich der Wirbelsäule in einzelnen Nervenfasern ausläuft.
Der Übergangsbereich der Lendenwirbelsäule zum Kreuzbein unterliegtvor allem bei großen Hunderassen in der Bewegung einer stär-

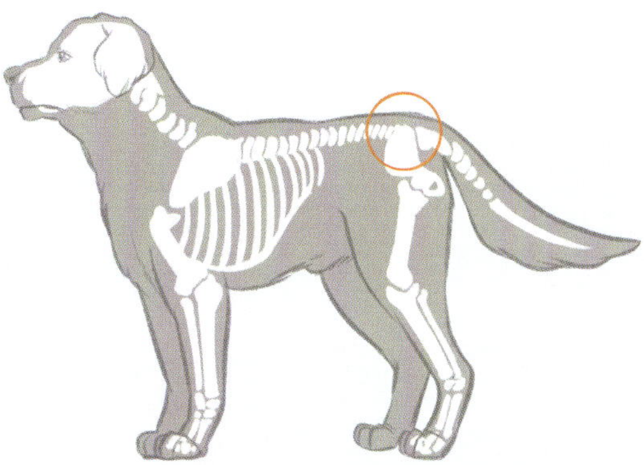

Das Cauda-Equina-Kompressionssyndrom ist hier lokalisiert.

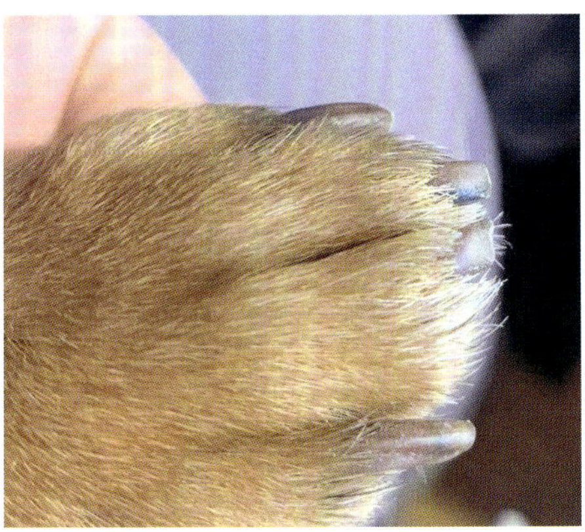

Achten Sie auf abgeschliffene Krallen an den Hinterbeinen.

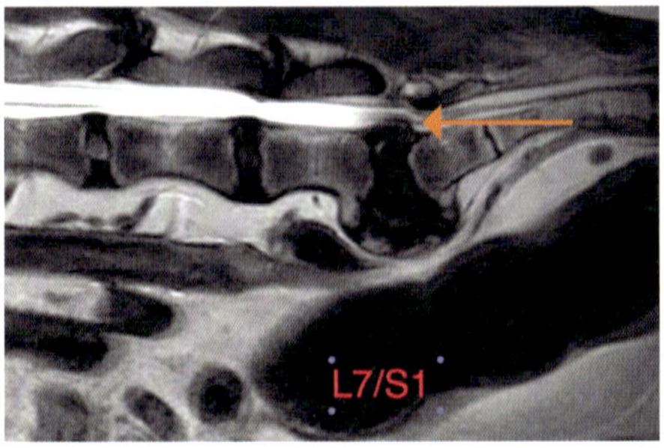

Spondylose bei Instabilität des lumbo-sakralen Übergangs.

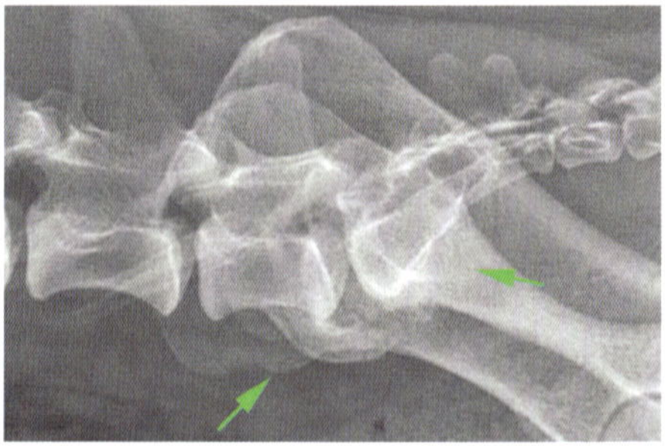

MRT des lumbosakralen Überganges mit Bandscheibenvorwölbung.

keren Belastung als die übrige Wirbelsäule. Werden diese knöchernen Verbindungen und deren stabilisierende Bandstrukturen stark beansprucht, wird knöchernes Gewebe gebildet. Durch die vorliegende Instabilität kann sich auch die Bandscheibe vorwölben. Dies führt über viele Monate zu einer fortschreitenden Einengung des Rückenmarkkanals mit Druck auf die Nervenfasern. Dieser schmerzhafte Prozess führt zu Bewegungsunlust, Schwierigkeiten beim Aufstehen, Treppenlaufen oder beim Springen ins Auto. Manche Hunde zeigen verkürzte Schritte bis hin zu tippelndem Gang und heben oft zeitweise das Hinterbein an. Werden Nerven zu lange eingeengt, führen die Schäden zu deren Funktionsverlust. Dieser äußert sich zu Beginn meist durch hörbares Krallenschleifen mit nachfolgend abgeschliffenen Krallen, im weiteren Verlauf zu Hinterhandschwäche mit Muskelschwund bis hin zu massiven Lähmungserscheinungen. Im sehr fortgeschrittenen Stadium kann es zu zunehmenden Kontrollverlust von Kot- und/oder Urinabsatz kommen.
Die Therapie erfolgt multimodal. In akuten Fällen oder wenn die medikamentöse Therapie nicht anspricht, kann ein chirurgischer Eingriff diesen Bereich durch verschraubte Stangenverbindungen stabilisieren und die Schmerzen deutlich lindern. Die Nervenschäden können nach längerer Krankheitsdauer leider oft nicht mehr behoben werden.

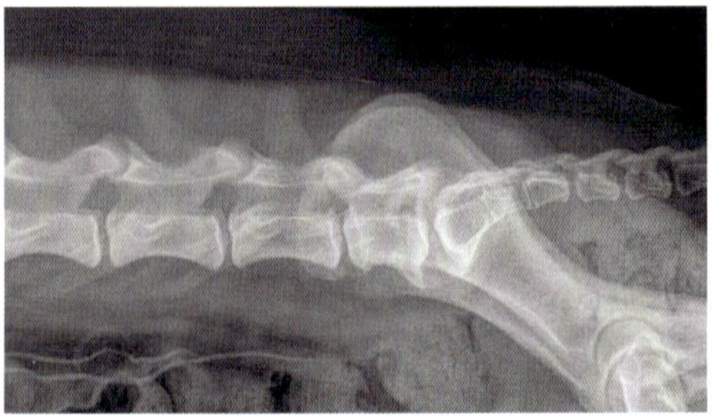

Röntgen vor OP bei DLSS.

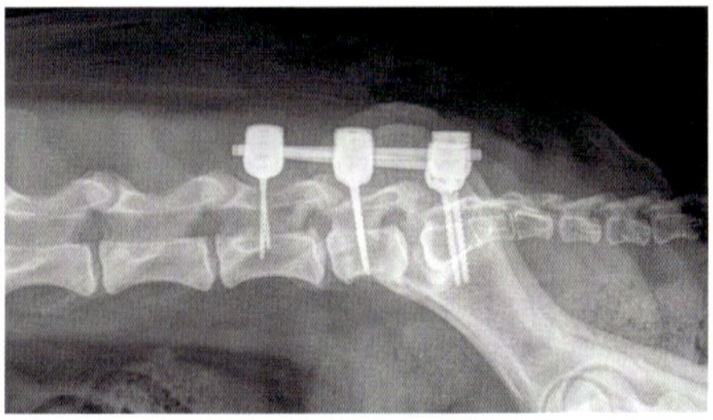

Röntgen nach chirurgischer Stabilisierung.

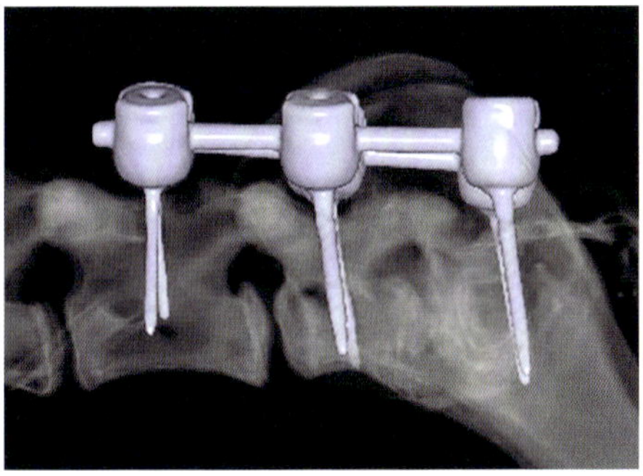

3-D-Darstellung des chirurgischen Materials.

ENTZÜNDLICHE VERÄNDERUNGEN DER WIRBELSÄULE (DISCOSPONDYLITIS)

Bakterielle Ursachen einer Discospondylitis

Entzündliche Erkrankungen der Wirbelsäule entstehen durch Verletzungen bei Beißereien, aber auch durch tiefe Wunden wie Stockverletzungen oder wandernde Grannen. Bakterien gelangen entweder so direkt durch eine Wunde zur Wirbelsäule oder werden über die Blutbahn dorthin verschleppt. Der Ursprung dieser Keime kann dabei z. B. der Harnwegstrakt oder die Haut sein. In der Folge können sowohl die Wirbelkörper als auch die Bandscheiben angegriffen und schwer geschädigt werden. Dies führt zu Schmerzen, aber normalerweise nicht zu Ausfällen von Nerven. Die Diagnose kann zu Beginn schwierig sein, da die Veränderungen röntgenologisch erst ca. zwei Wochen nach Beginn einer Infektion erkennbar sind.

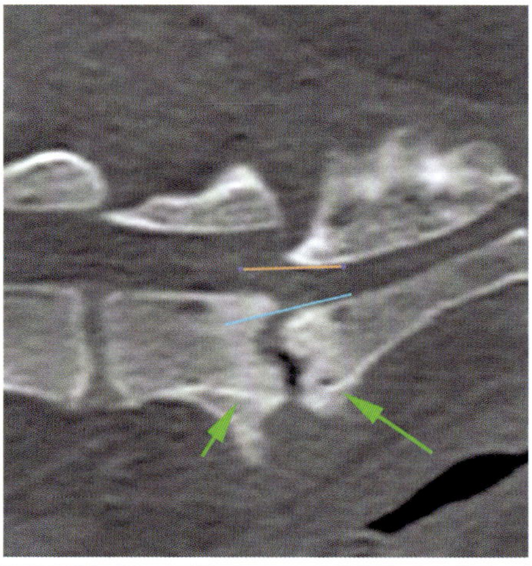

Hoch entzündliche Veränderungen der Wirbelkörper im CT.

Wichtig Bei unklaren Rückenschmerzen sollte daher eine bei Erstuntersuchung unauffällige seitliche Röntgenaufnahme nach ca. zwei Wochen wiederholt werden. Zur Therapie ist oft eine Antibiotikagabe über viele Wochen nötig. Diese erfolgt optimalerweise nach der Keimbestimmung und der Testung des bestwirksamen Präparates. Das Gewinnen einer Probe ist nur in Narkose möglich und erfolgt mithilfe einer gezielten Punktion unter Kontrolle eines Computertomographen oder im Rahmen eines chirurgischen Eingriffs. Wiederholte Röntgenkontrollen sind hier bis zur Ausheilung unumgänglich.

Allgemeine Nervenwurzelentzündung

Plötzliche Schwäche, die an den Hinterbeinen beginnt und sich in wenigen Tagen auch auf die Vorderbeine ausweitet, wird durch eine allgemeine Nervenwurzelentzündung verursacht. Die Tiere sind dann weder geh- noch stehfähig. Daher ist es wichtig, auf eine weiche Lagerung und häufige Positionswechsel des liegenden Tieres zu achten, um ein Wundliegen zu vermeiden. Können die Hunde keinen Urin absetzen, benötigen sie einen Blasendauerkatheter. Die erkrankten Tiere haben aber meist eine gute Prognose und können innerhalb weniger Wochen wieder laufen. Allerdings sollte eine intensive Physiotherapie erfolgen, um massivem Muskelschwund entgegenzuwirken.
Die Diagnose wird als Verdachtsdiagnose anhand der typischen Symptome gestellt. Sie kann in wenigen Spezialkliniken durch Messung der elektrischen Aktivitäten im Muskel in einem Elektromyogramm bestätigt werden. Bei einem Teil der Tiere wiederholt sich irgendwann diese Erkrankung. Medikamente haben keine nachgewiesene Wirkung.

Gehen Sie bei Unregelmäßigkeiten im Bewegungsablauf Ihres Vierbeiners möglichst schnell zum Tierarzt. So können Sie die Beweglichkeit mit sorgfältiger Diagnose und passender multimodaler Therapie lange erhalten.

RÜCKENMARKSINFARKT

Eine mehr oder weniger deutliche Lähmung meist nur eines Hinterbeines tritt vor allem bei jungen erwachsenen Hunden großer Rassen auf. Nach evtl. kurzer Schmerzäußerung ist die Lähmungserscheinung völlig schmerzlos. Dies ist ein wichtiger Hinweis bei der schwierigen Diagnosestellung. Die Ursache liegt in einem Gefäßverschluss durch Bandscheibenmaterial, dem Rückenmarksinfarkt. Die Prognose mit intensiver Physiotherapie ist oft gut. Eine medikamentelle Therapie ist nicht möglich.

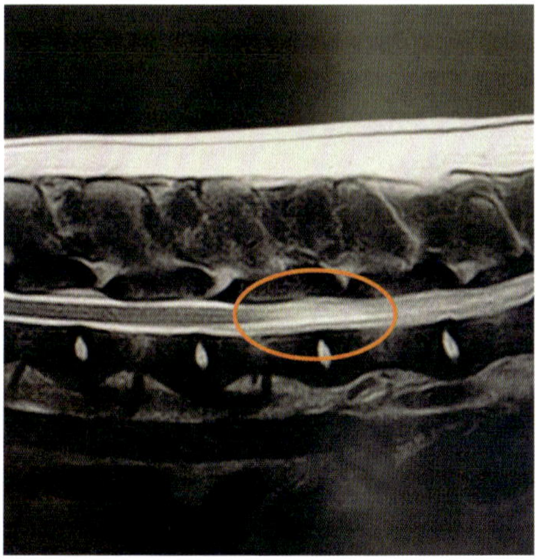

Der weiße „Fleck" im Rückenmark des MRT-Bilds ist ein Hinweis auf einen Rückenmarksinfarkt.

Degenerative Myelopathie

Bei Tieren größerer Rassen ab ca. sechs Jahren tritt eine vergleichbare Symptomatik auf, wobei die Ursache jedoch eine andere ist. Hier sterben Nervenbahnen im Rückenmark ab. Die sogenannte degenerative Myelopathie führt zu fortschreitender Muskelschwäche mit anfänglich ataktischem Gang. Im weiteren Verlauf geht dies in Schwanken bis hin zu Einknicken in der Hinterhand über. Die Hinterhandschwäche entwickelt sich also langsam über viele Monate und Jahre. Eine medikamentöse Therapie ist nicht bekannt. Physiotherapeutische Maßnahmen verlängern die Überlebenszeit durch Erhalt der Muskulatur deutlich.

ERKRANKUNGEN DES GEHIRNS

Die einzige Möglichkeit, die Gehirnstruktur genau zu untersuchen, ist die Magnetresonanztomographie (MRT). Nur damit ist es möglich, die Ursache von vermeintlichen Gehirnerkrankungen zu bestätigen oder auszuschließen.

ARNOLD CHIARI MALFORMATION

Kleinrassen können eine angeborene Schädeldeformation aufweisen, die zu Einengungen am Kleinhirn führen. Beim Cavalier King Charles Spaniel sind mehr als 90 % der Tiere betroffen. Diese wird als Arnold Chiari Malformation bezeichnet.
Symptome sind einerseits **Kopf- und Wirbelsäulenschmerzen** mit **steifem Gang**. Andererseits teils ungerichtetes **heftiges Kratzen** am Körper aufgrund von Nervenschmerzen, die leider regelmäßig als mit Juckreiz verbundener Hauterkrankung verwechselt werden. Manchmal zeigen die Hunde auch andere Schmerzäußerungen. Es besteht häufig ein enormer Leidensdruck, der einer intensiven Behandlung bedarf. Diese besteht zumeist in einer medikamentösen Therapie. Es werden verschiedene Medikamente in Kombination zur Entzündungshemmung, zur Reduktion des Nervenschmerzes und zur Herabsetzung der Gehirnwasserproduktion, um den Druck auf das Nervengewebe zu verringern, eingesetzt. In extrem schlimmen Fällen hilft nur ein chirurgisches Vorgehen.

KRAMPFANFÄLLE

(Epilepsie, Paroxysmale Dyskinesie)

Krampfanfälle sind für Tierhalter verständlicherweise sehr besorgniserregend.
Die **Ursachen** können außerhalb des Nervensystems liegen, etwa bei einer **Vergiftung, Unterzucker, Sauerstoffmangel, Herzerkrankungen** oder auch nach einer schweren Gehirnverletzung.
Missbildungen im Gefäßsystem im Bereich der Leber, als **portosystemische Shunts** bezeichnet, führen zu mangelnder Leberfunktion. Sie haben zur Folge, dass nicht abgebaute Stoffwechselgifte meist nach der Fütterung zu Anfällen, oft schon im Welpen- oder Junghundealter führen.

FEHLFUNKTIONEN DES GEHIRNS

Anfälle, die ihre Ursache in einer Fehlfunktion des Gehirns haben, werden allgemein als **Epilepsie** bezeichnet. Die Fehlfunktion besteht in einer Störung der elektrischen Ströme zwischen den Nervenzellen. Es kommt zu einer plötzlichen, unkontrollierten Entladung vieler Nervenzellen. Wenn solch ein „Kurzschluss“ nur einzelne Areale des Gehirns betrifft, spricht man von **fokaler**

Ganz ohne Epilepsie – Lebensfreude pur.

oder partieller Epilepsie. Die Anzeichen sind manchmal sehr dezent und schwer zuzuordnen. So können z. B. nur Zuckungen im Kopfbereich, der Haut am Körper oder eines Beines beobachtet werden, bei anderen sind die Pupillen erweitert oder die Tiere zeigen Verhaltensveränderungen. Auch können Kaubewegungen und Schnappen nach nicht vorhandenen Fliegen sowie Bellen auftreten. Bei ausgedehnteren Anfällen, sogenannten **generalisierten** Anfällen, sind beide Gehirnhälften betroffen und der Anfall breitet sich über den gesamten Körper aus. Die Folge ist eine ungebremste Muskelaktivität mit insgesamt fest angespannten oder rhythmisch zuckenden Muskeln. Häufig erfolgt dabei unkontrolliert Kot- und Urinabsatz. Die Tiere speicheln. Sie sind nicht bei Bewusstsein und können deshalb auch nicht auf beruhigende Ansprache reagieren. Sie sollten sehr vorsichtig sein, wenn Sie Ihr Tier durch körperliche Zuwendung beruhigen möchten, da schon viele Tierhalter von Ihrem Hund durch unkontrollierte Bewegungen des Kiefers während eines Anfalles gebissen wurden. Die allermeisten Anfälle hören nach einigen Sekunden auf. Sie können in unterschiedlichen Zeitabständen auftreten. Hat ein Hund mehrere Anfälle an einem Tag, wird dies **Clusteranfall** genannt. Dieser kann in einen kontinuierlichen Krampfzustand ohne zwischenzeitliches Erlangen des Bewusstseins übergehen, den **Status epilepticus**. Dieser Zustand ist lebensgefährlich und muss sofort stationär intensiv behandelt werden.

WENN DER HUND KRAMPFT

Bewahren Sie Ruhe, wenn Ihr Hund krampft, auch wenn es schwerfällt. Schützen Sie Ihren Hund möglichst davor, sich stark anzustoßen oder Treppen hinunterzufallen.

MEDIKAMENTÖSE THERAPIE

Ob eine Dauertherapie mit antiepileptischen Medikamenten notwendig ist, hängt von der Häufigkeit und der Schwere eines Anfalls ab. Bei Hunden, die mehr als zwei Anfälle binnen sechs Monaten haben, nach einem Anfall sehr lange brauchen, um sich zu erholen oder mehrere Anfälle an einem Tag hatten, ohne dass eine behebbare Ursache gefunden wurde, werden Medikamente, Antiepileptika, eingesetzt. Das Mittel der Wahl ist meist Imepitoin (Pexion®) oder Phenobarbital (Luminal®, Phenoleptil®, Phenotab®). Pexion® entfaltet zu Beginn der Therapie einen schnelleren antiepileptischen Effekt als Phenobarbital. Es hat auch im Vergleich

Um epileptische Anfälle effektiv zu vermeiden, ist oft der Einsatz verschiedener Präparate sinnvoll.

mit dem älteren Produkt kaum ermüdende Nebenwirkungen und muss nicht regelmäßig über eine Blutspiegelmessung kontrolliert werden. Dennoch sprechen einige Patienten besser auf die ältere Therapie mit Phenobarbital an. Wenn Ihr Hund Phenobarbital bekommt, ist es wichtig, den **Blutspiegel des Wirkstoffes** regelmäßig zu bestimmen, da jedes Tier eine individuelle Menge des Medikamentes benötigt, die nur über die Messung im Blut angepasst werden kann. Sorgen Sie sich nicht, wenn die Dosis nach und nach erhöht wird, solange der Blutspiegel im Normbereich bleibt. Es ist auch normal, dass bestimmte im Blut gemessene Leberwerte ansteigen. Reicht Phenobarbital nicht, um die Krämpfe zu reduzieren, wird oft zusätzlich Kaliumbromid (Libromide) eingesetzt. Auch hier ist es wichtig, regelmäßig den Blutspiegel von Bromid zu kontrollieren. Halten Sie, wenn Sie Ihrem Hund Kaliumbromid geben, dessen Futterplan streng ein, da die Wirkung von Kaliumbromid von der gefütterten Kochsalzmenge beeinflusst wird. Mittlerweile gibt es einige Antiepileptika aus der Humanmedizin, die beim Tier von Spezialisten angewendet werden.

NOTFALLMEDIKATION FÜR ZU HAUSE

Es empfiehlt sich immer, Midazolam als Nasenspray oder Diazepam in Form von Klistieren oder Zäpfchen in ausreichender Menge als Notfallmedikament zu Hause vorrätig zu halten, da erwiesen ist, dass eine schnellstmögliche Gabe bei einem Anfall weitere Anfälle verhindern oder zumindest abschwächen kann.

ANPASSUNG DER FÜTTERUNG
Die Zufuhr passender mittelkettiger Fettsäuren (oft als MCT bezeichnet) hilft, die Krampfneigung zu reduzieren und die Wirksamkeit der Antiepileptika zu verbessern. Es gibt mittlerweile viele Studien, die auch den Einsatz anderer Futterergänzungsmittel belegen. Sprechen Sie Ihren Tierarzt darauf an.

Wichtig Führen Sie bitte ein genaues **Epilepsietagebuch**, um den Krankheitsverlauf zu kontrollieren, die Therapie anzupassen und evtl. auch auslösende Ursachen zu vermeiden. Dies erhalten Sie bei Ihrem Tierarzt. Alternativ können Sie es mithilfe einer App führen. Die Diagnose Epilepsie ist eine Ausschlussdiagnose. Das Alter, in welchem neurologische Symptome auftreten, kann schon hinweisend für die Ursache sein.

WASSERKOPF

(Hydrocephalus)

Manche Veränderungen des Gehirns sind vor allem bei den Kurzkopfrassen angeboren. Sie sind in der Computer- oder Magnetresonanztomografie (MRT) als Wasserkopf (Hydrozephalus) zu erkennen. Hier treten leider oft schon im ersten Lebensjahr neurologische Symptome auch mit Krampfanfällen auf.

IDIOPATHISCHE EPILEPSIE

Die sogenannte idiopathische Epilepsie, die durch eine reine Funktionsstörung des Gehirns verursacht wird, tritt meist im **Alter ein bis fünf Jahren** gehäuft bei bestimmten Rassen wie dem Lagotto Romagnolo oder Rhodesian Ridgeback auf. Hier findet sich keine andere Ursache.

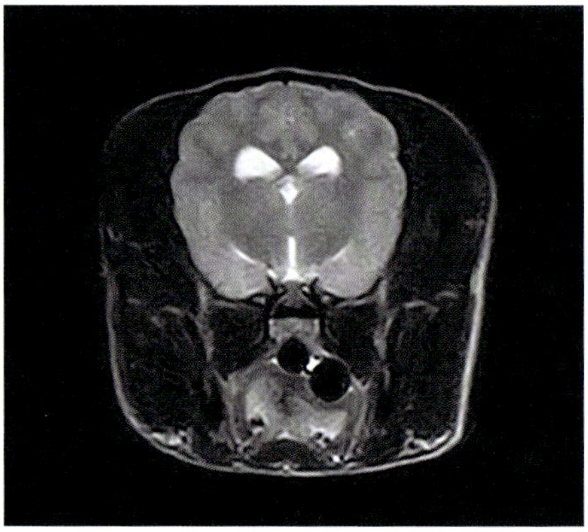

MRT: Normale Menge Gehirnwasser (weiß).

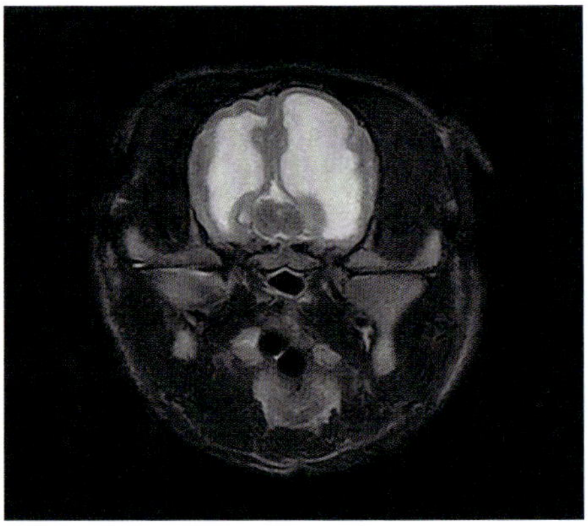

MRT: Hydrocephalus mit krankhaft erhöhter Menge Gehirnwassser (hellgrau).

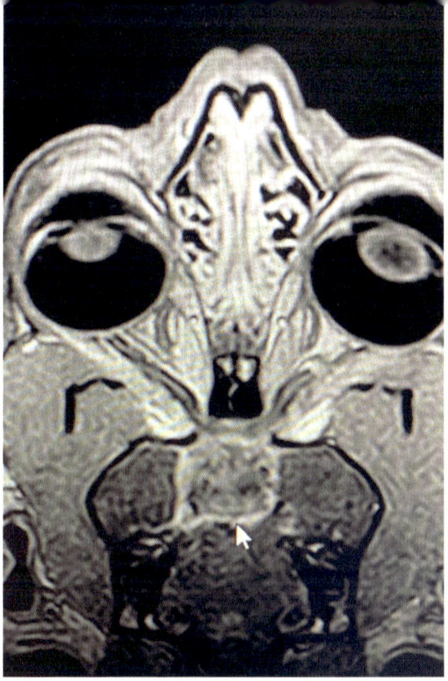

MRT mit Gehirntumor.

Bei den sogenannten B-Rassen wie z. B. dem Boxer tritt gehäuft eine Meningitis auf.

STRUKTURELLE EPILEPSIE

Wenn die Anfälle **bei Tieren ab fünf Jahren** erstmals auftreten, können außer entzündlichen und infektiösen Ursachen auch tumoröse oder narbige Veränderungen des Gehirns, eine strukturelle Epilepsie, vorliegen. Um nach Veränderungen des Gehirns zu schauen, sollte unbedingt eine Magnetresonanztomografie (MRT) erfolgen, auch wenn ein weiterer Weg in eine spezialisierte Klinik notwendig sein sollte. Die Computertomografie (CT) kann im Bereich des Gehirns und dem übrigen Nervensystem nur in wenigen Fällen aufschlussreich helfen.

PAROXYSMALE DYSKINESIE

Von der Epilepsie wird die Paroxysmale Dyskinesie unterschieden. Auch hier weisen einzelne Muskelgruppen eine gesteigerte oder herabgesetzte Aktivität auf. Diese Zustände können zwischen einer und 30 Minuten andauern. Im Unterschied zur Epilepsie ist das **Bewusstsein nicht beeinträchtigt**, die Tiere speicheln nicht und setzen weder Urin noch Kot unkontrolliert ab. Manche Tiere heben nur eine Pfote und zittern.
Die Ursache ist noch nicht klar, es wird eine Störung im Energiehaushalt vermutet, weshalb Anfälle häufig unter körperlicher Belastung oder bei Stress auftreten. Beim **Border Terrier** ist oft eine **Glutenempfindlichkeit** die Ursache.

HIRNHAUT-ENTZÜNDUNG

(Meningitis)

Schmerzen im Halsbereich verbunden mit einem steifen Gang und Fieber können bei jungen (acht bis 18 Monate) großwüchsigen Hunden aufgrund einer Hirnhautentzündung (Meningitis) auftreten. Gehäuft tritt diese Erkrankung bei sogenannten „B-Rassen“ auf: Berner Sennenhund, Boxer, Bearded Collie, Beagle, aber auch bei anderen größeren Hunden.

MAGEN-DARM-ERKRANKUNGEN

Erbrechen und Durchfall sind Symptome, die fast jeder Hund im Lauf seines Lebens meist nicht nur einmal zeigt. Lesen Sie das Kapitel aufmerksam durch und sparen Sie sich damit Tierarztbesuche.

HUSTEN ODER ERBRECHEN?

Wichtig ist, Husten und Erbrechen zu unterscheiden. Beim **Erbrechen** steht der Hund meist mit gesenktem Kopf, pumpt einige Male mit dem Bauch, bevor er Mageninhalt mit einem Würgegeräusch und gestrecktem Hals erbricht.
Beim **Husten** wird der Kopf normal gehalten und es kommt sofort bei den ersten Körperbewegungen ein Geräusch. Dies wird manchmal mit einem anderen Abschlussgeräusch und Kopfsenken verbunden. Abschließend zeigt der Hund oft Schmatzen oder Ausspucken von weißlichem Schaum.

DARMVERSCHLUSS DURCH FREMDKÖRPER

Nüsse, Maiskolben, Pfirsichsteine etc. führen regelmäßig zu einem Darmverschluss. Bringen Sie Ihrem Hund frühzeitig bei, dass er Dinge nicht unaufgefordert fressen darf. Nutzen Sie nie schluckbare Dinge, um mit Ihrem Hund zu spielen.
Kontrollieren Sie bitte das Spielzeug Ihres Hundes regelmäßig und werfen kaputtes Spielzeug in den Müll. Achten Sie auf hochwertige Plastikprodukte zur Beschäftigung. Einmal verschluckt, härtet Weichplastik durch die Magensäure aus und wird hart wie Glasscherben.

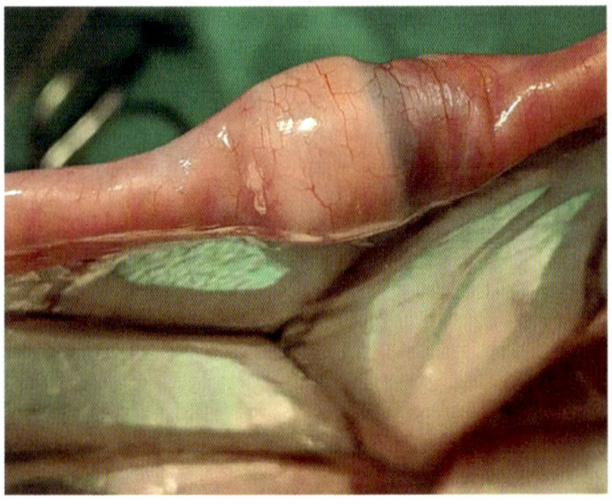

Darmverschluss durch das Geschenk in einem Überraschungsei.

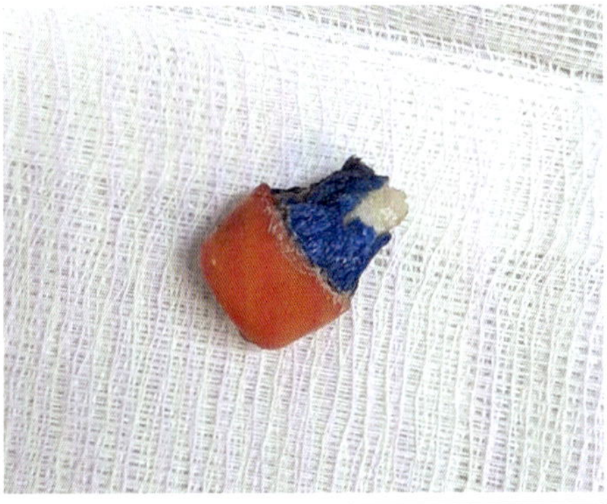

Zerbissenes Spielzeug nach der Fremdkörperoperation.

SAUERKRAUT

Haben Sie immer Sauerkraut im Haus. Dies ist ein gutes Mittel, Fremdkörper, die aufgrund ihrer Struktur oder Größe mit großer Wahrscheinlichkeit kein Problem machen, schnell durch den Magen-Darm-Kanal zu befördern. Informieren Sie sich vor der Gabe allerdings immer bei Ihrem Tierarzt oder einem erfahrenen Kollegen in der Telemedizin.

Wichtig Es gibt die Möglichkeit, mithilfe einer Spritze zuverlässig Erbrechen auszulösen. Das ist allerdings oft nur **binnen zwei Stunden** nach Aufnahme eines **Fremdkörpers** oder bei **Vergiftungsverdacht** sinnvoll, da dieser sonst schon den Magen verlassen hat und sich im ersten Abschnitt des Darmes befindet. Daher ist Eile geboten.

Sauerkraut hilft, wenn der Hund einen Fremdkörper aufgenommen hat und wird gern gefressen.

MAGENDREHUNG

(Torsio ventriculi)

Die Magendrehung ist ein **Notfall, bei dem jede Minute zählt**. Meist sind ältere Hunde ab der Größe wie Deutsch Drahthaar (ca. 25 – 30 kg) betroffen. Aber auch bei kleinen Hunden kann sich der Magen teilweise oder komplett um seine eigene Achse drehen. Das typische Symptom ist, dass der Hund versucht zu erbrechen, aber kein Futterbrei ausgespuckt wird. Der Hund ist oft sehr unruhig und der Bauch direkt hinter dem Rippenbogen wird zunehmend dicker. Schon

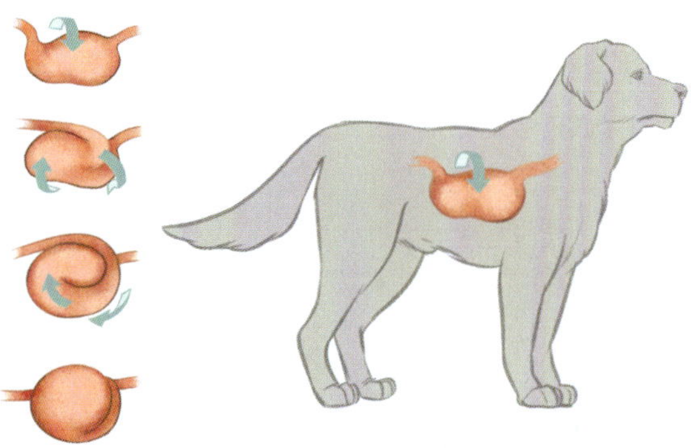

Magendrehung schematisch erläutert: Der Magen dreht sich um die Längsachse und schnürt dabei Ein- und Ausgang ab.

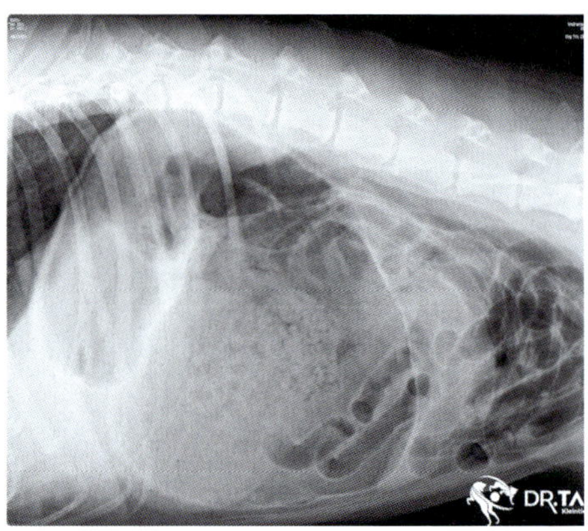

Typischer Röntgenbefund bei Magendrehung: aufgegaster Magen.

beim ersten Hinweis auf eine Magendrehung sollten Sie einen Tierarzt aufsuchen. Neben dem typischen Vorbericht ist meist eine seitliche Röntgenaufnahme eindeutig. Es werden sofort ein oder zwei Venenkatheter gelegt und eine schnell laufende Infusion angelegt. Dann wird der Magen durch Punktion entlastet, worauf die OP folgt. Bei frühzeitiger Intervention sind die Erfolgschancen sehr gut. Je länger der Magen gedreht ist und je mehr Gefäße abgeschnürt sind, desto aufwendiger wird die OP und desto schlechter die Prognose.

Speicheln ist oft ein Symptom von Übelkeit.

ERBRECHEN UND DURCHFALL

Erbrechen und Durchfall sind sehr häufige Gründe eines Tierarztbesuches. Die Ursachen hierfür sind allerdings vielfältig.

VERGIFTUNG

Aus Angst vor einer Vergiftung werden viele Tierhalter beim ersten Erbrechen in der Tierarztpraxis vorstellig. Sinnvoll wäre hier, zuvor zu überlegen: Kommt eine Vergiftung überhaupt infrage?

Folgende Fragen helfen Ihnen dabei, eine Vergiftung möglichst auszuschließen:

— War der Hund allein im Garten?
— Haben Sie gesehen, dass er etwas aufgenommen hat, das nicht ausdrücklich für ihn bestimmt war?
— Enthält das erste Erbrochene Blut oder hat eine ungewohnte Farbe?

Können Sie all dies verneinen, sollten Sie sofort verschiedene Maßnahmen ergreifen:

— Lassen Sie Ihren Hund nur an der Leine nach draußen, auch in den Garten.
— Erlauben Sie ihm nicht, Gras zu fressen.
— Bieten Sie Trinkwasser in häufigen kleinen Portionen an, da Ihr Hund sonst viel trinkt und sofort wieder erbricht. Wasser aus Pfützen, stehenden oder fließenden Gewässern ist verboten. Daher verbietet sich auch das Schwimmen.
— Füttern Sie ca. vier bis fünf kleine Portionen Schonkost pro Tag. Dazu eignen sich neben den Magen-Darm-Diäten aus

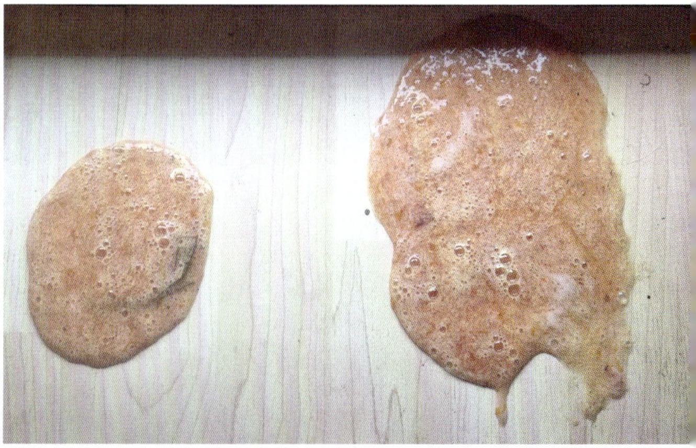

Rötlich verfärbtes schleimiges Erbrochenes mit Blut.

dem Handel leicht verdauliche Eiweiße wie weißer Fisch oder Geflügel und sehr lange gekochter Reis oder Kartoffeln. Beachten Sie bitte Unverträglichkeiten Ihres Tieres. Vielfach ist dies auch unbekannterweise gegen Geflügelfleisch der Fall. Oft ist die einfach herzustellende und sehr gut schmeckende Morosche Karottensuppe eine sehr gute Alternative. Diese Suppe verwendete der Kinderarzt Ernst Moro Anfang des 20. Jahrhunderts erfolgreich bei Kindern mit Durchfallerkrankung. Bei Tieren ist sie ebenfalls schon lange etabliert. Sie besteht ausschließlich aus Möhren, Wasser und Salz und lässt sich schnell und einfach zubereiten. Im Kühlschrank hält sie sich ca. zwei Tage. Die Suppe wird in kleinen Portionen ungefähr eine halbe Stunde vor jeder Mahlzeit zimmerwarm gefüttert. Als Anhaltspunkt bekommen Hunde ca. 30 ml pro kg Körpergewicht über den Tag verteilt.

Geht es Ihrem Hund trotz all dieser Maßnahmen zunehmend schlechter, müssen Sie Ihren Tierarzt konsultieren. Im einfachsten Fall kann er die Übelkeit mithilfe einer Injektion reduzieren und damit das Allgemeinbefinden Ihres Hundes verbessern. Geht es Ihrem Hund nach und nach besser, sollten Sie die oben genannten Maßnahmen mindestens eine Woche über das Verschwinden der Symptome hinaus beherzigen. Danach dürfen Sie die normale Alltagsroutine langsam über vier Tage wieder einführen.

Natürlicher Magenschutz

Unterstützend sind auch Ergänzungsfuttermittel, die die Magenschleimhaut schützen und die Bakterien im Darm unterstützen, da es häufig nach dem Erbrechen zu Durchfällen kommt. Bei Magen-Darm-empfindlichen Hunden empfiehlt es sich, entsprechende Produkte wie z. B. GastroCalm® im Haus zu haben. Das Apfelpektin in diesem Präparat bildet einen Schutzfilm auf der Magenschleimhaut, welcher auch im sauren Milieu

MOROSCHE KAROTTENSUPPE

Bereiten Sie eine größere Menge passend zur Größe Ihres Hundes vor und frieren Sie die Suppe portionsweise ein. So haben Sie im Notfall schnell einen Vorrat parat.

Zutaten

- 500 g Karotten
- 1 Liter Wasser
- 1 Teelöffel Salz
- etwas Wasser zum Auffüllen

Zubereitung

Karotten schälen und klein schneiden. Mit einem Liter Wasser unbedingt eineinhalb bis zwei Stunden köcheln lassen und anschließend pürieren. Die Suppe mit Wasser wieder auf einen Liter auffüllen, damit sie dickflüssig ist. Salz zugeben und füttern!

Keine Alternative zum prophylaktischen Magenschutz sind Säureblocker aus der Humanmedizin wie Omeprazol®, Pantoprazol® und viele mehr. Sie hemmen die Magensäure oft sehr schnell sowie effektiv und haben damit viele nicht beachtete negative Effekte. Die Wirkung verschiedener anderer Medikamente wird reduziert, Eiweiße nicht mehr gut verdaut, Bakterien im Darm zerstört und damit die Gefahr des Auftretens von Durchfall gefördert. Säureblocker sollten daher nur z. B. bei einem nachgewiesenen Magengeschwür eingesetzt werden.

des Magens erhalten bleibt. Bei Ulmenrinde hingegen verflüssigt sich der schleimig angerührte Brei im sauren Milieu und verfehlt damit seinen Zweck.

„SODBRENNEN"

Sollte Ihr Hund vermehrt Gras fressen, seine Vorderpfoten schlecken, häufig Schmatzen oder regelmäßig nachts oder morgens klare oder gelbliche Flüssigkeit erbrechen sowie morgens nur widerwillig fressen, spricht all dies für ein Problem mit der Magensäure. Notieren Sie genau, was, wie viel und wann Sie füttern, vergessen Sie bitte keine Leckerlis, Kauartikel oder Dinge vom Essenstisch und besprechen Sie dies mit einem auf Ernährung spezialisierten Tierarzt. Oft reicht eine Umstellung des Futters oder die Anpassung der Fütterungszeiten, damit es Ihrem Hund wieder gut geht.

Sensible Hunde

Bei ängstlichen und sensiblen Hunden oder Hunden aus dem Tierschutz sind regelmäßig auch verschiedene Belastungsfaktoren die Ursache dieser Symptome.

— Unregelmäßigkeiten im Tagesablauf
— Klingeln an der Haustüre
— Besuch
— Baulärm
— Gewitter oder Windgeräusche
— Laute Geräusche im Haushalt
— Besuch des Hundeplatzes
— Spielen mit anderen Hunden

und vieles mehr können ein Grund für die anfangs genannten Symptome sein. Um solchen Dingen auf den Grund zu kommen, hilft es, Tagebuch zu führen. Es werden besondere, vorher genannte Ereignisse und die Symptome des Hundes notiert. Unterstützend sind hier oft Ergänzungsfuttermittel, die das Nervensystem belastbarer machen, wie z. B. Sedarom® oder GastroCalm®.

MAGENPROBLEME BEI KURZNASEN

Haben Sie einen kurznasigen Vierbeiner mit Magenproblemen, ist es ganz wichtig zu wissen, dass diesen Hunden in vielen Fällen leider nur geholfen werden kann, wenn die Verengungen im Atmungstrakt (Nasenlöcher, verlängertes und/oder verdicktes Gaumen-

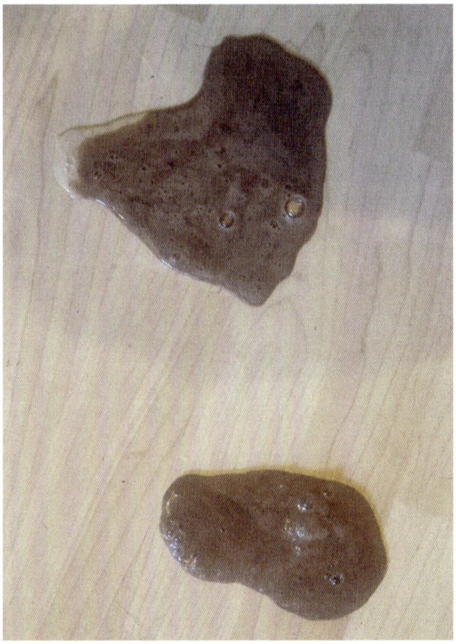

Erbrochenes von angedautem Futter.

segel) siehe Seite 82 ff. operativ beseitigt werden. Die Ursache hierfür ist, dass beim angestrengten Atmen im Brustkorb ein solcher Unterdruck erzeugt wird, dass Magensaft in die Speiseröhre zurückfließt und zu einer ständigen Entzündung führt. Französische Bulldoggen sind hier bedauerlicherweise die häufigsten Patienten.

Bei allen Rassen ist die häufigste Ursache für Erbrechen, dass der Hund etwas gefressen hat, was ihm nicht bekommen ist. So kommt es leider auch immer wieder zu Vergiftungen. Die beste Vorsorge ist, wenn Sie Ihrem Hund beibringen, dass er ohne Ihre Aufforderung nichts fressen darf. Dies ist vor allem bei den immer hungrigen Hunden, wie z. B. den Retrievern, lebensrettend. Ansonsten können auch der Komposthaufen, Fallobst oder Nüsse im Garten sowie Maiskolbenreste auf dem abgeernteten Feld zum Verhängnis werden. In der Nähe von Grillplätzen, Seen oder Freizeitanlagen finden sich oft auch verdorbene oder sehr fette Speisereste, die für Magen-Darm-Probleme sorgen. In diesen Fällen erbricht der Hund erst Futter, dann Flüssigkeit, danach bekommt er Durchfall.

KOTUNTERSUCHUNGEN

Eine bakterielle Kotuntersuchung ist meist genauso wie die Bestimmung der Darmbakterien sinnlos, da jedes Tier eine andere Zusammensetzung des sogenannten Mikrobioms hat. Sie macht nur bei Verdacht z. B. auf eine Salmonellose oder spezielle Clostridien Sinn. Die Bestimmung des Dysbioseindexes, der das Mikrobiom Ihres Hundes mit dem der gesunden Hundepopulation vergleicht, kann zur Therapiekontrolle bei chronischen Durchfallproblemen in Betracht gezogen werden. Zur parasitologischen Untersuchung nutzt man immer eine Sammelprobe von drei Kotabsätzen, da die Parasiten nur unregelmäßig ausgeschieden werden.

Für eine Kotuntersuchung kann man Kot ganz einfach mit einem Kotröhrchen sammeln.

DÜNNDARM-DURCHFALL

Zu Beginn der Durchfallerkrankung lässt sich dieser meist im **Dünndarm**, dem ersten Darmabschnitt, lokalisieren. Der Hund muss dringend nach draußen und setzt öfter als normal wässrigen oder dünnflüssigen Kot ab. Begleiten Sie Ihren Hund immer nach draußen. Zum einen, damit Sie die Kotkonsistenz, -farbe und -menge beurteilen können, zum anderen, damit er aufgrund seines Missbefindens kein Gras frisst. Manchmal ist diese Darmerkrankung von hörbaren Darmgeräuschen und riechbaren Blähungen begleitet.

DICKDARMDURCHFALL

(Colitis)

Im nächsten Stadium der Erkrankung kommt es häufig zu einem **Dickdarmdurchfall (Colitis),** einer Problematik im letzten Darmabschnitt. Der Hund will öfter Kot absetzen, er muss aber lange pressen, bevor

Typisch für den Dickdarmdurchfall die Schleimhülle um den Kot.

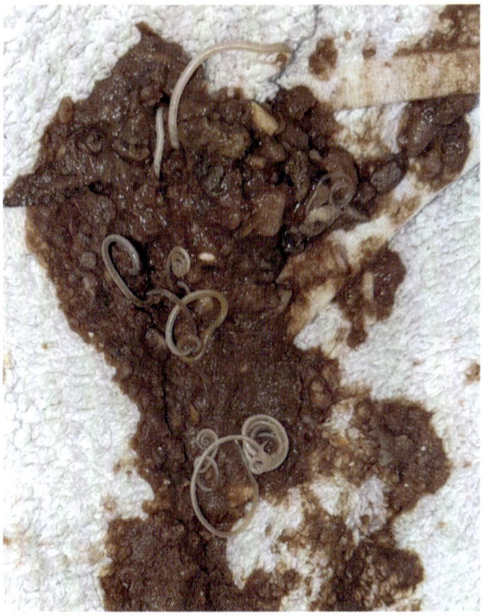

Viele Spulwürmer im Kot.

meist nur wenig Kot kommt. Dieser ist schleimig bzw. von einer Schleimhülle und häufig feinen Blutspuren überzogen. Diese Phase hält manchmal mehrere Tage an. Eine Colitis tritt häufig auch ohne Erbrechen als einziges Symptom auf. Dies ist z. B. bei einer Futtermittelunverträglichkeit oder bei Giardienbefall möglich. Hier fällt oft auf, dass es dem Hund nicht wirklich schlecht geht und die Kotkonsistenz wechselt. Sinnvoll ist es in diesem Fall immer, eine parasitologische Kotuntersuchung aus einer Sammelprobe von drei Kotabsätzen durchführen zu lassen.

PARASITEN

Da Darmparasiten wie Spul- und Bandwürmer auch in Deutschland sehr verbreitet sind, sollte routinemäßig bei jedem Hund eine regelmäßige Entwurmung gemäß den ESCCAP-Leitlinien durchgeführt werden.

GIARDIEN

Beachten Sie bitte, dass der Nachweis von Giardien kritisch zu betrachten ist. Eine einmalige mehrtägige Therapie mit Fenbendazol ist in Kombination mit der passenden Ernährung und Hygienemaßnahmen, vor allem bei Jungtieren, sinnvoll. Eine Therapie mit **Metronidazol** ist **nie** indiziert, da man weiß, dass einerseits bei manchen Hunden Giardien Teil der normalen Darmbesiedelung und damit immer wieder nachweisbar sind und die gesunde Darmflora andererseits durch Metronidazol eine lange Zeit massiv gestört wird. Haben Sie vor der Übertragung auf Menschen mit schwachem Immunsystem Angst, ergibt es Sinn, die Giardienart genau zu bestimmen, da die meisten Arten für den Mensch kein Problem darstellen.

HILFE BEI DICKDARMDURCHFALL

Bei Dickdarmdurchfällen sind oft ballaststoffhaltige hochverdauliche Diäten, wie z. B. Hills Biome®, sinnvoll. Diese unterstützen das Mikrobiom und sorgen langfristig für eine stabile Bakterienzusammensetzung.

EINSATZ VON ANTIBIOTIKA?

Antibiotika haben **in der Behandlung von Magen-Darm-Erkrankungen keinen Platz**. Sie werden hier ausschließlich nach dem Nachweis bestimmter Erreger in Darmbiopsien, meist beim Boxer und bei stationär aufgenommenen Hunden mit sehr schlechtem Allgemeinbefinden und massiven Blutbildveränderungen, eingesetzt. Auch bei einem geschwächten Hund mit massiv blutigem Durchfall ist die Antibiose nicht die Medikation der ersten Wahl, sondern die sofortige Infusion von elektrolythaltiger Flüssigkeit in die Vene.

FÜTTERUNGSMANAGEMENT

Der größte Teil der chronischen Magen-Darm-Probleme ist mit einem geeigneten Fütterungsmanagement lösbar. Hierzu sind Ihre sorgfältige Mitarbeit und Geduld sowie das Wissen eines spezialisierten Tierarztes Voraussetzung. Im zweiten Schritt werden dann gelegentlich Kortisonpräparate eingesetzt. Antibiotika finden wie oben beschrieben nur in seltenen Ausnahmefällen nach der Biopsieentnahme und dem Nachweis bestimmter Bakterien Einsatz. Unterstützend wirken Ergänzungsfuttermittel, die die gesunde Darmflora fördern. Diese werden abhängig von ihrer Zusammensetzung als **Prä-, Pro-, Syn- oder Postbiotika** bezeichnet und können immer zusätzlich gegeben werden. Präbiotika sind meist schwerverdauliche Futterstoffe, die die gewünschten Bakterien im Darm fördern. Probiotika sind lebende Bakterien, die im Darm ansiedeln und krank machende Bakterien verdrängen sollen. Synbiotika enthalten Prä- und Probiotika. Postbiotika sind Bestandteile der Probiotika, die auch das Darmmikrobiom positiv unterstützen.

EIWEISS-VERLUST-ENTERITIS (PROTEIN-LOOSING-ENTERITIS, PLE)

Ein weiterer Spezialfall ist die Eiweiß-Verlust-Enteritis. Bei dieser Erkrankung kommt es zu Durchfall und zur Flüssigkeitsansammlung im Bauchraum. Die Ursache ist vielfältig, oft sind es länger bestehende Darmentzündungen oder Allergien. Im Blut kann recht sicher festgestellt werden, dass Eiweiße über den Darm verloren werden. Hier ist es wichtig, sofort eine sehr fettarme Ration zu füttern. Da es eine solche im Handel noch nicht gibt, empfiehlt es sich, eine Kochration berechnen zu lassen. Regelmäßig ist bei Diagnosestellung zusätzlich die Gabe von Kortisonpräparaten nötig. Antibiotika sind hier eher schädlich.

FUTTERMITTELALLERGIE UND -UNVERTRÄGLICHKEIT

Bei Hunden, die immer wieder oder ständig Probleme mit dem Magen-Darm-Trakt haben, steht sehr häufig die Frage im Raum, ob es sich um eine Futtermittelallergie handelt. **Meist** ist es **keine Allergie**, **sondern** eine **Futtermittelunverträglichkeit**. Einen Test, welches Futtermittel vertragen wird und welches nicht, gibt es nicht. Der angebotene teure Bluttest hilft höchstens, die Eiweißquelle für eine Ausschlussdiät zu finden, mit welcher der Hund noch keinen Kontakt hatte. Meist ist er jedoch überflüssig.

Ausschlussdiät

Möchten Sie bei einem mit Fertigfutter gefütterten Hund eine Ausschlussdiät machen, funktionieren hydrolysierte Diäten wie Hill z/d® oder Royal Canin hypoallergenic® oft besser als Single-Protein-Diäten. Bei den hydrolysierten Diäten liegen die Eiweiße in so kleinen Bruchstücken vor, dass sie im Körper nicht als Fremdstoff erkannt werden. Je kleiner die Bruchstücke sind, desto besser. Momentan ist das Produkt Anallergenic® von Royal Canin das Futter mit den kleinsten Bruchstücken. In Single-Protein-Diäten wird hingegen Wert daraufgelegt, dass es nur eine Eiweißquelle gibt.

Viele Produkte mit Bezeichnungen wie „Hirsch und Kartoffel“ oder „Lamm und

Hirse" sehen so aus, als enthielten sie zu 100 % nur die genannten Produkte. Oft sind sie aber nicht geeignet, da im Kleingedruckten weitere Eiweißquellen aufgelistet sind. Fragen Sie hierfür Ihren Tierarzt.

Noch ein Hinweis Die Ursache von Unverträglichkeiten sind fast immer die Eiweiße und nur in extremen Ausnahmefällen die Kohlenhydrate.

1. Schauen Sie auf die Deklaration der Futtermittel. Es sollten möglichst keine Kräuter enthalten sein, da auch hier Überempfindlichkeiten vorliegen können.
2. Füttern Sie eine Ausschlussdiät immer konsequent für mindestens sechs, besser acht Wochen und wirklich ausschließlich, sonst ergibt sie keinerlei Sinn.
3. Lassen Sie alle Ergänzungsfuttermittel, Vitaminpräparate, Öle, Kauartikel, Haut- und Zahnpflegeprodukte ohne Rücksprache mit einem spezialisierten Tierarzt bitte weg.
4. Geben Sie keine Essensreste oder Leckerbissen vom Tisch.
5. Als Leckerli nutzen Sie im besten Fall das Futter. Alternativ können Sie auch reine getrocknete Fleischleckerli vom selben Eiweiß wie das Futter nutzen. Vet-Concept bietet hier eine große Auswahl.
6. Denken Sie daran, keine aromatisierten Kautabletten zur Entwurmung oder in der Medikation einzusetzen. Es gibt auch immer Tabletten ohne Geschmack.

Selbst kochen

Finden Sie keine passende Fertigfutteralternative, stellt das Kochen oft eine sehr gute Möglichkeit dar. Manchmal werden Fleischsorten gekocht sehr gut vertragen, aber nicht in purer Form aus der Dose oder als Trockenfutter. Seien Sie geduldig und wechseln Sie nicht zu schnell die Diäten, da ein entzündeter Darm schnell bereit ist, neue Überempfindlichkeiten entstehen zu lassen. Dies ist auch wichtig, da im Laufe des Hundelebens weitere Überempfindlichkeiten entstehen können. Sie sollten für Ihren Hund bisher unbekannte Eiweiße für evtl. zukünftig auftretende Probleme in Reserve haben.

Eine gute Möglichkeit zur Ausschlussdiät ist selbst gebraten …

… oder selbst gekocht. So kennt man sicher alle Zutaten.

VERÄNDERUNGEN IM BEREICH DES AFTERS

ENDDARMVORFALL

Sehr junge Hunde zeigen bei starken Durchfällen nicht selten einen Vorfall von roter Darmschleimhaut aus dem Anus.
Die krampfartige Darmtätigkeit in Verbindung mit Pressen kann zu diesem Vorwölben führen. Bei älteren Tieren sieht man dies eher durch Pressen bei Verstopfung.
Die stark angeschwollene Darmschleimhaut wird durch den Analmuskel abgequetscht. Damit wird der Blutabfluss unterbunden und das Schleimhautgewebe in kurzer Zeit schwer geschädigt. Hier ist schnelle tierärztliche Hilfe vonnöten, wenn die Schleimhaut permanent ausgestülpt ist. Klären Sie am besten gleich bei der Terminvergabe, ob dieses Problem in der von Ihnen gewählten Praxis behandelt werden kann. Bis zu dem Termin ist es wichtig, die vorgefallene Schleimhaut mit einem Wund- und Heilgel (z. B. BepanGel® von Bayer) zu befeuchten. Ein zusätzlicher Schutz durch eine Unterhose oder ein Läufigkeitshöschen kann Verletzungen, die allein schon durch Hinsetzen entstehen können, vorbeugen. Der Tierarzt muss den Schleimhautvorfall häufig unter Kurznarkose sorgfältig reinigen und vorsichtig zurückverlagern. Das Wiederaustreten wird mittels einer Tabaksbeutelnaht verhindert. Diese Nahttechnik um den Anus lässt nur einen ungefähr bleistiftstarken Durchlass für Kot und verhindert so das Vorquellen von Gewebe. Liegt schon abgestorbene Schleimhaut vor, wird diese zuvor chirurgisch entfernt. Selbstverständlich sollte zeitgleich die Grundursache angegangen werden.

HAUTVERÄNDERUNGEN IM AFTERBEREICH

Bei Durchfällen ist es wichtig, den Bereich um den Anus sauber zu halten, sonst kommt es hier schnell zu Hautentzündungen. Manche Hunde versuchen sich selbst zu säubern, indem sie auf dem Hinterteil rutschen. Tun sie das zu lange oder zu intensiv, entzündet sich dieser Bereich und so entsteht ein Teufelskreis. Diese Hautveränderungen dürfen nicht verwechselt werden mit der perianalen Furunkulose, auch perianale Fistelbildung genannt.

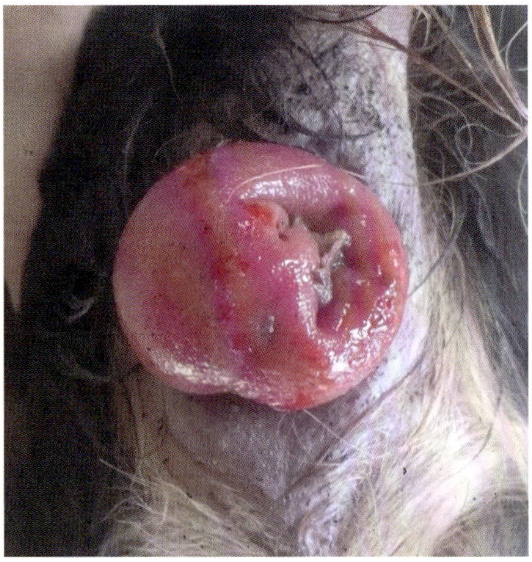

Vorfall der Enddarmschleimhaut.

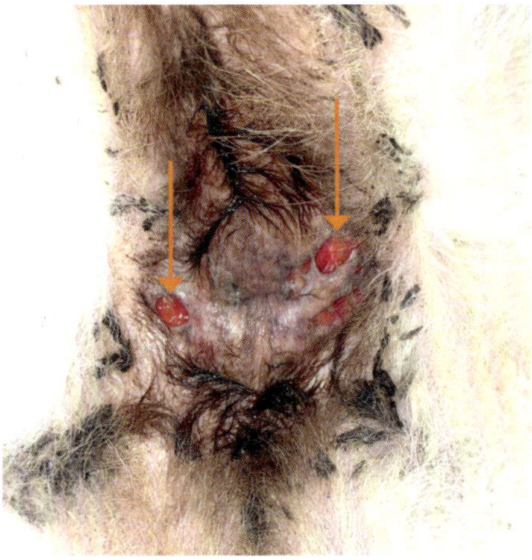

Kotverschmutzung und Fistelbildung im Analbereich.

Neben dem DeutschenSchäferhund neigen auch Irish Setter zur perianalen Fistelbildung.

PERIANALE FISTELBILDUNG (PERIANALE FURUNKULOSE)

Dies ist eine fortschreitende Erkrankung der Schleimhaut des Anus und der umgebenden Haut. Sie reicht bis in das tiefere Gewebe um den Enddarm.
Zu Beginn bilden sich nässende Vertiefungen der Haut um den Anus. Aus den nach und nach entstehenden schlauchförmigen Fistelgängen tritt dann ein blutig bis eitriges, übel riechendes Sekret aus. Die offenen, geschwürigen Hautareale verursachen hochgradige Schmerzen und lösen Rutschen auf dem Hintern und ständiges Belecken aus. Betroffen ist sehr **oft der Deutsche Schäferhund**, aber auch der Irish Setter. Der Krankheitsbeginn liegt regelmäßig im Alter von vier bis sieben Jahren. Der Kotabsatz ist einerseits durch die Schmerzen und andererseits durch vernarbtes Gewebe nach längerer Krankheitsdauer erschwert. Häufig ist eine Verstopfung die Folge.
Die genaue Ursache der Erkrankung ist unbekannt. Man weiß allerdings, dass die Unterdrückung des Immunsystems hilft, die Krankheit einzudämmen. Dies ist mit verschiedenen Medikamenten möglich. Zusätzlich ist eine ausreichende Schmerztherapie vonnöten. Eine lebenslange, oft kostenintensive Therapie kann bei korrekter Durchführung vielen betroffenen Tieren ein lebenswertes Leben ermöglichen. Chirurgische Maßnahmen sind nur nach erfolgloser Behandlung zu empfehlen. Unterstützend können lokale Behandlungen in Kurznarkose mittels Laser durchgeführt werden. Differentialdiagnostisch muss eine Tumorerkrankung in diesem Bereich mit einer zytologischen Untersuchung ausgeschlossen werden.

CICLOSPORIN-PRÄPARATE EINFRIEREN

Oft wird ein Ciclosporin-Präparat als Mittel der Wahl eingesetzt. Dies führt bei einem Teil der Hunde zu Erbrechen. Hier hilft es, Ciclosporin-Kapseln einzufrieren, da die dem Futter gefroren beigemischten Kapseln erst im Dünndarm auftauen und so den Magen umgehen. Der Wirkstoff bleibt dabei unverändert erhalten. Unbedingt anzuraten ist zusätzlich eine lokale Salbenbehandlung mit dem Wirkstoff Tacrolimus zur täglichen, vorsichtigen Wundbehandlung, der auch immunmodulierend wirkt.

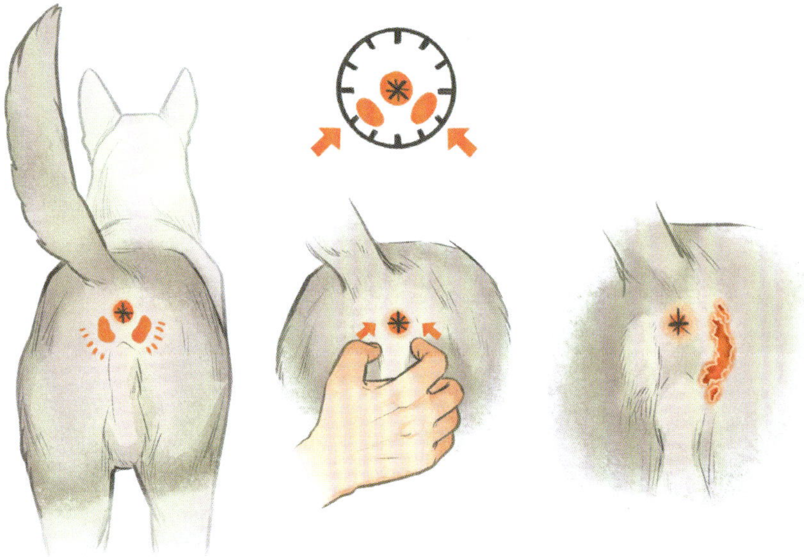

Die Skizze verdeutlicht die Lage der Analdrüsen, in der Mitte, das Ausmassieren der Analdrüsen, rechts das Aufplatzen der Analdrüse in Form eines Abszesses.

PROBLEME DER ANALDRÜSEN

Kontrollieren Sie bei länger andauernden Durchfällen bitte auch immer die Analdrüsen. Sie liegen, wenn Sie auf den Anus schauen, im Vergleich mit einem Zifferblatt ungefähr bei vier und acht Uhr.
Das produzierte Sekret wird normalerweise beim Absatz von festem Kot durch Muskelkontraktion des Anus aus den Analbeuteln ausgepresst und dient der individuellen Duftmarkierung. Das äußerst streng und fischig riechende Sekret hat eine trübe bräunliche bis graue Farbe. Manche Hunde setzen dieses auch bei Aufregung ab, z. B. bei Begrüßung von Familienmitgliedern oder zum Leidwesen des Personals in der Tierarztpraxis.

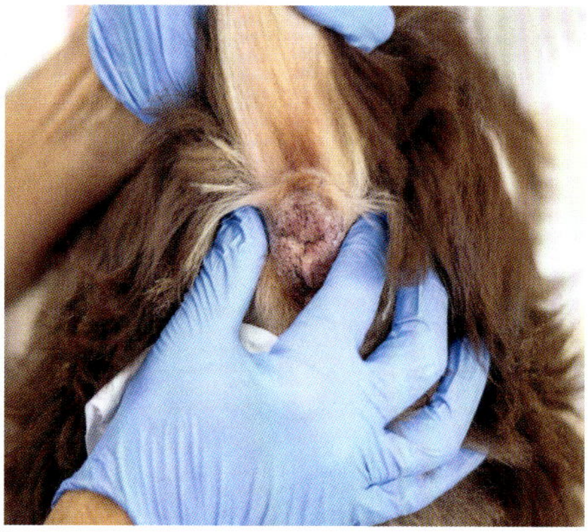

So entleeren Sie die Analdrüsen (die Rute wird zur Seite gehalten, nicht nach oben).

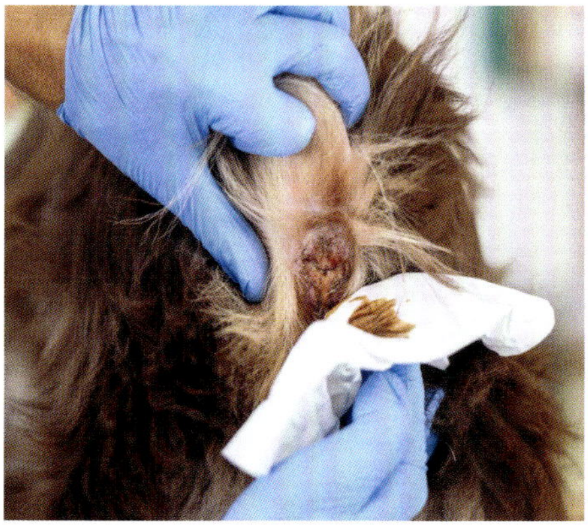

Vergleichen Sie das Sekret beider Seiten.

Mangelhafte Entleerung der Analdrüsen

Wenn der Kot zu weich ist oder die Analdrüsen so liegen, dass sie beim Kotabsatz nicht „ausgedrückt" werden, kommt es regelmäßig zu einer mangelhaften Entleerung dieser Drüsen. Eine Ansammlung des Sekrets erfolgt auch aufgrund von übermäßiger Produktion bei entzündlichen Veränderungen der Analbeutel, bei mangelhafter Entleerung aufgrund zu festen Sekrets oder sehr engem Ausführungsgang der Analdrüse. Weitere Faktoren für die Anschoppung sind Fettleibigkeit und meist altersbedingt nachlassender Analmuskeltonus. Sehr häufig haben vor allem Kleinrassen Probleme mit den Analbeuteln.
Manche Hunde versuchen nun, die Analdrüsen durch Rutschen auf dem Hintern, auch als Schlittenfahren bezeichnet, oder durch Belecken und Benagen des Analbereichs zu entleeren. Wenn die Entleerung durch den Hund nicht gelingt, muss das Sekret vom Tierarzt oder von Ihnen als Tierhalter vorsichtig ausmassiert werden.
Lassen Sie sich die Analbeutelentleerung beim ersten Mal unbedingt vom Tierarzt zeigen. Es ist selbstredend, dass nur kurz geschnittene Fingernägel bei diesem Vorgehen erlaubt sind. Der behandschuhte Zeigefinger wird nach Auftragen von etwas Vaseline oder Öl vorsichtig in den Anus eingeführt, der zu tastende Analbeutel wird von außen mit dem Daumen fixiert und der Inhalt des Analbeutels unter vorsichtigem Druck über den Ausführungsgang nach außen massiert. Das Entleeren muss unter leichtem Druck vollziehbar sein, ansonsten muss ein Tierarzt aufgesucht werden.
Ein stark eingetrockneter Analbeutelinhalt muss vom Tierarzt mit einer Flüssigkeit aufgeweicht werden, die mit einer stumpfen Knopfkanüle mit Übung meist problemlos über den Ausführungsgang eingebracht wird. Manchmal muss dies an aufeinanderfolgenden Tagen wiederholt werden.

Analbeutelabszess

Bemerken Sie sehr volle oder entzündete Analbeutel zu spät, platzt der Analbeutel auf, sodass das Sekret neben dem Anus nach außen entweichen kann. Sinnvoll ist es hier, wenn ein Tierarzt die Erstversorgung durchführt. Dies ist jedoch kein Notfall, sodass Sie die Zeit bis dahin selbständig überbrücken können. Durch die oft kleine Wundöffnung spülen Sie den geöffneten Analeutel ohne Druck am besten zweimal täglich mit einer antiseptischen, nicht reizenden Lösung, z. B. Prontosan® oder hypochlorige Säure, keinesfalls Octenisept®. Zeitgleich ist ein Wundschutz, z. B. in Form einer Unterhose oder eines umgekehrt angezogenen T-Shirts mit eingeklebter Damenbinde, nötig. So bleibt die offene Wunde sauber und außerdem verschmutzt austretende Wundflüssigkeit die Umgebung nicht. Sollte der Hund dies nicht tolerieren, muss ein Halskragen aufgezogen werden, sodass der angebrachte Wundschutz nicht entfernt werden kann. Die Gabe eines entzündungshemmenden Präparats für einige Tage hilft, durch Abschwellen eine Schmerzlinderung zu erzielen. Antibiotika müssen nur eingesetzt werden, wenn die Veränderung auch nach Reinigung und Entzündungshemmung weiter fortschreitet.

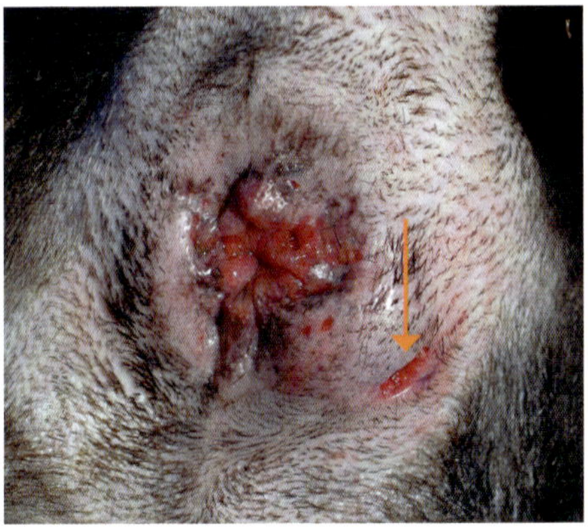

Aufgeplatzte rechte Analdrüse – Analdrüsenabszess.

UMFANGSVERMEHRUNGEN IM BEREICH DES AFTERS

Analbeuteltumor

Vorsicht ist geboten, wenn sich ein Analbeutel sehr derb oder sogar hart anfühlt. Es könnte dann auch eine tumoröse Veränderung vorliegen, die vom Tierarzt abgeklärt werden muss. Das Durchschnittsalter bei Auftreten eines bösartigen Analbeuteltumors liegt bei ca. zehn Jahren. Das Besondere bei dieser Tumorart ist, dass bei ungefähr einem Drittel der Tiere ein deutlicher **Anstieg des Kalzium-Blutspiegels** ausgelöst wird. Dies führt zu massiven klinischen Symptomen wie Appetitlosigkeit, vermehrtem Durst und Urinieren sowie allgemeiner Schwäche. Da der Kalziumwert auch bei den meisten Blutprofilen kontrolliert wird, kann hier die prophylaktische Blutuntersuchung sehr hilfreich sein. Leider neigen diese Tumore sowohl zu schnellem Größenwachstum als auch zur Ausbreitung in den Körper. Daher ist eine ausführliche Diagnostik inklusive der Computertomografie (CT) für die Therapie und Prognose ausschlaggebend.

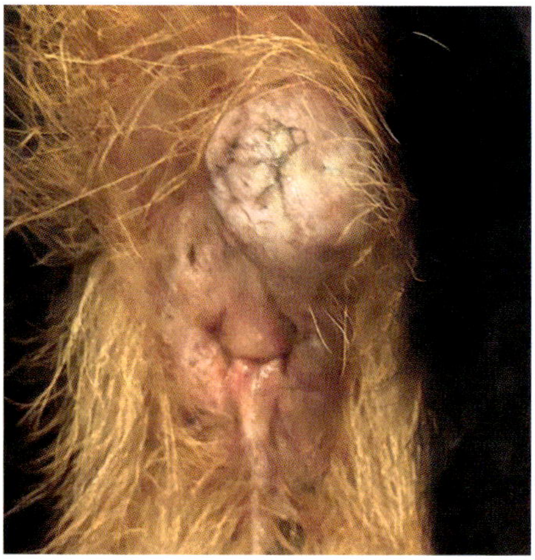

Tumor der Zirkumanaldrüsen am Schwanzansatz.

Tumore der Zirkumanaldrüsen (modifizierte Schweißdrüsen)

Die Tumore der Zirkumanaldrüsen sind meistens gutartig und treten bei ungefähr 10 % der älteren unkastrierten Rüden auf. Sie können einzeln oder multipel entstehen und erreichen oft eine Größe von bis zu drei Zentimetern. Die Haut der Oberfläche ist sehr dünn und daher auch leicht verletzlich. In späteren Stadien platzt die dünne Haut auf und es liegt ein offenes Geschwür vor.
Da diese Tumore testosteronabhängig sind, wird vor einer chirurgischen Behandlung entweder die Kastration oder der schon erwähnte Suprelorin-Chip (siehe Seite 114 ff.) empfohlen. Der Wegfall des Testosterons bewirkt eine Abschwellung bis zum Verschwinden der Knoten. So wird, wenn überhaupt noch nötig, die chirurgische Entfernung zumindest erleichtert.

Gewebebruch im Dammbereich (Perinealhernie)

Pressen vor allem ältere Rüden häufiger und zum Teil erfolglos beim Kotabsatz oder setzen sie nur kleine Kotmengen ab, könnte eine Aussackung des Enddarms in einen Gewebebruch (Hernie) im Bereich des Dammes, eine Perinealhernie, die Ursache sein. Der Grund hierfür ist unter anderen ein im Vergleich zur Hündin schwächerer Damm und die Einengung im Becken durch eine vergrößerte Prostata. Die Muskulatur wird in diesem Bereich zuerst gedehnt und reißt nach und nach immer mehr. Sie kann so die Lage des Enddarms nicht mehr stabilisieren. Bei dem Versuch, Kot abzusetzen, fehlt sozusagen die Führung, d. h. der Darmausgang, der Anus, wird verfehlt und Kot sammelt sich in einer Ausbuchtung des Enddarms. Dort dickt er häufig stark ein. Der Hund schafft es nicht mehr, diesen Kot

Bei älteren Rüden kann es leichter zum Gewebebruch im Dammbereich kommen.

abzusetzen, sondern setzt nur noch wenig flüssigen Stuhl ab. Dieser Zustand ist sehr unangenehm. Durch immer stärkeres Pressen besteht die Gefahr, dass in eine große Bruchpforte auch die Blase und/oder die Prostata hineingedrückt wird. Dadurch kann die Harnröhre abgeknickt werden, was zu einem lebensbedrohlichen Notfall führt.

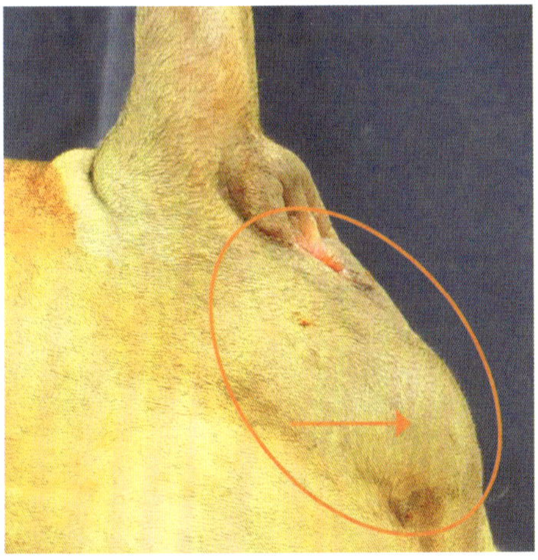

Schwellung aufgrund einer Perianalhernie.

Die chirurgische Versorgung der Perinealhernie kann mit unterschiedlichen Operationstechniken erfolgen. Wichtig ist es, gleichzeitig eine Verkleinerung der Prostata sicherzustellen, um bei nur einseitiger Perinealhernie das Auftreten auf der anderen Seite möglichst zu verhindern. Dies ist mittels Kastration oder Suprelorin-Hormonchip möglich. Besser ist allerdings die gezielte medikamentöse Verkleinerung der Prostata mittels Osateron (Ypozane), um die allgemeine Muskelstabilität durch Wegfall von Testosteron nicht zu gefährden. Wichtig ist dabei die regelmäßige Gabe alle fünf Monate für eine Woche als Tablettengabe einmal täglich.

Wichtig Nach einer OP hängt der Erfolg nicht unwesentlich davon ab, dass der Kot weich, aber geformt gehalten wird. Dies erreichen Sie z. B. durch Zufüttern von Laktulose. Eine strikte Ruhighaltung für vier bis fünf Wochen mit Spaziergängen ausschließlich an der Leine ohne Toben und Spielen (auch nicht im Garten) ist unbedingt einzuhalten, um das vollständige Verheilen des OP-Gebiets sicherzustellen.

BAUCHSPEICHELDRÜSEN-PROBLEME

Die Bauchspeicheldrüse ist nicht nur für die Regulation des Blutzuckerhaushaltes verantwortlich, sondern auch sehr wichtig für die Verdauung.

UNZUREICHENDE PRODUKTION VON VERDAUUNGSENZYMEN

(exokrine Pankreasinsuffizienz)

Wenn die Bauchspeicheldrüse zu wenige Verdauungsenzyme produziert, fällt auf, dass der Hund viel Hunger hat, oft sehr schlank ist und mehrmals am Tag in Relation zur Hundegröße zu große Kothaufen absetzt. Diese riechen zudem sehr stark, die Kotkonsistenz ist oft weicher und die Farbe deutlich heller. Bei manchen Hunderassen, z. B. dem Deutschen Schäferhund, kann dies ein angeborener Gendefekt sein.
Hier lässt sich sehr gut mit einem geeigneten Futter, dem bei jeder Fütterung ein Bauchspeicheldrüsenenzym, z. B. Almazyme h. a.® von almapharm, zugesetzt wird, helfen.

BAUCHSPEICHEL-DRÜSENENTZÜNDUNG

(Pankreatitis)

Die Bauchspeicheldrüse kann aber auch entzündet sein. Die Symptome sind vielfältig. Es ist möglich, dass Ihr Hund nur etwas mäkelig frisst, gelegentlich erbricht und erst bei der Kontrolle des Blutwertes cPl, der caninen Pankreaslipase, oder bei der Ultraschalluntersuchung auffällt, dass die Bauchspeicheldrüse das Problem ist. Manchmal lautet auch der typische Vorbericht, dass der Hund am Vortrag etwas sehr Fettiges gefressen hat.
Besteht der Verdacht einer Bauchspeicheldrüsenentzündung, wird die Fütterung auf den geeigneten Fettgehalt überprüft und Ihr Hund symptomatisch unterstützt. Manchmal spitzt sich die Entzündung so zu, dass es dem Tier sehr schlecht geht. Dann wird eine Intensivtherapie mit stationärer Aufnahme des Hundes nötig. Hier ist es wichtig, zu reagieren, da es im schlimmsten Fall zu einer Selbstverdauung des Organes und einer Bauchfellentzündung sogar mit Todesfolge kommen kann.
Die Bauchspeicheldrüse kann auch dauerhaft und wechselnd schwerwiegend entzündet bleiben. Hier sind die angepasste Fütterung und regelmäßige Kontrolle des Blutwertes wichtig.

Beobachten Sie immer den Kotabsatz Ihres Hundes und kontrollieren Sie diesen stichpunktartig.

LEBERPROBLEME

Auch die Leber gehört zum Verdauungstrakt. Sie ist unser wichtigstes Entgiftungsorgan, stellt aber auch lebenswichtige Stoffe, wie z.B. Gerinnungsfaktoren her.

Die Symptome von Lebererkrankungen sind meist unspezifisch. Unabhängig von der Ursache kann man die Leber sehr gut mit pflanzlichen Präparaten unterstützen, z. B. Hepato dtx® von almapharm.

ANGEBORENE KUPFER-SPEICHERKRANKHEIT

Bei Rassen wie dem Dalmatiner, Dobermann, Skye Terrier, West Highland White Terrier, Labrador oder Bedlington Terrier gibt es eine angeborene Kupferspeicherkrankheit, in deren Verlauf eine chronische Leberentzündung entsteht.

GELBSUCHT

(Ikterus)

Fällt auf, dass Schleimhäute im Auge oder Maul oder sogar die Haut gelb erscheinen, wird dies als Gelbsucht bezeichnet. Hier reichert sich ein Gallenfarbstoff an und Ihr Tierarzt muss nach der Ursache suchen. Diese muss nicht unbedingt in der Leber verortet sein. Die Therapie richtet sich nach der Ursache.

LEBERENTZÜNDUNG

(Hepatitis)

Hinweise für ein eindeutiges Leberproblem finden sich einerseits in der bildgebenden Diagnostik, wie dem Ultraschall oder Computertomografie (CT), aber auch in der mehr als vierfachen Erhöhung leberspezifischer Blutwerte (z. B. das Enzym ALT). Kann die Ursache einer Leberproblematik nicht gezielt bekämpft werden, helfen eine angepasste Fütterung und Ergänzungsfuttermittel.

HEPATOKUTANES SYNDROM

Auch bei einer massiven Verhornung von Pfotenballen und/oder des Nasenspiegels muss an ein Leberproblem gedacht werden. Dies wird nach den lateinischen Bezeichnungen von Leber und Haut als Hepatokutanes Syndrom bezeichnet. Hier ist die Prognose, wieder zu gesunden, leider schlecht. Unterstützen können Sie die Leberfunktion und -regeneration mit Ergänzungsfuttermitteln, z. B. Hepato dtx® von almapharm.

Einige Rassen leiden eher unter der Kupferspeicherkrankheit, so auch der Bedlington Terrier.

HERZ-KREISLAUF-ERKRANKUNGEN

Herzerkrankungen sind beim alten Hund wie auch bei uns Menschen sehr häufig. Die passende und rechtzeitige Therapie lässt den Senior oft ein lange Zeit ein beschwerdefreies Leben führen.

HITZSCHLAG

Ein **absoluter Notfall** ist die Überhitzung des Hundes. Sobald die Körperinnentemperatur des Hundes 41 °C übersteigt, besteht Lebensgefahr. Lassen Sie deshalb Ihren Hund nie alleine im Auto zurück, da hier die Temperatur in kürzester Zeit auch bei angenehmen Außentemperaturen steigt. Kurznasen sind extrem anfällig, da bei Ihnen manchmal schon ein Spaziergang um den Hausblock zur Überhitzung reicht. Leider werden die ersten Symptome häufig übersehen, da sie bei warmen Temperaturen normal erscheinen. Auf folgende Veränderungen sollten Sie achten und dann sofort die Körperinnentemperatur Ihres Hundes kontrollieren:

1. plötzliches Auftreten von Angst oder Zittern
2. schnelleres oder angestrengteres Hecheln
3. übermäßiges Speicheln
4. vermehrter Durst
5. erhöhte Herzfrequenz
6. dunkelrosa bis blau-violette Farbe der Maulschleimhäute
7. Erbrechen und Durchfall
8. allgemeine Schwäche

Messen Sie eine im Rektum gemessene Temperatur von 40 °C oder mehr, ist Eile geboten. Kühlen Sie bitte Ihren Hund sofort mit nassen Tüchern und konsultieren gleich danach Ihren Tierarzt. Stellen Sie durch einen Anruf in der Praxis sicher, dass das Team Ihren Hund auch versorgen kann.

Lassen Sie den Hund nie alleine im Auto.

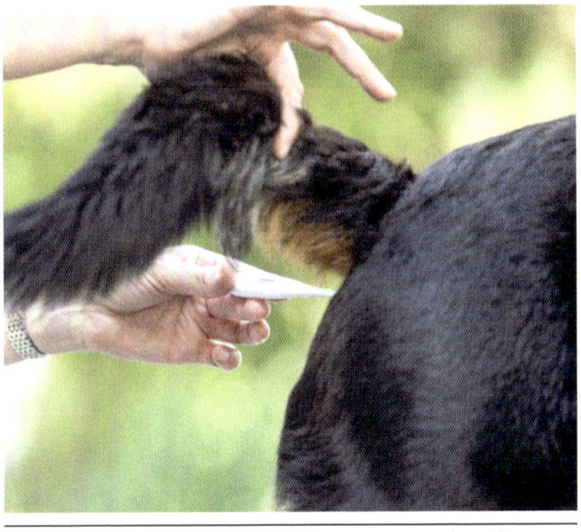

Bei über 40 °C Rektaltemperatur ist Eile geboten.

Abhören des Herzens mit dem Stethoskop.

HERZERKRANKUNGEN

Herzerkrankungen sind beim Hund ein häufiges Altersproblem, wie bei Menschen auch. Mehr als 50 % der Hunde über neun Jahren sind betroffen. Rassen wie z. B. der Cavalier King Charles Spaniel oder Dackel weisen aufgrund von genetischer Veranlagung häufig schon in jüngerem Alter Veränderungen am Herzen auf.

Frühzeitig erkennen Wenn man Herzerkrankungen rechtzeitig erkennt, hat Ihr Vierbeiner mit der passenden Therapie und regelmäßiger tierärztlicher Kontrolle meist noch lange ein lebenswertes Leben. Um möglichst frühzeitige Stadien zu erkennen ist es sehr wichtig, dass Ihr Tierarzt das Herz mindestens einmal im Jahr bei der Impfung oder dem Jahrescheck auf beiden Seiten des Brustkorbes mit dem Stethoskop abhört und zeitgleich am hinteren Innenschenkel den Puls misst. Versuchen Sie gerne, den Puls mit der flachen Hand ca. in der Mitte des Oberschenkels zu fühlen.

Herzfrequenz zählen Zudem ist es sinnvoll zu üben, die Herzfrequenz zu zählen. Dies tun Sie am einfachsten, wenn Sie sich hinter den Hund stellen, beide Hände flach an den Brustkorb legen und ganz nach vorne in die Achselhöhle schieben. Wenn Sie die Hände dann mit leichtem Druck annähern, können Sie den Herzschlag fühlen.
Stellt der Tierarzt ein abnormales Herzgeräusch oder einen veränderten Rhythmus fest, erfolgt die Diagnose am genauesten und einfachsten mithilfe eines speziellen Herzultraschalls. Hier können z. B. der Schluss der Herzklappen kontrolliert und Veränderungen in der Dicke der Herzmuskulatur erkannt werden. Es gibt die Möglichkeit, verschiedene Messungen vorzunehmen, die über das Ausmaß der Erkrankung und die Prognose Aufschluss geben. Regelmäßige Verlaufskontrollen sind auch für Therapie-

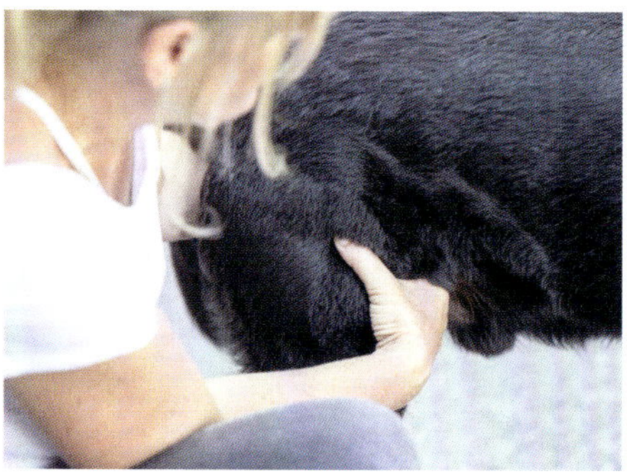

Die Pulskontrolle erfolgt an der Innenseite des Hinterbeines.

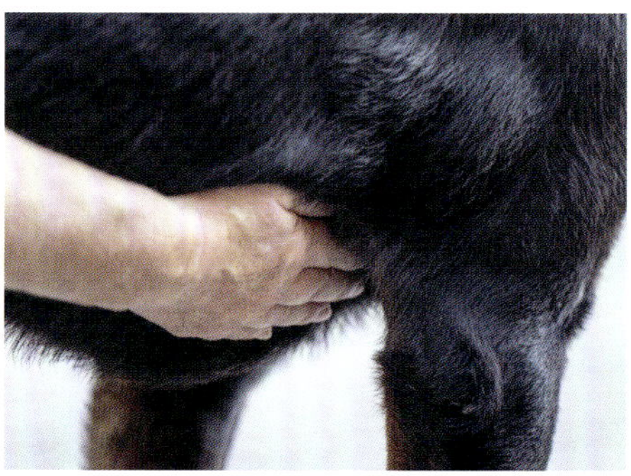

Herzfrequenzkontrolle in der Achselhöhle. Dies wird auf beiden Seiten gleichzeitig gemacht.

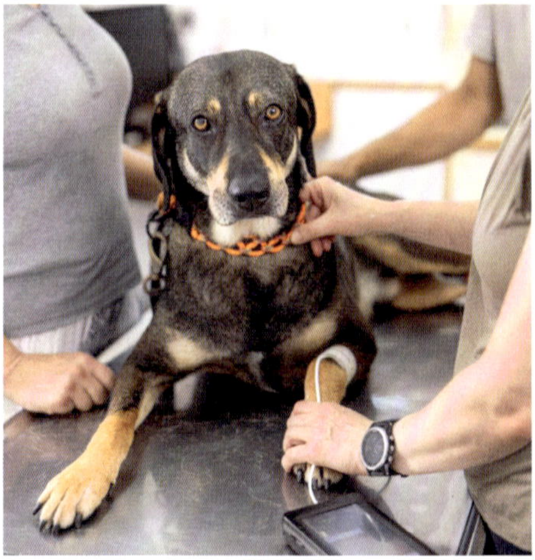

Blutdruck messen ist für den Hund anfangs ungewohnt.

Das Blutdruckmessgerät ist sehr ähnlich zu dem in der Humanmedizin.

anpassungen notwendig. Zusätzliche Untersuchungen wie Röntgenbilder oder ein Elektrokardiogramm (EKG) liefern weitere Informationen. Blutwerte, wie der proBNP- oder Troponin-Wert geben ergänzende Hinweise, sind aber alleine nicht ausreichend. Die Möglichkeiten der Therapie sind vielfältig, die Medikamente normalerweise sehr gut verträglich und die Kosten nicht sehr hoch. Daher der dringende Rat, ein Herzgeräusch nicht zu ignorieren und zu warten, bis Ihr Hund hustet und leistungsschwach ist, sondern frühzeitig eine exakte Diagnostik und in regelmäßigen Abständen Kontrolluntersuchungen durchführen zu lassen.

BLUTDRUCKMESSUNG

Bei allen herzkranken Hunden empfiehlt sich die regelmäßige Blutdruckmessung. Diese ist wie beim Menschen nicht schmerzhaft und schnell durchgeführt. Wichtig ist, dass man dafür einen Termin mit dem Tierarzt vereinbart, damit die Wartezeit minimiert wird. Lassen Sie den Hund am besten in Ruhe im Auto warten, da Aufregung jeder Art die Blutdruckwerte in die Höhe treibt. Sinnvoll ist es, schon früh mit der regelmäßigen Blutdruckmessung, z. B. im Zuge der jährlichen Impfung oder des jährlichen Gesundheitschecks, anzufangen, da jeder Hund seine eigenen Normalwerte hat. So kann man eine Erhöhung des Blutdrucks schneller erkennen. Kreislauferkrankungen wie Bluthochdruck kommen beim Hund seltener vor als beim Menschen und der Katze. Sie können dennoch früher Hinweis auch auf andere Erkrankungen, wie z. B. eine Nierenproblematik sein. Während Narkosen sollte immer der Blutdruck kontrolliert werden, da so folgenschwere Komplikationen vermieden werden können.

ATEMTAGEBUCH

Führen Sie ein Atemtagebuch, indem Sie abhängig vom Krankheitszustand Ihres Hundes wöchentlich bis zu täglich die Atemfrequenz wie unter dem Kapitel Atmungsapparat Seite 77 beschrieben bestimmen. So stellen Sie frühzeitig Veränderungen fest und Ihr Tierarzt kann das Herz häufig durch eine Therapieanpassung noch lange funktionstüchtig halten.

HUNDE-SENIOREN

Dank besserer Ernährung, Haltung und tiermedizinischer Versorgung werden unsere Hausgenossen immer älter. Wann der Alterungsprozess einsetzt, hängt von vielen Faktoren ab. Manche davon können wir positiv beeinflussen.

UNTERSTÜTZUNG IM ALTER

Wir wissen mittlerweile, dass es ein Entzündungsaltern gibt. Dies bedeutet, dass es viele unterschwellige entzündliche Veränderungen gibt, die über die Zeit zu Organproblemen, wie Herz-, Leber- oder Nierenerkrankungen führen. Ergänzungsfuttermittel können helfen, diese länger symptomlos bleiben zu lassen. Erkennt man Funktionseinschränkungen der Organe früh, kann man die Organe mit einer passenden Futterumstellung und geeigneten Ergänzungsfuttermitteln entlasten. So stellt man die ausreichende Funktion möglichst optimal sicher.

ALTERS-CHECK

Lassen Sie daher spätestens ab dem Alter von zehn Jahren bei Kleinrassen bzw. ab acht Jahren bei großen Rassen einen kompletten Blut- und Urincheck Ihres Hundes durchführen. Wenn der Hund älter wird oder eine Dauermedikation, z. B. aufgrund einer Gelenk- oder Herzerkrankung erhält, sollten diese Intervalle auf sechs oder gar drei Monate verkürzt werden. Wichtig ist, dass man einen kompletten Blutcheck zu einem Zeitpunkt vorliegen hat, an dem der Hund gesund war. Dies ist deshalb wichtig, da manche Hunde Blutwerte am Rand oder gar außerhalb des vom Labor angegebenen Normalbereiches haben. Wenn der Hund jung und gesund ist, nimmt man dies als Besonderheit hin, ist der Hund aber alt, sucht man unnötigerweise oft mit aufwendigen und daher kostenintensiven Mitteln nach der Ursache. Wichtig ist dies z. B. bei dem Blutwert Kreatinin, der normalerweise routinemäßig gemessen wird. Hier ist es wichtig, auch einem langsamen Anstieg des Wertes bei unveränderter Muskelmasse Aufmerksamkeit zu schenken. Er könnte nämlich bei

Hunde können dank guter Pflege und medizinischer Vorsorge bis ins hohe Alter fit bleiben.

Ihrem Tier Hinweis auf eine sich verschlechternde Nierenfunktion sein, auch wenn sich der Wert im angeblichen Normalbereich des Labors befindet.
Die Urinuntersuchung lassen Sie am besten vom Urin des ersten Harnabsatzes am Morgen machen, da hier die Konzentration der enthaltenen Stoffe am höchsten ist.
Die Dichte ist ein entscheidender Hinweis für die Funktion der Niere. Sie bleibt einen ganzen Tag in gleicher Höhe messbar. Es ist also kein Problem, wenn Sie den Besuch bei Ihrem Tierarzt erst deutlich später wahrnehmen können.

REGELMÄSSIG ABTASTEN

Bei unkastrierten Hündinnen ist es wichtig, jede Läufigkeit zuverlässig mit Anfang und Ende und Stärke der Blutung zu notieren und bei deutlichen Abweichungen einen Tierarzt zu besuchen. Das Gesäuge sollte man einmal im Monat sorgfältig abtasten, um eventuell auftretende Knoten frühzeitig festzustellen.
Beim Rüden gilt dies entsprechend für die Hoden.

Marla hat noch ein tolles Leben trotz Niereninsuffizienz und Epilepsie, dank regelmäßiger Checks und angepasster Therapie.

VERHALTENSVERÄNDERUNGEN ERNST NEHMEN

Ältere Tiere zeigen regelmäßig Veränderungen im Verhalten. Oft fürchten sie sich plötzlich, z. B. bei starkem Wind oder vor der an der Straße stehenden Mülltonne. Manchmal erkennen sie bekannte Personen oder vierbeinige Spielgenossen erst spät und reagieren nicht mehr auf bekannte Kommandos. Eine deutliche Belastung wird es, wenn Ihr Hund die Nacht zum Tag macht oder Urin in der Wohnung absetzt, weil er vergisst, sich zu melden. Verbuchen Sie dieses Verhalten nicht unter „der wird eben alt“, sondern sprechen Sie Ihren Tierarzt aktiv an. Es gibt Ernährungsergänzungsprodukte wie CereFit® von almapharm, die die normale Nerven- und Gehirnfunktion effektiv unterstützen.

HINWEISE AUF SCHMERZEN

Gewöhnen Sie Hunde, die Sie selbst nicht heben können, frühzeitig an Einstiegshilfen für das Auto. Lassen Sie Schwierigkeiten beim Aufstehen frühzeitig abklären. Auch wenn sich Ihr Hund sehr lange im Kreis dreht, bevor er sich hinlegt oder ungewohnte Liegepositionen einnimmt, sollten Sie Ihren Tierarzt aufsuchen. Ein Hinweis auf Schmerzen kann auch sein, wenn sich Ihr Hund nicht mehr bürsten oder an bestimmten Stellen anfassen lässt. Die unter dem Kapitel Bewegungsapparat beschriebene multimodale Therapie aus Entzündungshemmung, passendem Gewicht und Muskelaufbau bzw. -erhalt durch Physiotherapie helfen umso mehr, je früher sie eingesetzt werden (siehe Seite 142). Es ist viel einfacher, Muskulatur zu erhalten als geschwundene Muskulatur wieder aufzubauen. Achten Sie auf dem Gesundheitszustand und Alter Ihres Hundes angepasste Bewegung und Beschäftigung.

Nelson ist 14 und freut sich über kleine Aufgaben während des Spaziergangs, die ihn geistig und körperlich fit halten.

ANGEPASSTE FUTTERMITTEL

Bewahren Sie Ihr Tier vor einer Gewichtszunahme im Alter. Eine wöchentliche Gewichtskontrolle hilft, Veränderungen frühzeitig sowohl in die eine als auch in die andere Richtung zu erkennen und einfach gegensteuern zu können. Hochwertige Seniorenfertigfuttermittel berücksichtigen die veränderten Stoffwechseleigenschaften alternder Tiere. Meist benötigen unsere Tiere weniger energiereiche Futtermittel. Diese sollten allerdings leicht verdaulich sein und hochwertiges Eiweiß enthalten.

Wichtig ist auch, dass die Eiweißmenge genau an den Bedarf angepasst wird, um eine Belastung der Niere zu vermeiden. Die Fütterung von viel Muskelfleisch muss hier genau angeschaut werden, da es nicht nur viel Eiweiß, sondern auch sehr viel für die Niere schädlichen Phosphor enthält. Bei der Neigung zu Verstopfung kann der Zusatz von geeigneten Faserstoffen hilfreich sein. Dies können z. B. gekochte Karotten oder für Allergiker und übergewichtige Tiere Zellulose sein. Um den Magen-Darm-Trakt zu entlasten, sollte man mehrmals täglich füttern. Bei gebarften Hunden empfiehlt es sich im Alter, die Ration zu kochen oder zu braten.

SERVICE
— *Was noch hilfreich ist*

NÜTZLICHE LINKS

https://www.drchristinenees.de/

https://haustierdocs.de/tierarzt/?doc=738&n=Dr_Christine_Nees (Telemedizin)

https://www.vetpharm.uzh.ch/cms/Pharmakogenetik/pgmdr1.html (MDR)

https://qualzucht-datenbank.eu/(Qualzucht)

https://www.futtermedicus.de/(Qualifizierte Berechnung von Diäten)

https://www.napfcheck.de/(Qualifizierte Berechnung von Diäten)

ZUM WEITERLESEN

Engelstädter, Vanessa: **Resilienz bei Hunden**. Hunde im Inneren stärken – Für einen gelassenen Umgang mit Konflikten und Stress. Kosmos 2022

Flocken, Martina: **Physiotherapie für den Hund**. Hilfe zur Selbsthilfe: Gesundheit, Behandlungsmethoden, Bewegungstraining. Mit 35 unterstützenden Übungen und 10 Anleitungsfilmen in der kostenlosen KOSMOS-PLUS-App. Kosmos 2022

Grote, Maren: **Frust lass nach!** Impulskontrolle & Frustrationstoleranz. Selbstregulation bei Hunden erfolgreich aufbauen. Kosmos 2025

Löffler, Christel: **Charaktertypen**. Persönlichkeitsanalyse von Mensch und Hund – für ein besseres Verständnis und Training. Kosmos 2025

Löffler, Christel: **Hunde führen lernen**. Kosmos-Webinar

Nadig, Alexandra: **Heilpflanzen für Hunde**. Wirkungsweise, Rezepturen und Anwendung. Kosmos 2018

WEBINARE, ONLINE-KURSE UND AUDIOS

Viele spannende Themen und Autor:innen finden Sie in unseren Online-Seminaren, Onlinekursen oder Audios. Ob live oder als Aufzeichnung: hier dreht sich alles um den Hund. **www.kosmos.de**

SOCIAL MEDIA

Sie möchten wissen, was los ist? Insta-Lives, Storys, Buchclips, Webinar-Ankündigungen, Zitate, Gewinnspiele, Take over unserer Autor:innen und vieles mehr finden Sie unter

instagram.com/kosmos.hund

Folgen Sie uns und werden Sie Teil unserer Kosmos-Hund-Community.

DIE AUTOREN

Dr. Christian Nees ist Tierarzt mit über 35 Jahren Erfahrung und leitete eine modern ausgestattete Tierklinik mit CT, MRT, Endoskopie und Arthroskopie. Sein Schwerpunkt lag stets auf moderner Diagnostik und der Chirurgie. Unterstützt wurde er dabei von seiner Frau, **Dr. Christine Nees**, die sich auf die Innere Medizin spezialisiert hat. Durch intensive Fortbildungen blieben beide immer auf dem neuesten Stand der tiermedizinischen Erkenntnisse.
Gemeinsam haben sie über die Jahre nicht nur Tiere behandelt, sondern auch viel in die Aufklärung von Tierhaltern investiert – durch Erste-Hilfe-Kurse, Vorträge und praktische Tipps für den Alltag mit Hund, Katze oder Kaninchen. Ihr Motto war immer die individuelle Betreuung sowie die langfristige Kundenbindung durch fundierte Aufklärung und Beratung. Ein wichtiger Aspekt war dabei die Prophylaxe von Erkrankungen. Viele Tierhalter nahmen dafür sogar weite Anreisen in Kauf und blieben über Jahre hinweg treue Patientenbesitzer.
Diese langjährige Erfahrung, auch aus eigener Tierhaltung, haben sie nun in diesem Ratgeber für Hundehalter einfließen lassen. Ziel des Buches ist es, medizinisches Wissen laienverständlich zu vermitteln und so zu helfen, den eigenen Vierbeiner möglichst lange gesund zu erhalten und Tierarztbesuche im Notdienst zu vermeiden.

Die Autoren freuen sich über Rückmeldungen zum Buch – Lob und Kritik senden Sie gerne per E-Mail. Frau Dr. Christine Nees steht Tierhaltern weiterhin beratend über die Telemedizinplattform Haustierdocs sowie über ihre Webseite **www.drchristinenees.de** zur Verfügung.
Privat teilen Dr. Christian und Dr. Christine Nees ihre Leidenschaft für Tiere mit ihren beiden inzwischen erwachsenen Kindern, die sich jedoch beruflich anders orientiert haben. Ihre Freizeit verbringen sie am liebsten mit Reisen, Lesen und Sport.

DANK

Recht herzlich bedanken möchten wir uns bei unseren zwei- und vierbeinigen Fotomodellen Claudia mit Sansa, Regina mit Lucy und Merlin und Manuela mit Buddy. Vielen Dank an Frau Bencec für die Bereitstellung Ihrer Praxisräume und die tatkräftige Unterstützung bei dem Fototermin wie auch allen Kollegen, die uns bereitwillig Ihre Bilder zur Verfügung gestellt haben. Für die kritische Kontrolle von Sprache und Verständlichkeit danken wir unseren Kindern Larissa und Fabian.
Vielen herzlichen Dank Frau Rieger für das Lektorat und allen Mitarbeitern des Kosmos-Verlages, die stets ein offenes Ohr hatten, tatkräftig unterstützten und sehr gute Arbeit leisteten.

GLOSSAR

Arnold Chiari Malformation Angeborene Gehirnveränderung v. a. bei Kleinrassen

BARF bone and raw food (Rohfütterung)

Benigne Prostatahyperplasie gutartige Prostatavergrößerung

Brachyzephales Obstruktives Syndrom (BOS) Erkrankung mit Atemnot bei Kurznasen

Brachycephal kurznasig

Brachyzephale Kurznasenrassen wie Mops, Französische Bulldogge …

Carpus Valgus Verbiegung der Vorderbeinknochen

Cauda equina Kompressionssyndrom Einengung des Rückenmarkes im Bereich von Lendenwirbelsäule zum Kreuzbein

Clusteranfall mehrere epileptiforme Anfälle in einem sehr kurzen Zeitraum

Colitis Dickdarmentzündung

Conjunctivitis follicularis Follikelkatharrh

Cornea Hornhaut

cPL canine Pankreaslipase (Blutwert)

CT Computertomografie

Cushing-Syndrom Erkrankung der Nebenniere, bei der zu viel Cortison gebildet wird

Cystitis Blasenentzündung

Degenerative lumbosakrale Stenose (DLSS) Einengung des Rückenmarkes im Bereich von Lendenwirbelsäule zum Kreuzbein

Degenerative Myelopathie fortschreitende Erkrankung des Rückenmarkes, die mit Lähmung einhergeht

Demodikose Räudeerkrankung verursacht durch die Haarbalgmilbe

Dermatitis Hautentzündung

Diabetes mellitus Blutzuckererkrankung

Discospondylitis Entzündung von Wirbel und Bandscheibe

Distichiasis Erkrankung am Auge durch Fehlwuchs von Wimpern

Divertikel Ausstülpung

EKG Elektrokardiogramm (Teil der Herzuntersuchung)

Eklampsie Krampfanfälle nach der Geburt

Ektopischer Ureter Harnleiter, der an der falschen Stelle mündet

Ektropium ausgerolltes Augenlid

Ellbogendysplasie Fehlbildung des Ellbogengelenkes

Endometritis Gebärmutterentzündung

Entropium eingerolltes Augenlid

Epilepsie Erkrankung des Gehirns (oft mit Krampfanfällen)

Epiphysenfuge Wachstumsfuge

Epulis Umfangsvermehrung des Zahnfleisches

ESCCAP European Scientific Counsel Companion Animal Parasites (Vereinigung von Parasitologen)

Exokrine Pankreasinsuffizienz Mangel an Verdauungsenzymen der Bauchspeicheldrüse

Gelenkinkongruenz Asymmetrie eines Gelenkes

Glaukom grüner Star (Auge)

Granulom knötchenförmige Gewebeansammlung

Hämometra mit Blut gefüllte Gebärmutter

Harninkontinenz unwillkürlicher Harnverlust

Hepatitis Leberentzündung

Hepatokutanes Syndrom Hautveränderung aufgrund einer Lebererkrankung

Histiozytom gutartiger Hauttumor

Horner-Syndrom Nervenschädigung, die verschiedene typische Veränderungen am Auge macht

Hornhautulkus Geschwür der Hornhaut im Auge

Hüftgelenksdysplasie Fehlbildung des Hüftgelenks

Hydrocephalus Wasserkopf

Hyphaema Blut in der Augenkammer

Hypothyreose Schilddrüsenunterfunktion

Ikterus Gelbsucht

IPA isolierter Processus anconaeus (Fehlbildung des Ellbogengelenkes)

Iridocyclitis Entzündung der Regenbogenhaut und des Ziliarkörpers im Auge

Iris Regenbogenhaut

Iritis Entzündung der Regenbogenhaut

Junghundvaginitis Scheidenentzündung

Katarakt Linsentrübung, grauer Star

Kaumuskelmyositis Entzündung der Kaumuskulatur

Keratokonjuktivitis sicca Bindehautentzündung aufgrund mangelhafter Tränenflüssigkeit

Konjunktiva Bindehaut

Kryotherapie Kältetherapie

Kryptorchismus Hodenhochstand

Lactatio falsa Scheinschwangerschaft

Larynxparalyse Lähmung der Kehlkopfmuskeln

Maligne/benigne/semimaligne bös-/gutartig/beschränkt bösartig

Mammatumor Gesäugetumor

Mastitis Milchdrüsenentzündung

MCD mediales Kompartmentsyndrom (Fehlbildung des Ellbogengelenkes)

MDR-Defekt genetische Erkrankung

Melanosis corneae Pigmenteinlagerung in die Hornhaut im Auge

Meliceris Speicheldrüsenzyste

Meningitis Hirnhautentzündung

Mikrobiom die im gesunden Körper normalerweise vorkommenden Bakterien, gibt es z. B. im Darm oder auf der Haut

Morbus Legg-Calvé-Perthes Erkrankung des Hüftgelenkes

MRT Magnetresonanztomografie oder Kernspinuntersuchung

Mukometra mit Schleim gefüllte Gebärmutter

Nystagmus Augenzittern

OCD Osteochondrosis dissecans (losgelöste Knorpelschuppe)

OP Operation

Orchitis Hodenentzündung

Othämatom Blutohr

Otitis Ohrentzündung

Otoskop Ohrspiegel

Pankreatitis Bauchspeicheldrüsenentzündung

Panostitis Knochenentzündung

Paraneoplastisches Syndrom Auftreten verschiedener Symptome aufgrund eines Tumorgeschehens

Paraphimose Abschnürung des erigierten Penis durch Vorhautverengung

Paroxysmale Dyskinesie Bewegungsstörung

Patellaluxation die Kniescheibe läuft nicht korrekt im Kniegelenk

PCR Polymerase chain reaction (Laboruntersuchungsmethode)

Pemphigus foliaceus Hautveränderung aufgrund einer Autoimmunerkrankung

Perinealhernie Dammbruch

Perivulväre Dermatitis Entzündung um die Scheide

Persistierende Canini Milcheckzähne, die nicht zum richtigen Zeitpunkt ausfallen

Phimose Vorhautverengung

Polyp Stielgeschwulst

Portosystemischer Shunt Gefäßanomalie in der Leber

Prä-/Pro-/Syn-/Postbiotika verschiedene Mittel zur Unterstützung der Darmflora

Präputialkatarrh Vorhautausfluss

Preyen Füttern von ganzen Beutetieren, meist Küken oder Mäusen

Prostatitis Prostataentzündung

Protein loosing enteritis (PLE) Darmentzündung mit Eiweißverlust

Pyometra mit Eiter gefüllte Gebärmutter

Ranula Speicheldrüsenzyste

Retina Netzhaut

Sarcoptes Räude Räudeerkrankung verursacht durch eine Grabmilbe

SDMA Symmetrisches Dimethylarginin (Nieren-Blutwert)

Sklerose Vermehrung von Bindegewebe

Skrotaldermatitis Hodensackentzündung

Spondylose Veränderung an den Wirbelkörpern

Spot-On auf die Haut auftragen

Staging Einstufung eines Tumorgeschehens

Status epilepticus lebensbedrohlicher mehr als fünf Minuten dauernder epileptiformer Anfall

Suprelorin Chip „Kastrations"-Medikament

Tendinitis Sehnenentzündung

Torsio ventriculi Magendrehung

TPLO Tibial Plateau Leveling Osteotomy, OP-Methode nach Kreuzbandriss

Trachealkollaps zusammenfallende Luftröhre

Tracheobronchitis Entzündung im Bereich der Atemwege

TTA Tibial Tuberosity Advancement, OP-Methode nach Kreuzbandriss

Uterusprolaps Vorfall der Gebärmutter

Vaginalprolaps Vorfall der Scheidenschleimhaut

Vestibularsyndrom Krankheitsgeschehen mit Störung des Gleichgewichtorganes

Zahnfraktur Bruch eines Zahnes

Zahnluxation Zahn ist in seiner Position verschoben

REGISTER

F

G

H

BILDNACHWEIS

98 Farbfotos wurden von Anna Auerbach/Kosmos für dieses Buch aufgenommen.

Weitere Farbfotos von AdobeStock (oleh 1: S. 49, Karoline Thalhofer 1: 198), Anna Auerbach/Archiv (3: S. 46, 47, 202/203), Dr. Annette Baltes (1: S. 124 r.), Judith Braun (1: S. 25 r.), Dr. Martin Bucksch (1: S. 89 u. l.), Dr. Markus Eickhoff (6: S. 66 u., 67 u. r., 68 u., 69 u. r., 71 o. r., 72 o. l.), Dott. Matthias Frank (5: S. 78 o. l. und o. r., 114, 157 o. l. und o. r.), Hilke Heinemann (2: 91 r., 178), Dr. Michael Heinrich (5: S. 34 o. r., 93 o. l. und o. r., 128, 139 l.), Dr. Shirin Hertslet (20: S. 52, 53, 54 u. l. und u. r., 56 beide, 57 alle drei, 58 o., 59 u. l. und u. r., 60 alle 3, 61 alle 3, 62 o. l. und o. r.), Sebastian Jawinski (14: 132 l., 147 beide, 149 beide, 150, 151, 154 o. r., 156, 162 u. l., 165 o. l. und o. r., 166, 167 u.), Dr. Conrad Jurina (2: S. 172 beide), Dr. Marion Kronberg (1: S. 135), Dr. Andrea Münnich (2: 123, 126), Dr. Christian Nees (88: 34 u., 35 beide, 36 beide, 43 beide, 44 u., 51 beide, 55o. l., 58 u. r., 59 o., 63 alle 3, 65 beide, 67 u. l., 69 o. l. und u. l., 71 u. l., 72 o. r. und u., 73, 76 alle 3, 81 alle 3, 87 o. l. und o. r., 88 o. l. und u. r., 89 o., 90, 91 l., 94 o. r., 95 alle 3, 96 u., 97 l., 98 o. l. und o. r., 99 o., 100 alle 3, 101 beide, 103, 109 o. l. und o. r., 118 l., 119, 124 k., 125 beide, 133, 139 r., 144 u. l. und u. r., 145 u. r., 148 beide, 152 o. l., 155 o. l. und o. r., 157 u. l. und u. r., 161 u. l. und u. r., 163 u., 164 beide, 173 o. l., 175 beide, 177 u., 179, 181 beide, 184 beide, 188), Dr. Dr. Peter Pantke (2: 109 u. l. und u. r.), Dr. Stefanie Peters (5: S. 94 o. l. und u., 99 M. und u., 122 l.), Dr. Anne Posthoff (1: 129 u. l.), Annika Ridder (1: S. 190), Alice Rieger (9: S. 21, 112, 115, 118 r., 132 r., 137 beide, 176 o., 201), Dr. Bärbel Rösch (5: S. 92 beide, 93 u., 97 r., 1187), Nicole Schick/Kosmos (1: 96 o.), Philipp Schledorn (1: S. 70 o.), Heike Schmidt-Röger/Kosmos (2: S. 54 o., 196 o.), Shutterstock (24K-Production 2: 130, 131; Jana Behr 1: S. 173 o. r.; Valerie Berdinel 1: S. 192; Javier Brosch 1: S. 117; Cavan-Images 2: S. 170, 189 o.; Jaromir Chalabala 1: S. 86; Didkovska Ilona 1: S. 168; Egoreichenkov Evgenii 1: S. 158; Natalia Fedosova 1: 136; Gertrude Goene 1: S. 40 u.; Gorodenkoff 2: S. 30 o., 66 o.; Kittima05 1: S. 171; Rita Kochmajova 1: S. 193; KOTOIMAGES 2: S. 3 u., 110; Kuba Kwiatowski 1: S. 174; Philipp Lohr 1: S. 127; MVolodymyr 1: S. 82; New Africa 1: S. 64; Photo-Vista 1: S. 42; Pixel-Shot 1: S. 18; Reddogs 1: S. 185; S-V-L 1: S. 74; Sasa Dzambic Photography 1: S. 87 u.; Sabine Schmidt: 1: S. 199; Serzhanova Olena: 1: S. 195; Sigma_S 2: S. 88 u., 120; Sova-design 1: S. 194; Tongsai 1: S. 84; Ann Tyurina 1: S. 167 o.; Vivienstock 1: S. 83), Ludo Stegen (3: 165 M. o., M. u. und u.), Dr. Tanja Strack (2: S. 68 o., 71 o. l.), Dr. Werner Tack (12: S. 140 beide, 145 o. l. und u. r., 152 o. r. und u., 153 alle 4, 176 u. r., 189 u.), Trio Bildarchiv (Natalie Große 1: S. 214, Lisa Päffgen 1: S. 48) und Mag. Gregor Volleritsch (1: S. 70 u.).

43 teils mehrteilige Illustrationen wurden von Hanna Wenzel/Kosmos nach Vorlagen der Autoren für dieses Buch angefertigt. (S. 22, 44o., 51 o., 55 o. r., 58 u. l., 61 u. l., 62 u., 67 o., 69 o. r., 71 u. l., 77, 108 u. l. und u. r., 116 beide, 122 r., 144 o., 146 o. l., u. l. und u. r., 149 o. r., 150 beide, 151 beide, 154 o. l. und u. l., 155 u., 156 beide, 158, 159, 160 beide, 161 beide, 162 beide, 163 o. l., 174 beide, 176 u. l., 186 o.)

Weitere Illustrationen von Atelier Krohmer (1: S. 41), Kay Elzner/Kosmos (3: S. 146 o. r., 154 u. r., 163 o. r.) und Wolfgang Lang/Kosmos (2: S. 34 o. l., 145 o. r.)

IMPRESSUM

Umschlaggestaltung von GRAMISCI Editorialdesign/Stefanie Wawer unter Verwendung eines Farbfotos von Anna Auerbach/Kosmos (U1) und einer Illustration von Hanna Wenzel/Kosmos.

Mit 335 Farbfotos und 50 Farbzeichnungen.

Alle Angaben in diesem Buch erfolgen nach bestem Wissen und Gewissen. Sorgfalt bei der Umsetzung ist indes dennoch geboten. Der Verlag und die Autoren übernehmen keinerlei Haftung für Personen-, Sach- oder Vermögensschäden, die aus der Anwendung der vorgestellten Materialien, Methoden oder Informationen entstehen könnten. Dieses Buch bietet Ihnen eine Entscheidungshilfe, ersetzt jedoch keinen Tierarztbesuch.

Unser gesamtes Programm finden Sie unter **kosmos.de**.
Über Neuigkeiten informieren Sie regelmäßig unsere Newsletter, einfach anmelden unter **kosmos.de/newsletter**

Gedruckt auf chlorfrei gebleichtem Papier

ISBN 978-3-440-18100-3
Redaktion: Alice Rieger
Gestaltungskonzept: Peter Schmidt Group, Hamburg
Gestaltung und Satz: Atelier Krohmer, Dettingen/Erms
Produktion: Angela List
Druck und Bindung: Westermann Druck Zwickau GmbH, Zwickau
Printed in Germany / Imprimé en Allemagne

FSC
www.fsc.org
MIX
Papier | Fördert gute Waldnutzung
FSC® C110508